Deepen Your Mind

前言

　　深度學習和人工智慧引領了一個新的研究和發展方向，同時正在改變人類固有的處理問題的思維。現在各個領域都處於運用深度學習技術進行重大技術突破的階段，與此同時，深度學習本身也展現出巨大的發展空間。

　　JAX 是一個用於高性能數值計算的 Python 函數庫，專門為深度學習領域的高性能計算而設計，其包含豐富的數值計算與科學計算函數，能夠很好地滿足使用者的計算需求，特別是其基於 GPU 或其他硬體加速器的能力，能夠幫助我們在現有的條件下極大地加速深度學習模型的訓練與預測。

　　JAX 繼承了 Python 簡單好用的優點，給使用者提供了一個「便於入門，能夠提昇」的深度學習實現方案。JAX 在程式結構上採用物件導向方法撰寫，完全模組化，並具有可擴充性，其運行機制和說明文檔都將使用者體驗和使用難度納入考慮範圍，降低了複雜演算法的實現難度。JAX 的計算核心使用的是自動微分，可以支援自動模式反向傳播和正向傳播，且二者可以任意組合成任何順序。

　　本書由淺到深地介紹 JAX 框架相關的知識，重要內容均結合程式進行實戰講解，讀者透過這些實例可以深入掌握 JAX 程式設計的內容，並能對深度學習有進一步的了解。

✤ 本書特色

版本新，易入門

　　本書詳細介紹 JAX 最新版本的安裝和使用，包括 CPU 版本以及 GPU 版本。

作者經驗豐富，程式撰寫細膩

　　作者是長期在科學研究和工業界的最前線演算法設計和程式撰寫人員，實戰經驗豐富，對程式中可能會出現的各種問題和「坑」有豐富的處理經驗，能讓讀者少走很多冤枉路。

理論紮實，深入淺出

　　在程式設計的基礎上，本書深入淺出地介紹深度學習需要掌握的一些基本理論知識，並透過大量的公式與圖示對理論做介紹。

對比多種應用方案，實戰案例豐富

　　本書列舉了大量的實例，同時提供多個實現同類功能的解決方案，涵蓋使用 JAX 進行深度學習開發中常用的知識。

✤ 本書內容

第 1 章　JAX 從零開始

　　本章介紹 JAX 應用於深度學習的基本理念、基礎，並透過一個真實的深度學習例子介紹深度學習的一般訓練步驟。本章是全書的基礎，讀者需要先根據本章內容架設 JAX 開發環境，並下載合適的 IDE。

第 2 章　一學就會的線性回歸、多層感知機與自動微分器

　　本章以深度學習中最常見的線性回歸和多層感知機的程式設計為基礎，循序漸進地介紹 JAX 進行深度學習程式設計的基本方法和步驟。

第 3 章 深度學習的理論基礎

本章主要介紹深度學習的理論基礎，從 BP 神經網路開始，介紹神經網路兩個基礎演算法，並著重介紹反向傳播演算法的完整過程和理論，最後透過撰寫基本 Python 的方式實現一個完整的回饋神經網路。

第 4 章 XLA 與 JAX 一般特性

本章主要介紹 JAX 的一些基礎特性，例如 XLA、自動微分等。讀者需要了解 XLA 的運行原理，以及它能給 JAX 帶來什麼。

第 5 章 JAX 的高級特性

本章是基於上一章的基礎來比較 JAX 與 NumPy，重點解釋 JAX 在實踐中的一些程式設計和撰寫的規範要求，並對其中的迴圈函數做一個詳盡而細緻的說明。

第 6 章 JAX 的一些細節

本章主要介紹 JAX 在設計性能較優的程式時的細節問題，並介紹 JAX 內部一整套結構儲存方法和對模型參數的控制，這些都是為我們能撰寫出更為強大的深度學習程式打下基礎。

第 7 章 JAX 中的卷積

卷積可以說是深度學習中使用最為廣泛的計算部件，本章主要介紹卷積的基礎知識以及相關用法，並透過一個經典的卷積神經網路 VGG 模型，講解卷積的應用和 JAX 程式設計的一些基本內容。

第 8 章 JAX 與 TensorFlow 的比較與互動

本章主要介紹在一些特定情況下使用已有的 TensorFlow 元件的一些方法。作為深度學習經典框架，TensorFlow 有很多值得 JAX 參考和利用的內容。

第 9 章 遵循 JAX 函數基本規則下的自訂函數

本章介紹 JAX 創建自訂函數的基本規則，並對其中涉及的一些細節問題進行詳細講解。期望讀者能在了解和掌握如何運用這些基本規則後，去創建既滿足需求又能夠符合 JAX 函數規則的自訂函數。

第 10 章 JAX 中的高級套件

本章詳細介紹 JAX 中高級程式設計子套件，特別是 2 個非常重要的模組 jax.experimental 和 jax.nn。這兩個套件目前仍處於測試階段，但是包含了建立深度學習模型所必需的一些基本函數。

第 11 章 JAX 實戰──使用 ResNet 完成 CIFAR100 資料集分類

本章主要介紹在神經網路領域具有里程碑意義的模型──ResNet。它改變了人們僅依靠堆積神經網路層來獲取更高性能的做法，在一定程度上解決了梯度消失和梯度爆炸的問題。這是一項跨時代的發明。本章以一步步的方式介紹 ResNet 模型的撰寫和架構方法。

第 12 章 JAX 實戰──有趣的詞嵌入

本章介紹 JAX 於自然語言處理的應用，透過一個完整的例子向讀者說明自然語言處理所需要的全部內容，一步步地教會讀者使用不同的架構和維度進行文字分類的方法。

第 13 章 JAX 實戰──生成對抗網路（GAN）

本章介紹使用 JAX 完成生成對抗網路模型的設計，講解如何利用 JAX 完成更為複雜的深度學習模型設計，掌握 JAX 程式設計的技巧。同時也期望透過本章內容，能夠幫助讀者全面複習本書所涉及的 JAX 深度學習程式設計內容。

✤ 原始程式下載與技術支援

本書附有原始程式可供下載，請至深智數位官網下載。

本書目標讀者

- 人工智慧入門讀者
- 深度學習入門讀者
- 機器學習入門讀者
- 大專院校人工智慧專業的師生
- 專業教育訓練機構的師生
- 其他對智慧化、自動化感興趣的開發者

✤ 技術支援、勘誤和鳴謝

由於作者的能力有限，加上 JAX 框架的演進較快，書中難免存在疏漏之處，懇請讀者來信批評指正。本書的順利出版，首先要感謝家人的理解和支持，他們給予我莫大的動力，讓我的努力更加有意義。此外特別感謝出版社的編輯們，感謝他們在本書撰寫過程中給予的無私指導。

編者

目錄

01 JAX 從零開始

1.1 JAX 來了 1-2
    1.1.1 JAX 是什麼 1-2
    1.1.2 為什麼是 JAX 1-3
1.2 JAX 的安裝與使用 1-5
    1.2.1 Windows Subsystem for Linux 的安裝 1-5
    1.2.2 JAX 的安裝和驗證 1-12
    1.2.3 PyCharm 的下載與安裝 1-13
    1.2.4 使用 PyCharm 和 JAX 1-16
    1.2.5 JAX 的 Python 程式小練習：計算 SeLU 函數 1-19
1.3 JAX 實戰──MNIST 手寫體的辨識 1-21
    1.3.1 第一步：準備資料集 1-22
    1.3.2 第二步：模型的設計 1-22
    1.3.3 第三步：模型的訓練 1-23
1.4 本章小結 1-26

02 一學就會的線性回歸、多層感知機與自動微分器

2.1 多層感知機 2-1
    2.1.1 全連接層──多層感知機的隱藏層 2-2
    2.1.2 使用 JAX 實現一個全連接層 2-4
    2.1.3 更多功能的全連接函數 2-6

vii

2.2	JAX 實戰──鳶尾花分類	2-11
	2.2.1　鳶尾花資料準備與分析	2-12
	2.2.2　模型分析──採用線性回歸實戰鳶尾花分類	2-13
	2.2.3　基於 JAX 的線性回歸模型的撰寫	2-16
	2.2.4　多層感知機與神經網路	2-19
	2.2.5　基於 JAX 的啟動函數、softmax 函數與交叉熵函數	2-22
	2.2.6　基於多層感知機的鳶尾花分類實戰	2-26
2.3	自動微分器	2-32
	2.3.1　什麼是微分器	2-32
	2.3.2　JAX 中的自動微分	2-34
2.4	本章小結	2-36

03 深度學習的理論基礎

3.1	BP 神經網路簡介	3-2
3.2	BP 神經網路兩個基礎演算法詳解	3-8
	3.2.1　最小平方法詳解	3-8
	3.2.2　道士下山的故事──梯度下降演算法	3-10
	3.2.3　最小平方法的梯度下降演算法以及 JAX 實現	3-13
3.3	回饋神經網路反向傳播演算法介紹	3-22
	3.3.1　深度學習基礎	3-22
	3.3.2　連鎖律求導	3-24
	3.3.3　回饋神經網路原理與公式推導	3-26
	3.3.4　回饋神經網路原理的啟動函數	3-32
	3.3.5　回饋神經網路原理的 Python 實現	3-34
3.4	本章小結	3-40

04 XLA 與 JAX 一般特性

4.1 JAX 與 XLA 4-2
    4.1.1 XLA 如何執行 4-3
    4.1.2 XLA 執行原理 4-5
4.2 JAX 一般特性 4-6
    4.2.1 利用 JIT 加快程式執行 4-6
    4.2.2 自動微分器——grad 函數 4-8
    4.2.3 自動向量化映射——vmap 函數 4-10
4.3 本章小結 4-12

05 JAX 的高級特性

5.1 JAX 與 NumPy 5-1
    5.1.1 像 NumPy 一樣執行的 JAX 5-2
    5.1.2 JAX 的底層實現 lax 5-5
    5.1.3 平行化的 JIT 機制與不適合使用 JIT 的情景 5-7
    5.1.4 JIT 的參數詳解 5-9
5.2 JAX 程式的撰寫規範要求 5-12
    5.2.1 JAX 函數必須要為純函數 5-12
    5.2.2 JAX 中陣列的規範操作 5-15
    5.2.3 JIT 中的控制分支 5-18
    5.2.4 JAX 中的 if、while、for、scan 函數 5-23
5.3 本章小結 5-29

06 JAX 的一些細節

6.1 JAX 中的數值計算 6-1
    6.1.1 JAX 中的 grad 函數使用細節 6-2
    6.1.2 不要撰寫帶有副作用的程式──JAX 與 NumPy
           的差異 6-7
    6.1.3 一個簡單的線性回歸方程式擬合 6-8
6.2 JAX 中的性能提高 6-14
    6.2.1 JIT 的轉換過程 6-15
    6.2.2 JIT 無法對非確定參數追蹤 6-17
    6.2.3 理解 JAX 中的預先編譯與快取 6-20
6.3 JAX 中的函數自動打包器──vmap 6-21
    6.3.1 剝洋蔥──對資料的手工打包 6-21
    6.3.2 剝甘藍──JAX 中的自動向量化函數 vmap 6-23
    6.3.3 JAX 中高階導數的處理 6-25
6.4 JAX 中的結構儲存方法 Pytrees 6-26
    6.4.1 Pytrees 是什麼 6-27
    6.4.2 常見的 pytree 函數 6-28
    6.4.3 深度學習模型參數的控制（線性模型）............... 6-30
    6.4.4 深度學習模型參數的控制（非線性模型）........... 6-37
    6.4.5 自訂的 Pytree 節點 6-38
    6.4.6 JAX 數值計算的執行機制 6-40
6.5 本章小結 6-44

07 JAX 中的卷積

- 7.1 什麼是卷積 7-2
  - 7.1.1 卷積運算 7-3
  - 7.1.2 JAX 中的一維卷積與多維卷積的計算 7-5
  - 7.1.3 JAX.lax 中的一般卷積的計算與表示 7-7
- 7.2 JAX 實戰──基於 VGG 架構的 MNIST 資料集分類 7-11
  - 7.2.1 深度學習 Visual Geometry Group（VGG）架構 7-11
  - 7.2.2 VGG 中使用的元件介紹與實現 7-13
  - 7.2.3 基於 VGG6 的 MNIST 資料集分類實戰 7-19
- 7.3 本章小結 7-24

08 JAX 與 TensorFlow 的比較與互動

- 8.1 基於 TensorFlow 的 MNIST 分類 8-2
- 8.2 TensorFlow 與 JAX 的互動 8-6
  - 8.2.1 基於 JAX 的 TensorFlow Datasets 資料集分類實戰 8-7
  - 8.2.2 TensorFlow Datasets 資料集簡介 8-12
- 8.3 本章小結 8-18

09 遵循 JAX 函數基本規則下的自訂函數

- 9.1 JAX 函數的基本規則 9-2
  - 9.1.1 使用已有的基本操作 9-2
  - 9.1.2 自訂的 JVP 以及反向 VJP 9-3

9.1.3　進階 jax.custom_jvp 和 jax.custom_vjp 函數用法 9-8
9.2　Jaxpr 解譯器的使用 9-12
　　9.2.1　Jaxpr tracer 9-13
　　9.2.2　自訂的可以被 Jaxpr 追蹤的函數 9-15
9.3　JAX 維度名稱的使用 9-18
　　9.3.1　JAX 的維度名稱 9-18
　　9.3.2　自訂 JAX 中的向量 Tensor 9-20
9.4　本章小結 9-21

10　JAX 中的高級套件

10.1　JAX 中的套件 10-2
　　10.1.1　jax.numpy 的使用 10-3
　　10.1.2　jax.nn 的使用 10-5
10.2　jax.experimental 套件和 jax.example_libraries 的使用 10-6
　　10.2.1　jax.experimental.sparse 的使用 10-7
　　10.2.2　jax.experimental.optimizers 模組的使用 10-11
　　10.2.3　jax.experimental.stax 的使用 10-13
10.3　本章小結 10-14

11　JAX 實戰──使用 ResNet 完成 CIFAR100 資料集分類

11.1　ResNet 基礎原理與程式設計基礎 11-2
　　11.1.1　ResNet 誕生的背景 11-3

11.1.2 使用 JAX 中實現的部件──不要重複造輪子 11-7
11.1.3 一些 stax 模組中特有的類別 11-11
11.2 ResNet 實戰──CIFAR100 資料集分類 11-13
11.2.1 CIFAR100 資料集簡介 11-13
11.2.2 ResNet 殘差模組的實現 11-17
11.2.3 ResNet 網路的實現 11-19
11.2.4 使用 ResNet 對 CIFAR100 資料集進行分類 11-21
11.3 本章小結 11-24

12 JAX 實戰──有趣的詞嵌入

12.1 文字資料處理 12-2
12.1.1 資料集和資料清洗 12-2
12.1.2 停用詞的使用 12-6
12.1.3 詞向量訓練模型 word2vec 的使用 12-10
12.1.4 文字主題的提取：基於 TF-IDF 12-15
12.1.5 文字主題的提取：基於 TextRank 12-21
12.2 更多的詞嵌入方法──FastText 和預訓練詞向量 12-25
12.2.1 FastText 的原理與基礎演算法 12-26
12.2.2 FastText 訓練以及與 JAX 的協作使用 12-28
12.2.3 使用其他預訓練參數嵌入矩陣（中文）................. 12-32
12.3 針對文字的卷積神經網路模型──字元卷積 12-33
12.3.1 字元（非單字）文字的處理 12-34
12.3.2 卷積神經網路文字分類模型的實現──conv1d
（一維卷積）.. 12-45

xiii

12.4 針對文字的卷積神經網路模型──詞卷積 12-49
  12.4.1 單字的文字處理 12-50
  12.4.2 卷積神經網路文字分類模型的實現 12-53
12.5 使用卷積對文字分類的補充內容 12-54
  12.5.1 中文的文字處理 12-54
  12.5.2 其他細節 12-58
12.6 本章小結 12-59

13 JAX 實戰──生成對抗網路（GAN）

13.1 GAN 的工作原理詳解 13-2
  13.1.1 生成器與判別器共同組成了一個 GAN 13-3
  13.1.2 GAN 是怎麼工作的 13-4
13.2 GAN 的數學原理詳解 13-6
  13.2.1 GAN 的損失函數 13-6
  13.2.2 生成器的產生分佈的數學原理──相對熵簡介 13-8
13.3 JAX 實戰──GAN 網路 13-10
  13.3.1 生成對抗網路 GAN 的實現 13-10
  13.3.2 GAN 的應用前景 13-16
13.4 本章小結 13-21

A Windows 11 安裝 GPU 版本的 JAX

CHAPTER 01

JAX 從零開始

近年來，人工智慧（Artificial Intelligence，AI）在科學研究領域獲得了巨大的成功，影響到了人們生活的各方面，而其中基於神經網路的深度學習（Deep Learning，DL）發展尤為迅速。深度學習將現實世界中的每一個概念都由表現更為抽象的概念來定義，即透過神經網路來提取樣本特徵。

深度學習透過學習樣本資料的內在規律和展現層次，從而使得人工智慧能夠像人一樣具備分析能力，可以自動辨識文字、影像和聲音等資料，以便幫助人工智慧專案更接近於人的認知形式。

深度學習是一個複雜的機器學習演算法，目前在搜尋技術、資料探勘、機器學習、機器翻譯、自然語言處理、多媒體學習、語音、推薦和個性化技術，以及其他相關領域都獲得了令人矚目的成就。深度學習解決了很多複雜的模式辨識難題，使得人工智慧相關技術取得了重大進步。

1.1 JAX 來了

「工欲善其事，必先利其器」。人工智慧或其核心理論深度學習也一樣。任何一個好的成果實作並在將來發揮其巨大作用，都需要一個能夠將其實作並應用的基本框架工具。JAX 是機器學習框架領域的新生力量，它具有更快的高階微分計算方法，可以採用先編譯後執行的模式，突破了已有深度學習框架的局限性，同時具有更好的硬體支援，甚至將來可能會成為 Google 的主要科學計算深度學習函數庫。

1.1.1 JAX 是什麼

JAX 官方文件的解釋是：「JAX 是 CPU、GPU 和 TPU 上的 NumPy，具有出色的自動差異化功能，可用於高性能機器學習研究。」

就像 JAX 官方文件解釋的那樣，最簡單的 JAX 是加速器支持的 NumPy，它具有一些便利的功能，可用於常見的機器學習操作。

更具體地說，JAX 的前身是 Autograd，也就是 Autograd 的升級版本。JAX 可以對 Python 和 NumPy 程式進行自動微分，可透過 Python 的大量特徵子集進行區分，包括迴圈、分支、遞迴和閉包敘述進行自動求導，也可以求三階導數（三階導數是由原函數導數的導數的導數，即將原函數進行三次求導）。透過 grad，JAX 完全支援反向模式和正向模式的求導，而且這兩種模式可以任意組合成任何順序，具有一定靈活性。

開發 JAX 的出發點是什麼？說到這，就不得不提 NumPy。NumPy 是 Python 中的基礎數值運算函數庫，被廣泛使用，但是 NumPy 不支援 GPU 或其他硬體加速器，也沒有對反向傳播的內建支持。此外，Python

本身的速度限制了 NumPy 使用，所以少有研究者在生產環境下直接用 NumPy 訓練或部署深度學習模型。

在此情況下，出現了許多的深度學習框架，如 PyTorch、TensorFlow 等。但是 NumPy 具有靈活、偵錯方便、API 穩定等獨特的優勢，而 JAX 的主要出發點就是將 NumPy 的優勢與硬體加速相結合。

目前，基於 JAX 已有很多優秀的開放原始碼專案，如 Google 的神經網路函數庫團隊開發了 Haiku，這是一個 JAX 導向的深度學習程式庫，透過 Haiku，使用者可以在 JAX 上進行物件導向開發；又比如 RLax，這是一個基於 JAX 的強化學習函數庫，使用者使用 RLax 就能進行 Q-learning 模型的架設和訓練；此外還包括基於 JAX 的深度學習函數庫 JAXnet，該函數庫一行程式就能定義計算圖，可進行 GPU 加速。可以說，在過去幾年中，JAX 掀起了深度學習研究的風暴，推動了其相關科學研究的迅速發展。

1.1.2 為什麼是 JAX

JAX 是機器學習框架領域的新生力量。JAX 從誕生就具有相對於其他深度學習框架更高的高度，並邁出了重要的一步，不是因為它比現有的機器學習框架具有更簡潔的 API，或因為它比 TensorFlow 和 PyTorch 在被設計的事情上做得更好，而是因為它允許我們更容易地嘗試更廣闊的思想空間。

JAX 把看不到的細節藏在底層內部結構中，而無須關心其使用過程和細節，很明顯，JAX 關心的是如何讓開發者做出創造性的工作。JAX 對如何使用做了很少的假設，具有很好的靈活性。

JAX 目前已經達到深度學習框架的最高水準。在當前開放原始碼的

1.1 JAX 來了

框架中,沒有哪一個框架能夠在簡潔、好用、速度這 3 個方面有兩個能同時超過 JAX。

- **簡潔**:JAX 的設計追求最少的封裝,儘量避免重複造輪子。不像 TensorFlow 中充斥著 graph、operation、name_scope、variable、tensor、layer 等全新的概念,JAX 的設計遵循 tensor → variable (autograd) → Module 3 個由低到高的抽象層次,分別代表高維陣列(張量)、自動求導(變數)和神經網路(層 / 模組),而且這 3 個抽象之間聯繫緊密,可以同時進行修改和操作。簡潔的設計帶來的另外一個好處就是程式易於理解。JAX 的原始程式只有 TensorFlow 的十分之一左右,更少的抽象、更直觀的設計使得 JAX 的原始程式十分易於閱讀。

- **速度**:JAX 的靈活性不以速度為代價,在許多評測中,JAX 的速度表現勝過 TensorFlow 和 PyTorch 等框架。框架的執行速度和程式設計師的編碼水準存在著一定關係,但同樣的演算法,使用 JAX 實現可能快過用其他框架實現。

- **好用**:JAX 是所有的框架中物件導向設計得最佳雅的。JAX 的設計最符合人們的思維,它讓使用者盡可能地專注於實現自己的想法,即所思即所得,不需要考慮太多關於框架本身的束縛。

JAX 的設計表現了 Linux 設計哲學——do one thing and do it well。JAX 很輕量級,專注於高效的數值計算,由於提供了呼叫其他框架的功能,這樣 JAX 程式的撰寫以及資料的載入可以使用其他框架的現成工具。並且 Google 也在基於 JAX 建構生態:包括神經網路函數庫 Haiku、梯度處理和最佳化的函數庫 Optax、強化學習函數庫 Rlax,以及用來幫助撰寫可靠程式的 chex 工具函數庫。很多 Google 的研究小組利用 JAX 來開發訓練神經網路的工具函數庫,比如 Flax、Trax。

1.2 JAX 的安裝與使用

JAX 是一個最新的深度學習框架，但是當讀者開始使用 JAX 的時候就會發現其非常簡單。本節將帶領讀者安裝 JAX 的開發環境，並演示第 1 個 JAX 的實戰程式——MNIST 資料集辨識。

◆》注意

目前，JAX 開發環境必須架設在 Linux 系統上，而對大多數讀者來說，安裝和使用 Linux 是一個較為困難的操作，因此這裡採用 Windows 10 或更新版本附帶的虛擬機器形式安裝 JAX 開發環境。不用擔心，只需要安裝一遍並跟隨筆者一步步地設定好開發環境和工具，之後就可以像開發傳統的 Windows 程式一樣進行 JAX 程式的開發。

1.2.1　Windows Subsystem for Linux 的安裝

在 Windows 10 作業系統中，借助 Windows Subsystem for Linux（簡稱 WSL）的功能，後續的 Windows 作業系統都支援和相容 Linux 程式。而 Windows Subsystem for Linux 是一個為在 Windows 10 上能夠原生執行 Linux 二進位可執行檔（ELF 格式）的相容層。它由微軟與 Canonical 公司合作開發，目標是使純正的 Ubuntu Trusty Tahr 映射能下載和解壓到使用者的本地電腦，並且映射內的工具程式能在此子系統上原生執行。

當然，我們可以簡單地認為就是在 Windows 環境上安裝了一個 Linux 虛擬機器環境。

1.2 JAX 的安裝與使用

1. 第一步：啟用 Linux 子系統

（1）在開始選單中選擇「設定」命令打開「Windows 設定」視窗，搜尋「啟用或關閉 Windows 功能」，如圖 1.1 所示。

▲ 圖 1.1 「Windows 設定」視窗

（2）搜尋出「啟用或關閉 Windows 功能」選項，點擊打開「Windows 功能」對話方塊，如圖 1.2 所示。選取「虛擬機器平台」和「適用於 Linux 的 Windows 子系統」選項即可，其他選項為預設。

▲ 圖 1.2 「Windows 功能」對話方塊

（3）點擊「確定」按鈕之後，等待更改完成並重新啟動電腦，如圖 1.3 所示。

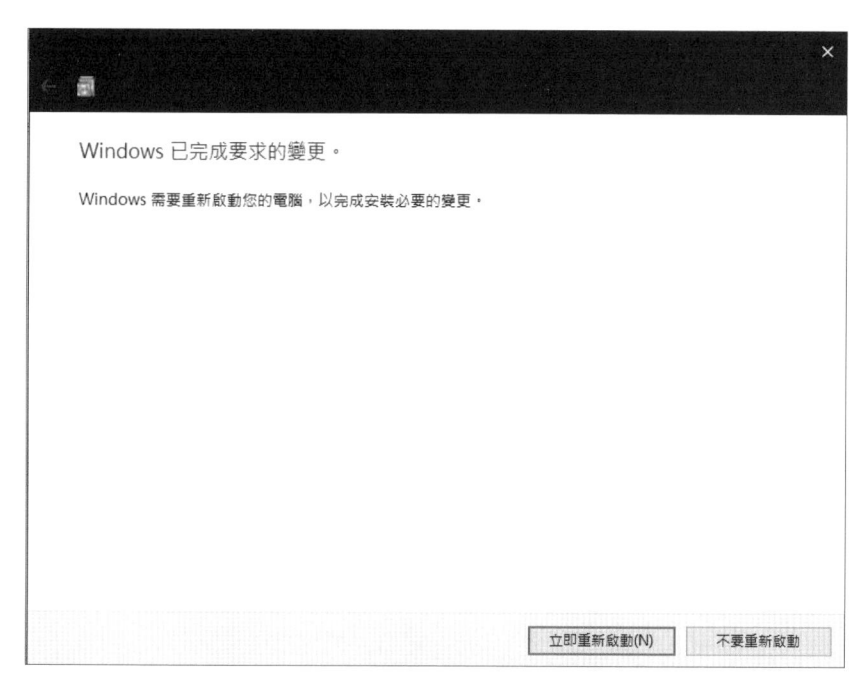

▲ 圖 1.3 重新啟動電腦

2. 第二步：啟用開發者模式

在「Windows 設定」中搜尋「使用開發人員功能」，打開「開發者選項」視窗，將「開發人員模式」下的開關打開，如圖 1.4 所示。然後點擊「是」按鈕。

1.2 JAX 的安裝與使用

▲ 圖 1.4 打開「開發人員模式」

> 📢 **注意**

在安裝 Ubuntu 之前,需要手動設定 WSL 的版本,這裡建議在 Windows 終端中以管理員身份執行以下命令:

```
wsl.exe --update
```

等待升級結束後執行以下命令:

```
wsl --set-default-version 2
```

可以透過以下命令查看 WSL 的版本編號:

```
wsl --list --verbose
```

顯示如圖 1.5 所示的結果即可完成這一步的工作。

▲ 圖 1.5 WSL 的版本編號

3. 第三步：從 "Microsoft Store" 中安裝 Ubuntu

打開 Microsoft Store 頁面，搜尋 Ubuntu，在搜尋的結果中選擇安裝 Ubuntu 20.04 版本的 Linux 虛擬機器，如圖 1.6 所示。點擊「獲取」按鈕即開始安裝，如圖 1.7 所示。

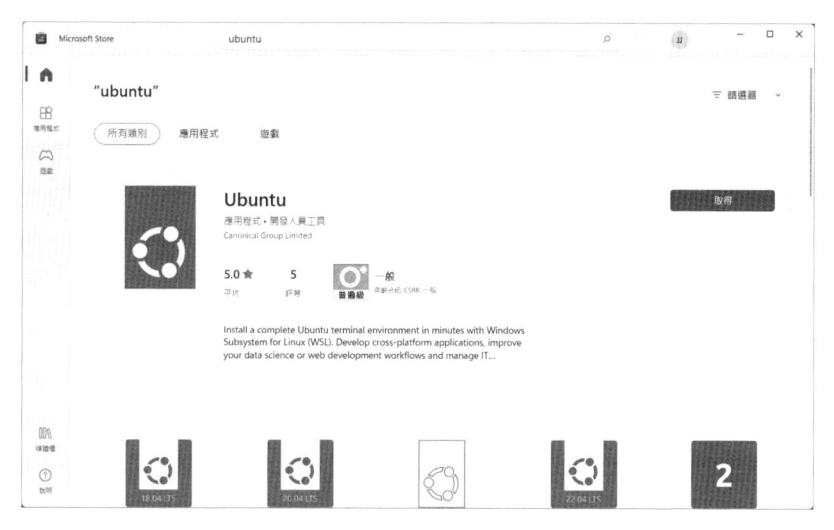

▲ 圖 1.6 選擇 Ubuntu 20.04 版本的虛擬機器

1-9

1.2 JAX 的安裝與使用

▲ 圖 1.7 安裝 Ubuntu 20.04

4. 第四步：啟動 WSL 虛擬機器

安裝完成後啟動 WSL 虛擬機器，第一次啟動時可能時間稍長，根據不同的電腦設定需要花費若干分鐘，請耐心等待一下，如圖 1.8 所示。

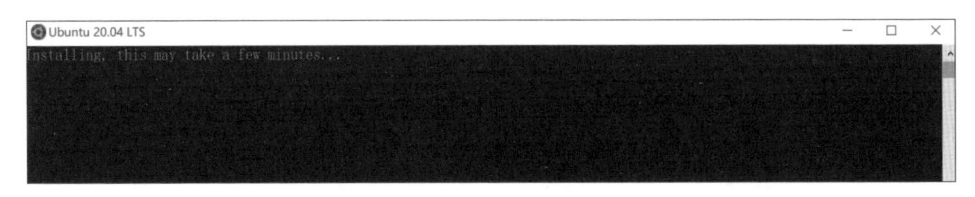

▲ 圖 1.8 第一次啟動 WSL

◀ 注意

以後啟動 WSL 可以像啟動普通電腦程式一樣，在 Windows 開始選單的所有應用視窗中查詢並點擊對應的圖示即可。

5. 第五步：設定 Ubuntu 虛擬機器

圖 1.9 所示就是 Ubuntu 的設定介面，首先輸入使用者名稱和密碼，這裡需要注意的是，相對於 Windows 系統，Ubuntu 系統在輸入密碼時是不會有字元顯示的。當出現此介面時，即可認為使用者設定成功，另外，根據筆者的學習經驗，設定一個最簡單的密碼是較為方便的選擇。

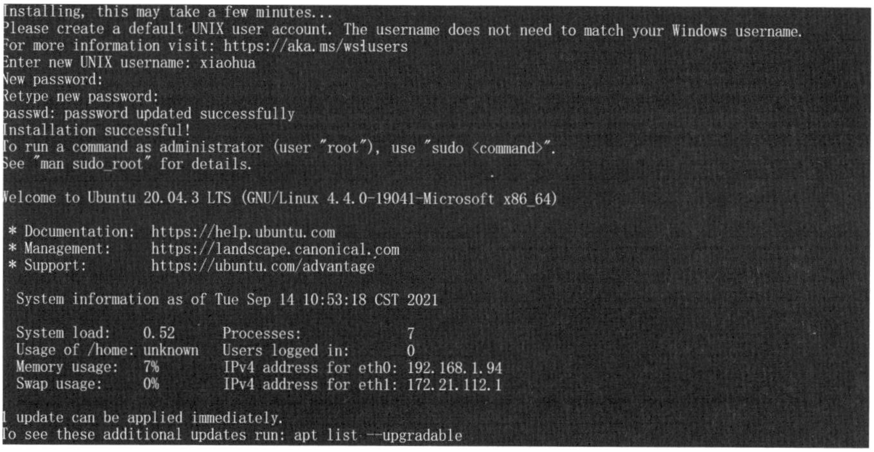

▲ 圖 1.9 Ubuntu 的設定介面

對於 WSL 的安裝，讀者需要知道幾個小知識：

（1）如果想在 Linux 中查看其他分區，WSL 將其他磁碟代號掛載在 "/mnt/" 下。

舉例說明（下面的敘述都是在 WSL 終端中操作輸入）：

① 複製 Ubuntu 上 sources.list 到 Windows 上進行修改，可以在終端中輸入以下命令：

```
sudo cp /etc/apt/sources.list /mnt/d/sources.list
```

其中 WSL 會把 Windows 上的磁碟掛載到 "/mnt/" 下，所以 Windows 的 D 磁碟根目錄在 Ubuntu 上的路徑為 "/mnt/d/"。

1.2 JAX 的安裝與使用

② 用 Windows 上修改後的 sources.list 覆蓋 Ubuntu 上的 sources.list：

```
sudo mv /mnt/d/sources.list /etc/apt/sources.list
```

這樣就可以做到在 Windows 電腦與 WSL 之間互相查看檔案。

（2）如果想在 Windows 下查看 WSL 檔案位置，可以查看 "C:\Users\ 使用者名稱 \AppData\Local\Packages\" 資料夾中以 "CanonicalGroup Limited.Ubuntu20.04onWindows" 為開頭的資料夾，而其中的 "\LocalState\rootfs" 就是對應的 WSL 檔案目錄。

1.2.2 JAX 的安裝和驗證

新安裝的 WSL 需要更新一次，打開 WSL 終端介面，依次輸入以下動作陳述式：

```
sudo apt update
sudo apt install gcc make g++
sudo apt install build-essential
sudo apt install python3-pip
pip install --upgrade pip
pip install -i https://pypi.tuna.tsinghua.edu.cn/simple jax== 0.2.19
pip install -i https://pypi.tuna.tsinghua.edu.cn/simple jaxlib== 0.1.70
```

> 📢 注意
>
> 因為 JAX 現在仍舊處於調整階段，可能後面函數會有調整。本書使用的是 0.2.19 版本的 jax 和 0.1.70 版本的 jaxlib，讀者一定要注意版本的選擇。

在需要輸入密碼的地方直接輸入，並且在需要確認的地方輸入字元 "y" 進行確認。

等全部命令執行完畢後，使用者可以打開 WSL 終端執行以下命令：

```
python3
```

這是啟動 WSL 附帶的 Python 命令，之後輸入以下命令：

```
import jax.numpy as np
np.add(1.0,1.7)
```

最終結果如圖 1.10 所示。還可以看到 Ubuntu 系統上預設安裝了 Python 3.8.10。

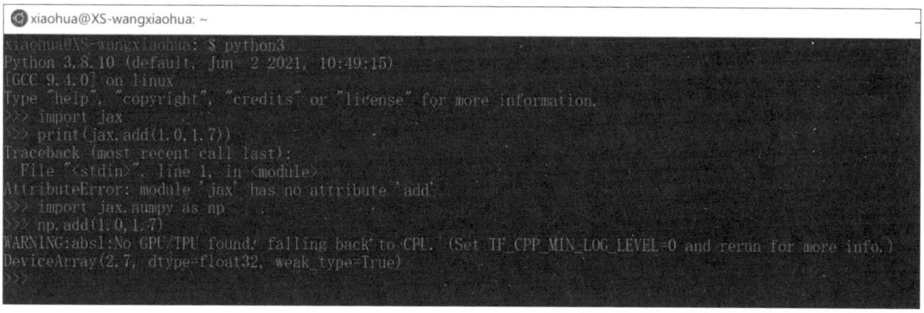

▲ 圖 1.10 執行結果

可以看到最終結果是 2.7，並且也提示了本機在執行中只使用 CPU 而非 GPU。對想使用 GPU 版本的 JAX 讀者來說，最好的方案是使用純 Ubuntu 系統作為開發平台，或可以升級到 Windows 11 並安裝特定的 CUDA 驅動程式，這裡不再過多闡述，有興趣的讀者可以參考本書附錄。

1.2.3 PyCharm 的下載與安裝

上一節筆者做過演示，Python 程式可以在 WSL 控制終端中撰寫。但是這種方式對較為複雜的程式專案來說，容易混淆相互之間的層級和互動檔案，因此在撰寫程式專案時，建議使用專用的 Python 編譯器 PyCharm。

1.2 JAX 的安裝與使用

> 🔊 **注意**
> 筆者的做法是，在 Windows 中安裝 PyCharm，然後使用 WSL 中的 Ubuntu 環境進行編譯。

（1）進入 PyCharm 官網的 Download 頁面後可以選擇不同的版本，如圖 1.11 所示。有收費的專業版和免費的社區版，這裡建議讀者選擇免費的社區版即可。

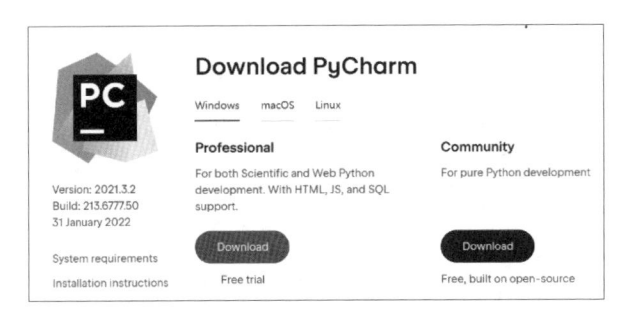

▲ 圖 1.11 PyCharm 的下載頁面

（2）按兩下執行後進入安裝介面，如圖 1.12 所示。直接點擊 "Next" 按鈕，採用預設安裝即可。

▲ 圖 1.12 PyCharm 的安裝介面

（3）如圖 1.13 所示，在安裝 PyCharm 的過程中需要對安裝的位元數進行選擇，這裡建議選擇與已安裝的 Python 相同位元數的檔案。

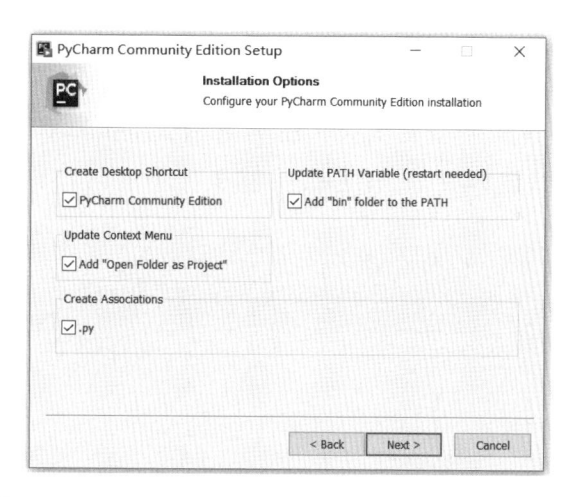

▲ 圖 1.13　PyCharm 的設定選擇（按個人真實情況選擇）

（4）安裝完成後出現 "Finish" 按鈕，點擊該按鈕即可完成安裝，如圖 1.14 所示。

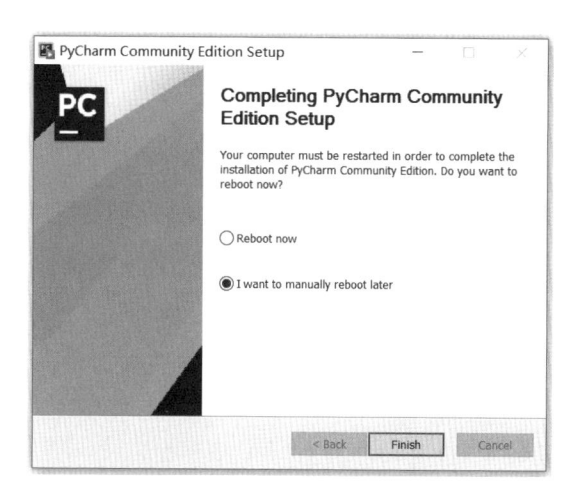

▲ 圖 1.14　PyCharm 安裝完成

1.2.4 使用 PyCharm 和 JAX

下面使用 PyCharm 進行程式設計，在進行程式設計之前，需要在 PyCharm 中載入 JAX 編譯環境，編譯步驟說明如下。

步驟 1 在桌面新建一個空資料夾，命名為 "JaxDemo"。啟動 PyCharm 並打開剛才新建的空資料夾 "JaxDemo"，結果如圖 1.15 所示。

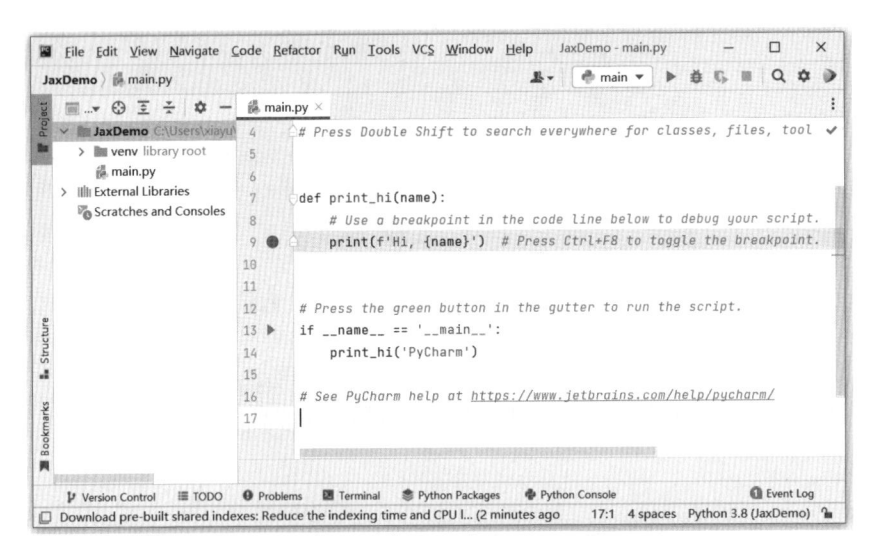

▲ 圖 1.15 啟動 PyCharm

此時並沒有使用 WSL 中的 Python 進行解釋，請繼續進行下一步工作。

步驟 2 在 Windows 環境下啟動 PyCharm，依次選擇 "Setting|Project|ProjectInterpreter|Python Interpreter" 選項，然後點擊圖 1.16 所示視窗右側的操作按鈕，準備更改 Python 的解譯器。

（3）如圖 1.13 所示，在安裝 PyCharm 的過程中需要對安裝的位元數進行選擇，這裡建議選擇與已安裝的 Python 相同位元數的檔案。

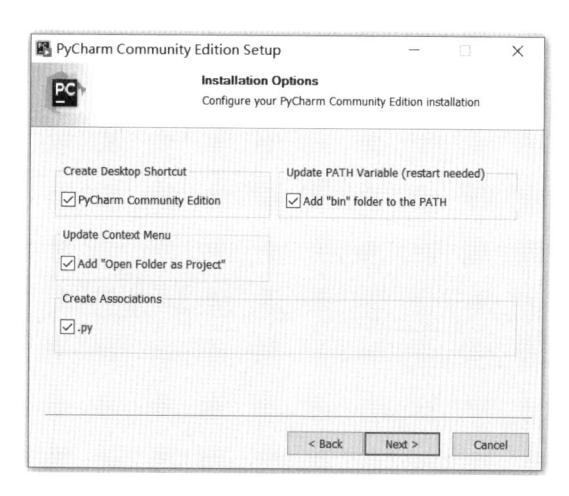

▲ 圖 1.13　PyCharm 的設定選擇（按個人真實情況選擇）

（4）安裝完成後出現 "Finish" 按鈕，點擊該按鈕即可完成安裝，如圖 1.14 所示。

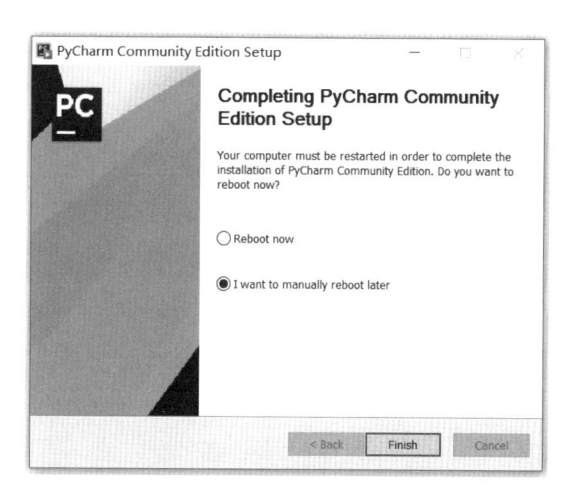

▲ 圖 1.14　PyCharm 安裝完成

1.2.4 使用 PyCharm 和 JAX

下面使用 PyCharm 進行程式設計，在進行程式設計之前，需要在 PyCharm 中載入 JAX 編譯環境，編譯步驟說明如下。

步驟 1 在桌面新建一個空資料夾，命名為 "JaxDemo"。啟動 PyCharm 並打開剛才新建的空資料夾 "JaxDemo"，結果如圖 1.15 所示。

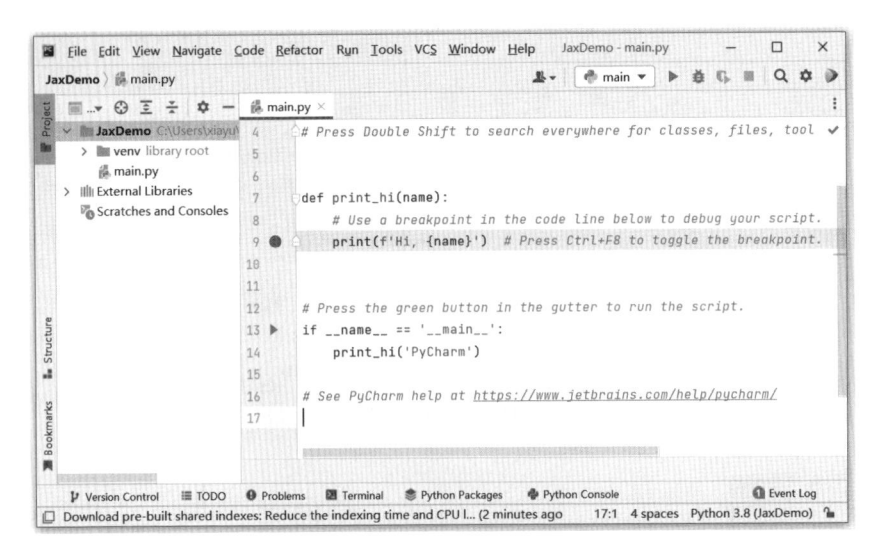

▲ 圖 1.15 啟動 PyCharm

此時並沒有使用 WSL 中的 Python 進行解釋，請繼續進行下一步工作。

步驟 2 在 Windows 環境下啟動 PyCharm，依次選擇 "Setting|Project|ProjectInterpreter|Python Interpreter" 選項，然後點擊圖 1.16 所示視窗右側的操作按鈕，準備更改 Python 的解譯器。

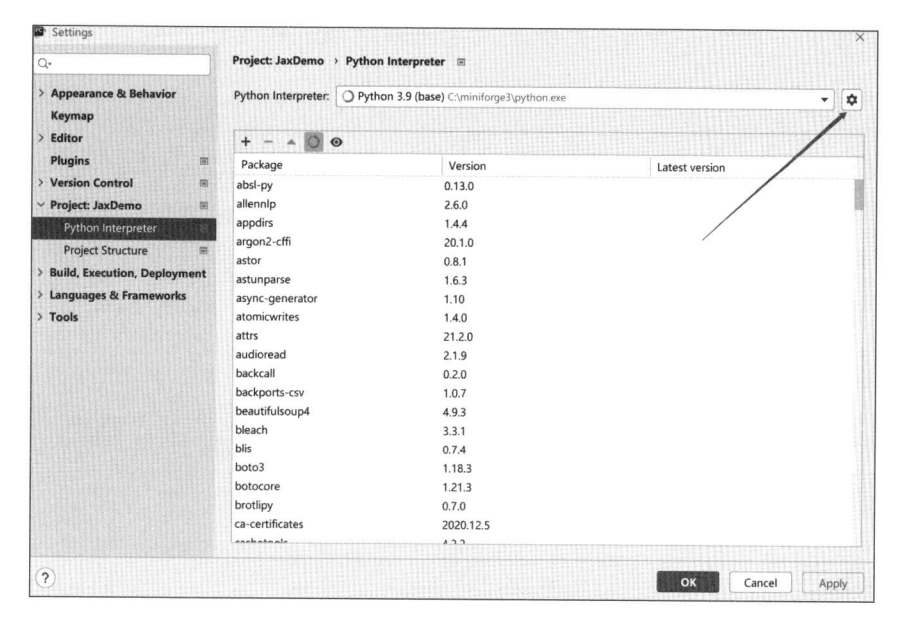

▲ 圖 1.16 更改 Python 解譯器

步驟 3 點擊 "Add" 按鈕，載入 WSL 中的 Python 解譯器，如圖 1.17 所示。

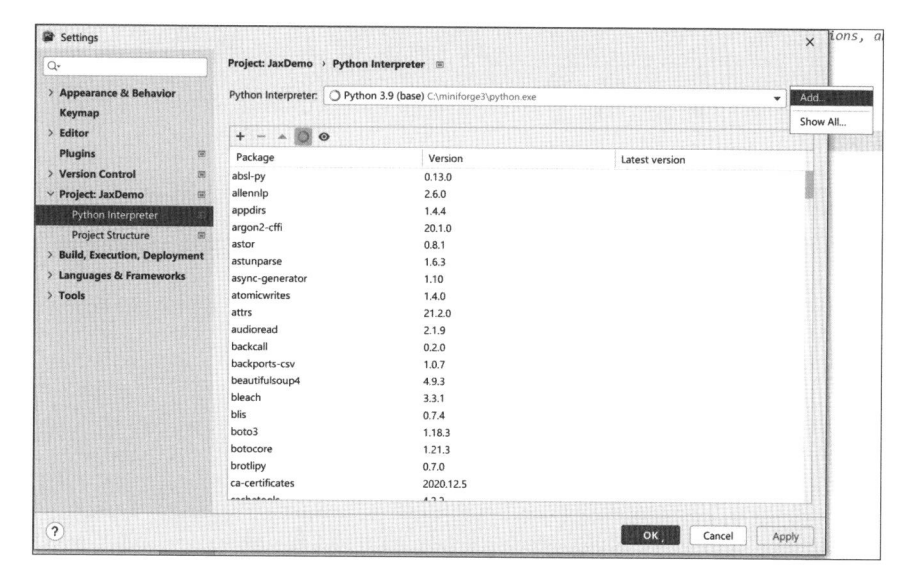

▲ 圖 1.17 增加 Python 解譯器

1-17

1.2 JAX 的安裝與使用

步驟 4 之後在彈出的介面左側的類別中選擇 "WSL"，右側路徑改成如圖 1.18 所示的內容。

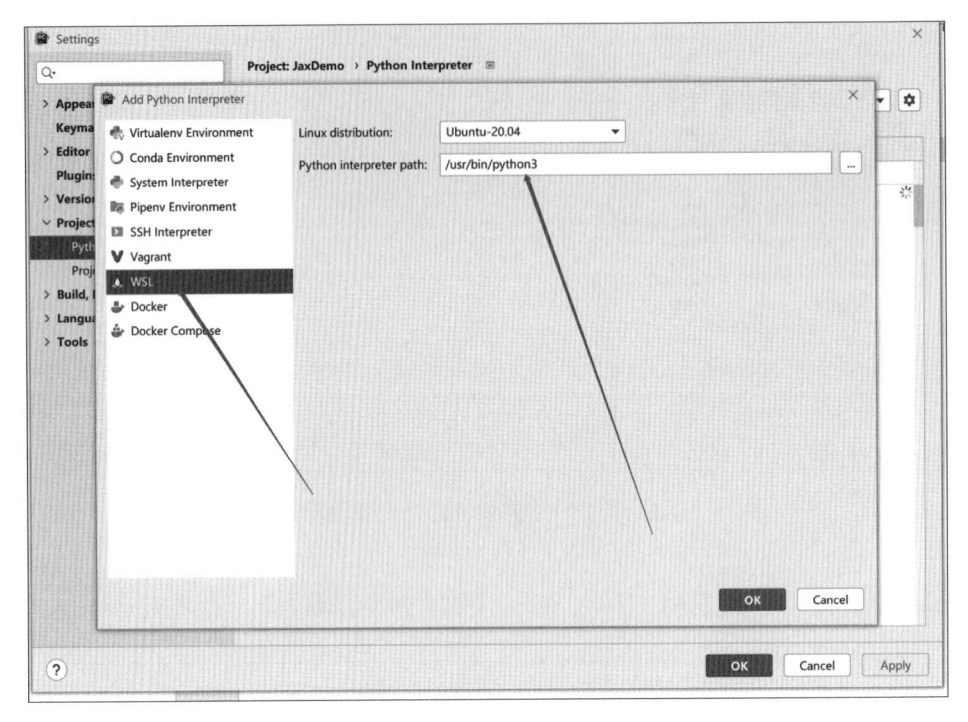

▲ 圖 1.18 載入 WSL 中的 Python3 解譯器

🔊 **注意**

這裡的預設路徑位址是 python，而讀者在 WSL 中使用的 Python 版本是 python3。

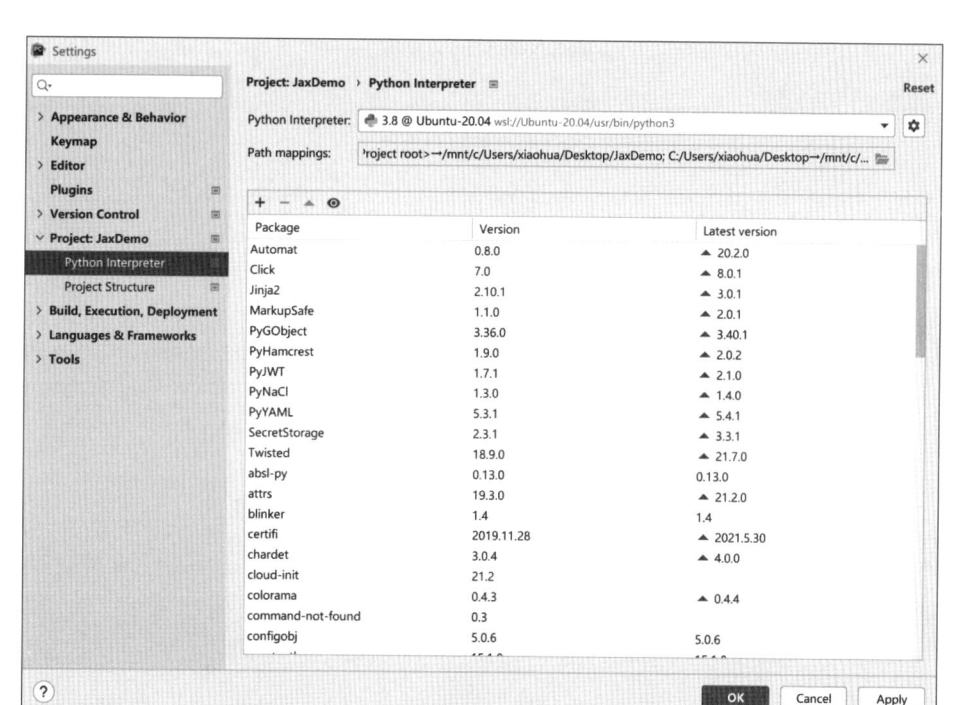

步驟 5 點擊 "OK" 按鈕，PyCharm 開始載入檔案，介面如圖 1.19 所示。

▲ 圖 1.19 編譯器設定完成

等編譯結束後就可以進入 PyCharm 的程式碼階段，至此設定完成。

1.2.5 JAX 的 Python 程式小練習：計算 SeLU 函數

對科學計算來說，最簡單的想法就是可以將數學公式直接表達成程式語言，可以說，Python 滿足了這個想法。本小節將使用 Python 實現和計算一個深度學習中最為常見的函數——SeLU 啟動函數。至於這個函數的作用，現在不加以說明，這裡只是帶領讀者嘗試實現其程式的撰寫。

1.2 JAX 的安裝與使用

首先 SeLU 啟動函數計算公式如下所示：

$$\alpha = \alpha \times (e^x - 1) \times \theta$$
$$\alpha = 1.67$$
$$\theta = 1.05$$

e 是自然常數

其中 α 和 θ 是預先定義的參數，e 是自然常數，以上 3 個數在這裡直接使用即可。SeLU 啟動函數的圖形如圖 1.20 所示。

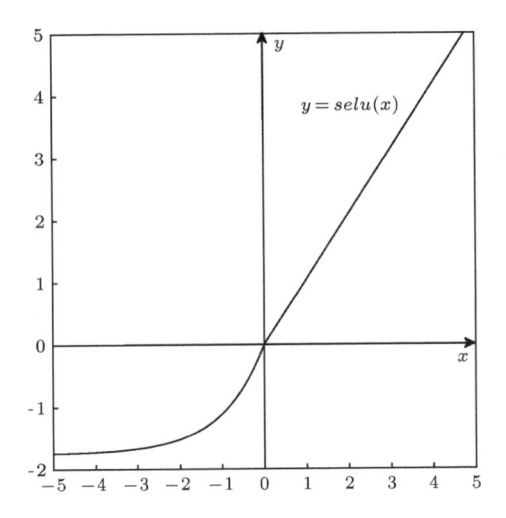

▲ 圖 1.20 SeLU 啟動函數圖形

SeLU 啟動函數的程式如下所示。

【程式 1-1】

```python
import jax.numpy as jnp           # 匯入 NumPy 計算套件
from jax import random             # 匯入 random 隨機數套件
# 完成的 seLU 函數
def selu(x, alpha=1.67, lmbda=1.05):
    return lmbda * jnp.where(x > 0, x, alpha * jnp.exp(x) - alpha)
```

```
key = random.PRNGKey(17)             # 產生了一個固定數 17 作為 key
x = random.normal(key, (5,))         # 隨機生成一個大小為 [1,5] 的矩陣
print(selu(x))                       # 列印結果
```

可以看到，當傳入一個隨機數列後，分別計算每個數值所對應的函數值，結果如下：

[-1.2464962   0.45437852   1.5749676   -0.8136045   0.27492574]

1.3 JAX 實戰──MNIST 手寫體的辨識

MNIST 是深度學習領域常見的資料集。每一個 MNIST 資料單元由兩部分組成：一幅包含手寫數字的圖片和一個對應的標籤。我們把這些圖片設為 "xs"，把這些標籤設為 "ys"。訓練資料集和測試資料集都包含 xs 和 ys，比如訓練資料集的圖片是 mnist_train_x，訓練資料集的標籤是 mnist_train_y。

如圖 1.21 所示，每一幅圖片包含 28×28 個像素點。如果我們把這個陣列展開成一個向量，長度是 28×28 = 784。如何展開這個陣列（數字間的順序）不重要，只要保持各幅圖片採用相同的方式展開即可。從這個角度來看，MNIST 資料集的圖片就是在 784 維向量空間裡面的點。

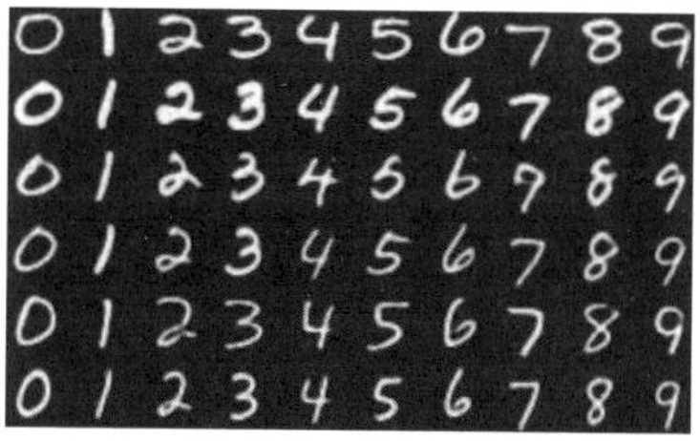

▲ 圖 1.21 資料集 MNIST

1.3 JAX 實戰—MNIST 手寫體的辨識

1.3.1 第一步：準備資料集

程式設計的第一步是準備資料，我們使用 tensorflow_datasets 附帶的框架解決 MNIST 資料集下載的問題。打開 WSL 終端，輸入以下命令：

```
pip install -i https://pypi.tuna.tsinghua.edu.cn/simple tensorflow_datasets
```

> **注意**
> 進度指示器讀取完畢後還不能使用，PyCharm 對於 WSL 的支援需要重新載入在 WSL 中的 Python 程式，這裡只需要重新啟動電腦即可。

MNIST 資料集下載好了之後，只需要直接使用給定的程式完成 MNIST 資料集的載入即可。程式如下：

```
import tensorflow as tf
import tensorflow_datasets as tfds
x_train = jnp.load("mnist_train_x.npy")
y_train = jnp.load("mnist_train_y.npy")
```

注意，由於 MNIST 舉出的 label 是一個以當前影像值為結果的資料，需要轉換成 one_hot 格式，程式如下：

```
def one_hot_nojit(x, k=10, dtype=jnp.float32):
    """ Create a one-hot encoding of x of size k. """
    return jnp.array(x[:, None] == jnp.arange(k), dtype)
```

1.3.2 第二步：模型的設計

我們需要使用一個深度學習網路對 MNIST 資料集進行分類計算，如圖 1.22 所示。

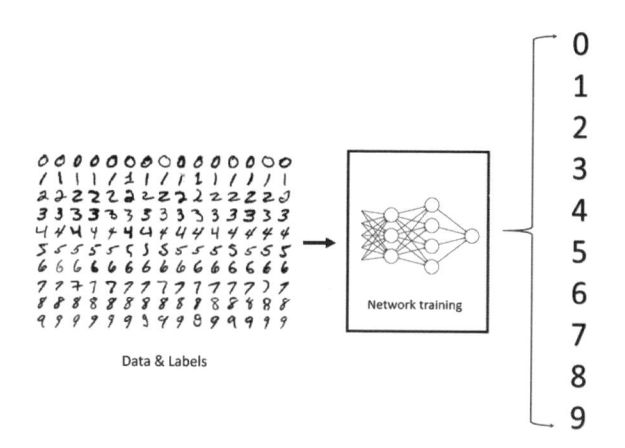

▲ 圖 1.22 分類計算

在此採用的深度學習網路是使用兩個全連接層加啟動層進行，程式如下：

```
# {Dense(1024) -> ReLU}x2 -> Dense(10) -> Logsoftmax
init_random_params, predict = stax.serial(
    stax.Dense(1024), stax.Relu,
    stax.Dense(1024), stax.Relu,
    stax.Dense(10), stax.Logsoftmax)
```

其中的 Dense 是全連接層，而參數是當全連接層計算後生成的維度。

1.3.3 第三步：模型的訓練

下面就是模型的訓練過程，由於深度學習的訓練需要使用啟動函數以及最佳化函數，在本例中筆者為了方便起見，只提供具體的使用方法，暫時不提供對應的講解，完整的模型訓練程式如下所示。

1-23

1.3 JAX 實戰—MNIST 手寫體的辨識

【程式 1-2】

```python
import tensorflow as tf
import tensorflow_datasets as tfds
import jax
import jax.numpy as jnp
from jax import jit, grad, random
from jax.experimental import optimizers
from jax.experimental import stax
num_classes = 10
reshape_args = [(-1, 28 * 28), (-1,)]
input_shape = reshape_args[0]
step_size = 0.001
num_epochs = 10
batch_size = 128
momentum_mass = 0.9
rng = random.PRNGKey(0)
x_train = jnp.load("mnist_train_x.npy")
y_train = jnp.load("mnist_train_y.npy")
def one_hot_nojit(x, k=10, dtype=jnp.float32):
    """ Create a one-hot encoding of x of size k. """
    return jnp.array(x[:, None] == jnp.arange(k), dtype)
total_train_imgs = len(y_train)
y_train = one_hot_nojit(y_train)
ds_train = tf.data.Dataset.from_tensor_slices((x_train, y_train)).
shuffle(1024).batch(256).prefetch(
    tf.data.experimental.AUTOTUNE)
ds_train = tfds.as_numpy(ds_train)
def pred_check(params, batch):
    """ Correct predictions over a minibatch. """
    inputs, targets = batch
    predict_result = predict(params, inputs)
    predicted_class = jnp.argmax(predict_result, axis=1)
```

```python
    targets = jnp.argmax(targets, axis=1)
    return jnp.sum(predicted_class == targets)
# {Dense(1024) -> ReLU}x2 -> Dense(10) -> Logsoftmax
init_random_params, predict = stax.serial(
    stax.Dense(1024), stax.Relu,
    stax.Dense(1024), stax.Relu,
    stax.Dense(10), stax.Logsoftmax)
def loss(params, batch):
    """ Cross-entropy loss over a minibatch. """
    inputs, targets = batch
    return jnp.mean(jnp.sum(-targets * predict(params, inputs), axis=1))
def update(i, opt_state, batch):
    """ Single optimization step over a minibatch. """
    params = get_params(opt_state)
    return opt_update(i, grad(loss)(params, batch), opt_state)
# 這裡的 step_size 就是學習率
opt_init, opt_update, get_params = optimizers.adam(step_size = 2e-4)
_, init_params = init_random_params(rng, input_shape)
opt_state = opt_init(init_params)
for _ in range(17):
    itercount = 0
    for batch_raw in ds_train:
        data = batch_raw[0].reshape((-1, 28 * 28))
        targets = batch_raw[1].reshape((-1, 10))
        opt_state = update((itercount), opt_state, (data, targets))
        itercount += 1
    params = get_params(opt_state)
    train_acc = []
    correct_preds = 0.0
    for batch_raw in ds_train:
        data = batch_raw[0].reshape((-1, 28 * 28))
        targets = batch_raw[1]
        correct_preds += pred_check(params, (data, targets))
```

1.4 本章小結

```
train_acc.append(correct_preds / float(total_train_imgs))
print(f"Training set accuracy: {train_acc}")
```

這樣就完成了一個模型的訓練程式，執行結果如圖 1.23 所示。

```
C:\Windows\system32\wsl.exe --distribution Ubuntu-20.04 --exec /bin/sh -c "export PYCHARM_DISPLAY_PORT=63342 && export PYTHONPATH='/mnt/c/Users/xiaohua/Des
2021-09-15 11:22:27.671777: W tensorflow/stream_executor/platform/default/dso_loader.cc:64] Could not load dynamic library 'libcudart.so.11.0'; dlerror: l
2021-09-15 11:22:27.671810: I tensorflow/stream_executor/cuda/cudart_stub.cc:29] Ignore above cudart dlerror if you do not have a GPU set up on your machi
WARNING:absl:No GPU/TPU found, falling back to CPU. (Set TF_CPP_MIN_LOG_LEVEL=0 and rerun for more info.)
2021-09-15 11:22:33.910658: W tensorflow/stream_executor/platform/default/dso_loader.cc:64] Could not load dynamic library 'libcuda.so.1'; dlerror: libcud
2021-09-15 11:22:33.910704: W tensorflow/stream_executor/cuda/cuda_driver.cc:326] failed call to cuInit: UNKNOWN ERROR (303)
2021-09-15 11:22:33.910722: I tensorflow/stream_executor/cuda/cuda_diagnostics.cc:156] kernel driver does not appear to be running on this host (XS-wangxi
2021-09-15 11:22:33.911468: I tensorflow/core/platform/cpu_feature_guard.cc:142] This TensorFlow binary is optimized with oneAPI Deep Neural Network Libra
To enable them in other operations, rebuild TensorFlow with the appropriate compiler flags.
Training set accuracy: [DeviceArray(0.95171666, dtype=float32, weak_type=True)]
Training set accuracy: [DeviceArray(0.96788335, dtype=float32, weak_type=True)]
Training set accuracy: [DeviceArray(0.98298335, dtype=float32, weak_type=True)]
Training set accuracy: [DeviceArray(0.9792333, dtype=float32, weak_type=True)]
Training set accuracy: [DeviceArray(0.9884833, dtype=float32, weak_type=True)]
Training set accuracy: [DeviceArray(0.98955, dtype=float32, weak_type=True)]
Training set accuracy: [DeviceArray(0.9938167, dtype=float32, weak_type=True)]
```

▲ 圖 1.23 模型訓練結果

可以看到從第 7 個 epoch 開始，模型在訓練集上的準確率已經達到了一個較高的水準。

1.4 本章小結

本章介紹了 JAX 的基本概念、JAX 虛擬環境架設以及 JAX 應用程式開發方法，還分析了一個 MNIST 手寫體辨識的例子，告訴讀者使用 JAX 時只需要簡單的幾步就可以。當然，在真正掌握 JAX 處理的步驟和方法之前，還有很長一段路要走，希望本書能夠引導大家入門。

CHAPTER 02

一學就會的線性回歸、多層感知機與自動微分器

本章將正式進入 JAX 的模型架設過程。從我們在上一章使用過的全連接層 Dense 開始，介紹基於 JAX 的全連接層的建構，並以此為基礎實現一個多層感知機的實戰案例。

此外，JAX 的一大基礎功能就是作為一個自動微分器去使用，所以本章也會詳細講解此部分內容並實現對應的程式。

2.1 多層感知機

多層感知機（Multilayer Perceptron，MLP）是一種前饋類神經網路模型，其將輸入的多個資料集映射到單一的輸出的資料集上，如圖 2.1 所示。

2.1 多層感知機

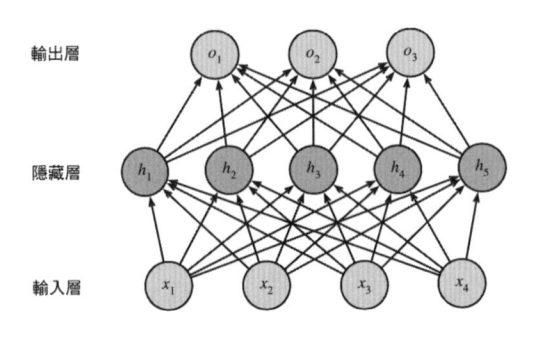

▲ 圖 2.1 多層感知機

一般的多層感知機分為 3 層：輸入層、隱藏層、輸出層。當引入非線性的隱藏層後，理論上只要隱藏的節點足夠多，就可以擬合任意函數，同時，隱藏層越多，越容易擬合更複雜的函數。隱藏層的兩個屬性為每個隱藏層的節點數和隱藏層的層數。層數越多，每一層需要的節點數就會越少。

2.1.1 全連接層──多層感知機的隱藏層

多層感知機的核心是其包含的隱藏層，而隱藏層實際上就是一個全連接層。全連接層的每一個節點都與上一層的所有節點相連，用來把前邊提取到的特徵綜合起來。由於其全相連的特性，一般全連接層的參數也是最多的。圖 2.2 所示的是一個簡單的全連接網路。

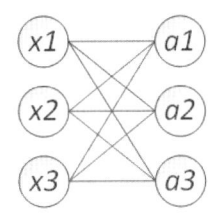

▲ 圖 2.2 全連接網路

一學就會的線性回歸、多層感知機與自動微分器　02

其推導過程如下：

$$w_{11} \times x_1 + w_{12} \times x_2 + w_{13} \times x_3 = a_1$$
$$w_{21} \times x_1 + w_{22} \times x_2 + w_{23} \times x_3 = a_2$$
$$w_{31} \times x_1 + w_{32} \times x_2 + w_{33} \times x_3 = a_3$$

將推導公式轉化一下寫法，如下：

$$\begin{bmatrix} w_{11} & w_{12} & w_{13} \\ w_{21} & w_{22} & w_{23} \\ w_{31} & w_{32} & w_{33} \end{bmatrix} @ \begin{bmatrix} x_1 \\ x_2 \\ x_3 \end{bmatrix} = \begin{bmatrix} a_1 \\ a_2 \\ a_3 \end{bmatrix} \quad \text{\# 其中 @ 是矩陣乘號}$$

可以看到，全連接的核心操作就是矩陣向量乘積：w@x=y。

下面舉一個例子，使用 Python 附帶的 API 實現一個簡單的矩陣計算。

$$\begin{bmatrix} 1.7 & 1.7 \\ 2.14 & 2.14 \end{bmatrix} @ \begin{bmatrix} 1 \\ 2 \end{bmatrix} + 0.99 = \begin{bmatrix} 6.09 \\ 7.41 \end{bmatrix}$$

首先透過公式計算對資料做一個先行驗證，按推導公式計算如下：

$$1.7 \times 1 + 1.7 \times 2 + 0.99 = 6.09$$
$$2.14 \times 1 + 2.14 \times 2 + 0.99 = 7.41$$

這樣最終形成了一個新的矩陣 [6.09,7.41]，程式如下：

```
import jax.numpy as jnp
mat_a = jnp.array([[1.7,1.7],[2.14,2.14]])
weight = jnp.array([[1],[2]])
bias = 0.99
print(jnp.matmul(mat_a,weight) + 0.99)
```

列印結果如下所示：

```
[[6.09]
 [7.41]]
```

2-3

可以看到最終的列印結果是生成了一個維度為 [2,1] 的矩陣,這與前面的分析一致。

> 📢 注意
> 最終的列印結果是一個數值矩陣而非其他深度學習框架所產生的 "tensor",這與 JAX 的定位有關。

2.1.2 使用 JAX 實現一個全連接層

下面將使用 JAX 完整地實現一個全連接層。前面演示了全連接層的計算方法,可以看到全連接本質就是由一個特徵空間線性變換到另一個特徵空間。目標空間的任一維(也就是隱藏層的節點)都認為會受到來源空間的每一維的影響。可以說,目標向量是來源向量的加權和。

全連接層一般是接在特徵提取網路之後,用作對特徵的分類器。全連接層常出現在最後幾層,用於對前面設計的特徵做加權和,如圖 2.3 所示。前面的網路部分可以看作特徵取出,而後加的全連接層相當於特徵加權計算。

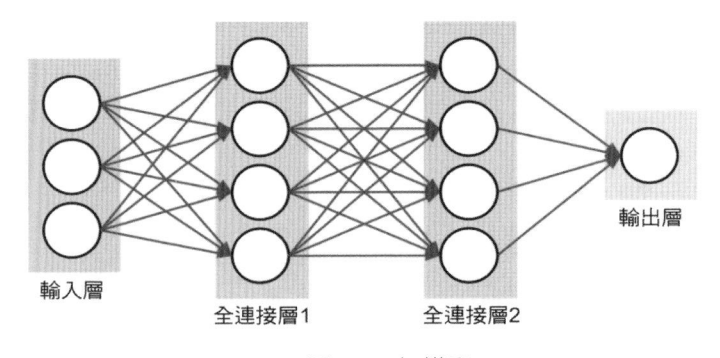

▲ 圖 2.3 加權和

使用 JAX 實現的全連接層程式如下：

```
import jax.numpy as jnp
from jax import random
def Dense(dense_shape = [2, 1]):
    rng = random.PRNGKey(17)      #17 是隨機種子數，可以更換成任意數
    weight = random.normal(rng, shape=dense_shape)
    bias = random.normal(rng, shape=(dense_shape[-1],))
    params = [weight,bias]
    def apply_fun(inputs):    #apply_fun 是 python 特性之一，稱為內建函數
        W, b = params
        return jnp.dot(inputs, W) + b
    return apply_fun
```

本例中使用了一個內建函數做全連接層的計算函數，將函數在初始化時生成的 weight 和 bias 納入計算。使用方法如下所示。

● 【程式 2-1】

```
import jax.numpy as jnp
from jax import random
def Dense(dense_shape = [2, 1]):
    rng = random.PRNGKey(17)      #17 是隨機種子數，可以更換成任意數
    weight = random.normal(rng, shape=dense_shape)
    bias = random.normal(rng, shape=(dense_shape[-1],))
    params = [weight,bias]
    def apply_fun(inputs):    #apply_fun 是 python 特性之一，稱為內建函數
        W, b = params
        return jnp.dot(inputs, W) + b
    return apply_fun
mat_a = jnp.array([[1.7,1.7],[2.14,2.14]])
res = Dense()(mat_a)
print(res)
```

2.1 多層感知機

可以看到，當 mat_a 被傳入 Dense 函數計算後，全連接函數 Dense 會依次完成函數的初始化，並呼叫預設的內建函數 apply_fun 對傳入的資料進行計算，最終結果如下所示：

$$[[-0.77548695]$$
$$[-0.86121607]]$$

這是第一次列印結果，由於 Dense 中生成的參數是一個隨機數，因此計算結果也是按生成的數值進行計算。此時如果再一次進行計算，那麼結果如下所示：

$$[[-0.77548695]$$
$$[-0.86121607]]$$

可以發現這兩次計算的結果是相同的，那麼這就與前文說的生成隨機的參數去進行計算不符。這就要回到程式中，在生成隨機參數的過程中，我們設定了 key 值為 17，由於這個 key 值是一個預選定義的值，所以生成的隨機數實際上也是根據這個 key 值所生成的。有興趣的讀者可以更改隨機值自行驗證。

2.1.3　更多功能的全連接函數

1. 可載入外部參數的全連接函數

下面需要解決一個參數更新的問題。回到 Dense 函數內建的函數中，其實際上是呼叫了生成的參數進行計算，如果此時想使用外部的參數而非 Dense 函數內部新生成的參數，那麼該怎麼處理呢？處理程式如下所示：

```
import jax.numpy as jnp
from jax import random
```

```
def Dense(dense_shape = [2, 1]):
    rng = random.PRNGKey(17)
    weight = random.normal(rng, shape=dense_shape)
    bias = random.normal(rng, shape=(dense_shape[-1],))
    params = [weight,bias]
    def init_parm():
        return params
#apply_fun 是 Python 特性之一，稱為內建函數
    def apply_fun(inputs,params = params):
        W, b = params
        return jnp.dot(inputs, W) + b
    return init_parm,apply_fun
```

上述程式碼部分修改了內建函數，從而可以載入外部參數而不僅只能使用預生成的參數。使用方法如下所示。

【程式 2-2】

```
import jax.numpy as jnp
from jax import random
def Dense(dense_shape = [2, 1]):
    rng = random.PRNGKey(17)
    weight = random.normal(rng, shape=dense_shape)
    bias = random.normal(rng, shape=(dense_shape[-1],))
    params = [weight,bias]
    def apply_fun(inputs,params = params):    #apply_fun 是 Python 特性之一，稱為內建函數
        W, b = params
        return jnp.dot(inputs, W) + b
    return apply_fun
rng = random.PRNGKey(18)
dense_shape = [2, 1]
weight = random.normal(rng, shape=dense_shape)
```

2.1 多層感知機

```
bias = random.normal(rng, shape=(dense_shape[-1],))
params2 = [weight,bias]
mat_a = jnp.array([[1.7,1.7],[2.14,2.14]])
res = Dense()(mat_a,params2)
print(res)
```

這裡並沒有修改 Dense 中的隨機種子數，而是使用隨機種子數生成了一個新的隨機參數組，並使得 Dense 函數可以使用外部參數進行計算，結果如下所示：

$$[[3.187891\ ]$$
$$[3.6152506]]$$

可以看到，雖然內部的隨機種子數沒有變化，但是由於使用了外部參數值從而使得最終結果不相同。

有興趣的讀者可以嘗試更多的種子計算，修正的核心就是採用不同的隨機數，即修改下面敘述中的參數值：

```
rng = random.PRNGKey(17)
```

2. 可儲存參數的全連接函數

在前面我們學習了全連接函數及其載入外部參數的使用方法。讀者可能會有更進一步的想法，那就是如何儲存全連接函數的參數。

筆者使用了一種新的方法對資料進行儲存和載入，程式如下：

```
def Dense(dense_shape = [2, 1]):
    def init_fun(input_shape = dense_shape):
        rng = random.PRNGKey(17)
        W, b = random.normal(rng, shape=input_shape), random.normal(rng, shape=(input_shape[-1],))
        return (W, b)
```

```
        def apply_fun(inputs,params):
            W, b = params
            return jnp.dot(inputs, W) + b
        return init_fun, apply_fun
```

可以看到,這裡使用了 2 個內建函數:init_fun 與 apply_fun。它們作用分別是對參數初始化以及進行預設計算,使用方法也很簡單,程式如下所示。

◯【程式 2-3】

```
import jax.numpy as jnp
from jax import random
mat_a = jnp.array([[1.7,1.7],[2.14,2.14]])
def Dense(dense_shape = [2, 1]):
    def init_fun(input_shape = dense_shape):
        rng = random.PRNGKey(17)
        W, b = random.normal(rng, shape=input_shape), random.normal(rng,
 shape=(input_shape[-1],))
        return (W, b)
    def apply_fun(inputs,params):
        W, b = params
        return jnp.dot(inputs, W) + b
    return init_fun, apply_fun
init_fun, apply_fun = Dense()
res = apply_fun(mat_a,init_fun())
print(res)
```

程式首先獲取了全連接函數中的參數與計算函數,之後透過具體化參數值對輸入的數值進行計算,列印結果如下所示:

$$[[-0.77548695]$$
$$[-0.86121607]]$$

2.1 多層感知機

　　如果需要使用不同全連接函數中的參數對數值進行計算,方法如下所示。

◯【程式 2-4】

```
import jax.numpy as jnp
from jax import random
mat_a = jnp.array([[1.7,1.7],[2.14,2.14]])
def Dense17(dense_shape = [2, 1]):
    def init_fun(input_shape = dense_shape):
        rng = random.PRNGKey(17)
        W, b = random.normal(rng, shape=input_shape), random.normal(rng, shape=(input_shape[-1],))
        return (W, b)
    def apply_fun(inputs,params):
        W, b = params
        return jnp.dot(inputs, W) + b
    return init_fun, apply_fun
init_fun, apply_fun = Dense17()
res = apply_fun(mat_a,init_fun())
print(res)
params17 = (init_fun())
def Dense18(dense_shape = [2, 1]):
    def init_fun(input_shape = dense_shape):
        rng = random.PRNGKey(18)      # 注意這裡修正了隨機數
        W, b = random.normal(rng, shape=input_shape), random.normal(rng, shape=(input_shape[-1],))
        return (W, b)
    def apply_fun(inputs,params):
        W, b = params
        return jnp.dot(inputs, W) + b
    return init_fun, apply_fun
print("--------------------------")
```

```
init_fun, apply_fun18 = Dense18()
res = apply_fun18(mat_a,params17)     # 注意這裡使用的是 Dense17 生成的參數
print(res)
```

最終結果列印如下：

```
[[-0.77548695]
 [-0.86121607]]
---------------------------
[[-0.77548695]
 [-0.86121607]]
```

這裡雖然在全連接函數中使用了不同的種子，但是無論是 Dense17 還是 Dense18 都使用了相同的參數，因此計算和列印結果是相同的。這樣就實現了全連接函數資料生成、儲存以及多載的功能。

2.2 JAX 實戰——鳶尾花分類

iris 資料集是常用的分類實驗資料集，由 Fisher 於 1936 年收集整理。iris 也稱鳶尾花資料集，是一類用於多重變數分析的資料集。該資料集包含 150 個資料集，分為 3 類，每類 50 個資料，每個資料封包含 4 個屬性。可透過花萼長度、花萼寬度、花瓣長度、花瓣寬度 4 個屬性預測鳶尾花是屬於 Setosa、Versicolour、Virginica 這 3 個種類中的哪一類。鳶尾花如圖 2.4 所示。

▲ 圖 2.4 鳶尾花

2.2 JAX 實戰—鳶尾花分類

2.2.1 鳶尾花資料準備與分析

下面將一步一步地帶領讀者實戰鳶尾花分類。

1. 第一步：資料的下載與分析

在 WSL 終端介面輸入以下命令：

```
pip install -i https://pypi.tuna.tsinghua.edu.cn/simple sklearn
```

即可下載對應的檔案套件。引入資料集的程式如下：

```
from sklearn.datasets import load_iris
data = load_iris()
```

這裡呼叫的是 skleran 資料庫中的 iris 資料集，直接載入即可。

而其中的資料又是以 key-value 值對應存放，其 key 值如下：

```
dict_keys(['data', 'target', 'target_names', 'DESCR', 'feature_names'])
```

由於本例中需要 iris 的特徵與分類目標，因此這裡只需要獲取 data 和 target，程式如下：

```
from sklearn.datasets import load_iris
import jax.numpy as jnp
data = load_iris()
iris_data = jnp.float32(data.data)        #將其轉化為 float 類型的 list
iris_target = jnp.float32(data.target)
print("data:",iris_data[:5])
print("---------------")
print("target:",iris_target[:5])
```

資料列印結果如圖 2.5 所示。

```
data: [[5.1 3.5 1.4 0.2]
 [4.9 3.  1.4 0.2]
 [4.7 3.2 1.3 0.2]
 [4.6 3.1 1.5 0.2]
 [5.  3.6 1.4 0.2]]
---------------
target: [0. 0. 0. 0. 0.]
```

▲ 2.5 資料列印結果

這裡是分別列印了前 5 筆資料。可以看到 iris 資料集中的特徵是分成了 4 個不同特徵進行資料記錄，而每筆特徵又對應於一個分類表示。

2. 第二步：資料的處理

下面就是資料處理部分，對特徵的表示不需要變動。而對於分類表示的結果，全部列印結果如圖 2.6 所示。

```
target: [0. 0. 0. 0. 0. 0. 0. 0. 0. 0. 0. 0. 0. 0. 0. 0. 0. 0. 0. 0. 0. 0. 0. 0.
 0. 0. 0. 0. 0. 0. 0. 0. 0. 0. 0. 0. 0. 0. 0. 0. 0. 0. 0. 0. 0. 0. 0. 0.
 0. 0. 1. 1. 1. 1. 1. 1. 1. 1. 1. 1. 1. 1. 1. 1. 1. 1. 1. 1. 1. 1. 1. 1.
 1. 1. 1. 1. 1. 1. 1. 1. 1. 1. 1. 1. 1. 1. 1. 1. 1. 1. 1. 1. 1. 1. 1. 1.
 1. 1. 1. 1. 2. 2. 2. 2. 2. 2. 2. 2. 2. 2. 2. 2. 2. 2. 2. 2. 2. 2. 2. 2.
 2. 2. 2. 2. 2. 2. 2. 2. 2. 2. 2. 2. 2. 2. 2. 2. 2. 2. 2. 2. 2. 2. 2. 2.
 2. 2. 2. 2. 2. 2.]
```

▲ 圖 2.6 資料處理

可以看到，對應不同特徵的 iris 資料，舉出了對應的標籤，用 [0,1,2] 進行標注。

2.2.2 模型分析──採用線性回歸實戰鳶尾花分類

首先採用線性回歸的方法解決鳶尾花分類的問題。一個最簡單的想法就是把模型假設成一個新興公式，即類似一個全連接方程式：

$$y = f(x) = a \times x + b$$

2.2 JAX 實戰—鳶尾花分類

在這個公式中,已知了部分的 x 和 y,我們稱為「訓練樣本」,它可能來自已經存在的累積資料,也可能是標注的一些資料。在本實戰中來自我們準備的 iris 資料集。下面的目的是希望透過已有的部分 x 和 y,找到一個合適的 a 和 b,那麼問題來了,如何找到合適的 a 和 b 呢?這裡我們考慮引入一個損失函數來解決這個問題。

之前的公式是 $y=f(x)$,也就是說 $f(x)-y=0$。那麼此時定義一個函數 $g(x)$,讓 $g(x)=f(x)-y$。由此,一個簡單的想法是當 $g(x)$ 等於 0 的時候,就相當於找到了一個最好的 $f(x)$。

當然這裡又有一個問題,就是不能保證 $f(x)$ 是有最值的,也不能保證 $g(x)$ 有最小值,因此在這裡將 $g(x)$ 修改為:

$$g(x)-(f(x)-y)^2$$

也就是透過這種方式,保證了 $g(x)$ 有最小值。而這種尋找最小值的方法稱為最小平方法。

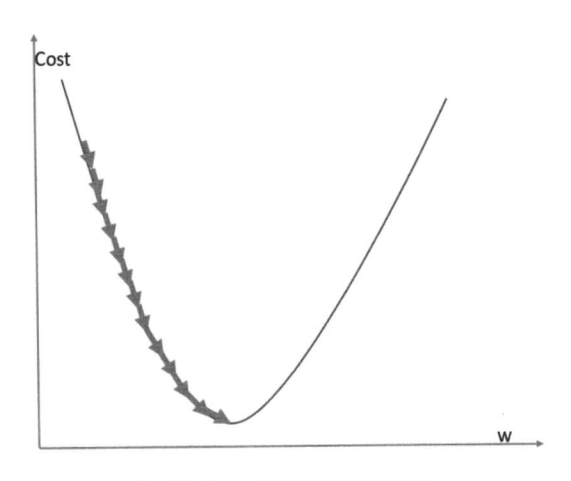

▲ 圖 2.7 梯度下降演算法

在找到 g(x) 的最小值之後，就需要對 f(x) 中的參數進行更新，我們使用的是梯度下降演算法。梯度下降演算法在後面章節中會講到，這裡只做個簡單介紹，一個函數的梯度（導數）方向的反方向會指向極值方向，如圖 2.7 所示。

列舉一個單獨的例子。把一個單獨的、和本實戰沒有關係的函數定義為：

$$f(x)=x^2$$

很顯然，只有當 $x=0$ 時可以取得最小值，但是需要注意的是，我們根據經驗能夠答出當 $x=0$ 時，f(x) 的最小值是 0，而電腦不知道。那麼有什麼辦法能夠讓電腦知道最小值就是 0，或能夠教給電腦一種方法去尋找到最小值，這就要使用梯度下降演算法，如圖 2.8 所示。

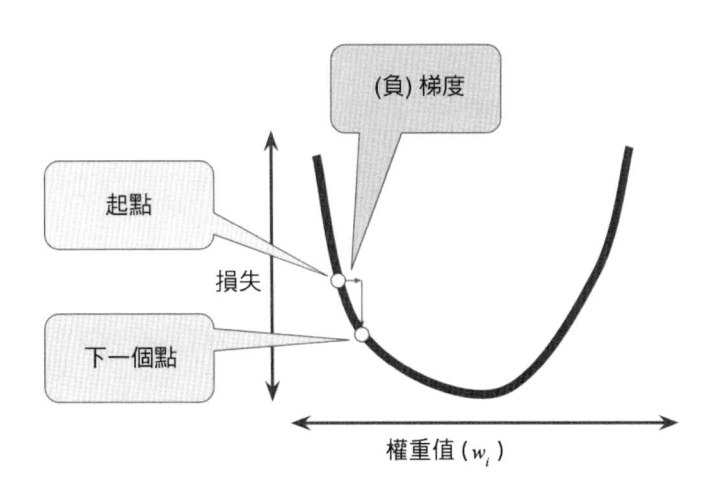

▲ 圖 2.8 梯度下降演算法

我們先介紹梯度下降的計算方法。

2.2 JAX 實戰—鳶尾花分類

對於給定的函數 $f(x)=x2$，求得其導函數為 $f(x)=2×x$，在進行梯度下降的過程中，首先隨機定義 x 一個值，例如定義 $f(x)=x^2=3^2=9$，那麼函數值為 9，而此時計算其對應的導數值 $f(x)=2×x=2×3=6$，那麼這個就是極值，而其對應的反方向就是指向極值方向。可以得到負導數的值為 -6。

下面對參數進行更新，在這裡定義的參數更新公式為：

$$新參數 = 參數 +（學習率 * 負導數）$$

我們透過一個被稱為學習率的常數來控制每次 a 走多少，例如學習率是 0.2，那麼下一個 a 就是 3+(0.2×-6)=1.8。它距離正確答案 $a=0$ 更近了一點！

現在讀者只需要知道最小平方法以及梯度下降演算法這些名稱和作用即可，更為細節的內容會在下一章中講解。

2.2.3 基於 JAX 的線性回歸模型的撰寫

下面進行 JAX 的線性回歸模型的撰寫。

1. 第一步：全連接層函數的使用

使用全連接層函數作為深度學習模型的主要計算部分，程式如下：

```
def Dense(dense_shape = [4, 1]):
    def init_fun(input_shape = dense_shape):
        rng = random.PRNGKey(17)
        W, b = random.normal(rng, shape=input_shape), random.normal(rng, shape=(input_shape[-1],))
        return (W, b)
    def apply_fun(inputs,params):
        W, b = params
```

```
        return jnp.dot(inputs, W) + b
    return init_fun, apply_fun
```

這裡使用了前面所定義的全連接層函數。

2. 第二步：損失函數的設計

損失函數的設計與撰寫，我們使用「均方誤差（Mean Squared Error，MSE）」作為損失函數設計的主要模型，程式如下：

```
def loss_linear(params, x, y):
    """loss function:
    g(x) = (f(x) - y) ** 2
    """
    preds = apply_fun(x,params)
return jnp.mean(jnp.power(preds - y, 2.0))
```

這裡的損失函數設計完全仿照最小平方法作為損失函數來計算完成。

3. 第三步：模型的訓練

下面就是模型的訓練部分，使用梯度下降演算法對模型參數進行更新，程式如下所示。

◯【程式 2-5】

```
from sklearn.datasets import load_iris
import jax.numpy as jnp
import jax.numpy as jnp
from jax import random,grad
data = load_iris()
iris_data = jnp.float32(data.data)            # 將其轉化為 float 類型的 list
iris_target = jnp.float32(data.target)
def Dense(dense_shape = [4, 1]):
    def init_fun(input_shape = dense_shape):
```

2.2　JAX 實戰—鳶尾花分類

```
        rng = random.PRNGKey(17)
        W, b = random.normal(rng, shape=input_shape), random.normal(rng,
shape=(input_shape[-1],))
        return (W, b)
    def apply_fun(inputs,params):
        W, b = params
        return jnp.dot(inputs, W) + b
    return init_fun, apply_fun
init_fun, apply_fun = Dense()
params = init_fun()
def loss_linear(params, x, y):
    """loss function:
    g(x) = (f(x) - y) ** 2
    """
    preds = apply_fun(x,params)
    return jnp.mean(jnp.power(preds - y, 2.0))
learning_rate = 0.005   # 學習率
N = 1000   # 梯度下降的迭代次數
for i in range(N):
    # 計算損失
    loss = loss_linear(params,iris_data, iris_target)
    if i % 100 == 0:
        print(f'i: {i}, loss: {loss}')
    # 計算並更新梯度演算法
    params_grad = grad(loss_linear)(params,iris_data, iris_target)
    params = [
        # 對每個參數,加上學習率乘以負導數的值
        (p - g * learning_rate) for p, g in zip(params, params_grad)
    ]
print(f'i: {N}, loss: {loss}')
```

最終結果如圖 2.9 所示。

2-18

```
i: 0, loss: 61.22492218017578
i: 100, loss: 1.082484245300293
i: 200, loss: 1.0256887674331665
i: 300, loss: 0.9819086194038391
i: 400, loss: 0.9443020820617676
i: 500, loss: 0.9119066596031189
i: 600, loss: 0.8839622139930725
i: 700, loss: 0.8598271012306213
i: 800, loss: 0.8389541506767273
i: 900, loss: 0.8208712935447693
i: 1000, loss: 0.8053272366523743
```

▲ 圖 2.9 訓練結果

可以看到，經過 1000 輪的計算，結果的損失函數值已經非常接近 0。

2.2.4 多層感知機與神經網路

在上一節的實戰中，我們使用線性回歸解決了 iris 的分類問題。線性模型大多數面對的是回歸問題，直接計算出預測的數值即可，但在分類問題當中，直接使用輸出的結果卻不太好，主要有兩個方面的原因：一方面，由於輸出層的輸出值的範圍不確定，難以直觀上判斷這些值的意義；另一方面，由於真實標籤是離散值，這些離散值與不確定範圍的輸出值之間的誤差難以衡量。

這兩個方面的原因看似簡單，僅使用全連接層卻沒有辦法解決，僅透過堆疊多個全連接層也無法解決資料的線性可分問題，即這個問題到底是分成 a 結論還是分成 b 結論或 c 結論。因為無論堆疊了多少個全連接層，在結果上僅相當於使用了一個較為複雜的線性回歸方程式，而對整個模型並沒有實質性的改變。

$$f(x) = f_1((f_2(x)+b_2)+b_1) = \cdots$$

2.2 JAX 實戰—鳶尾花分類

但是我們要求的模型中的全連接層（可能不止一個）的計算結果必須是線性可分的。

為了解決此問題，人們提出了使用調整全連接層結構的方法來解決，即層與層之間透過啟動函數相連，從而可以使得全連接層能夠互相連接，這樣做使得模型的深度大大增加，這也是深度學習這個名字的由來。我們把多層全連接層互相連接稱為多層感知機或神經網路，如圖 2.10 所示。

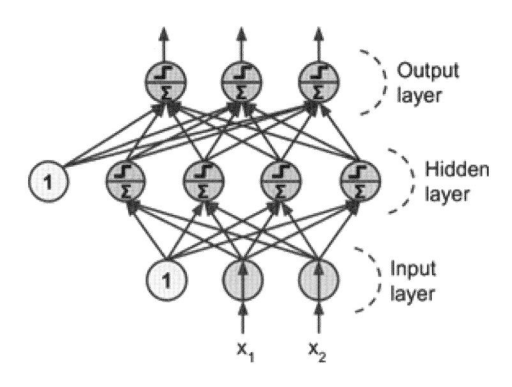

▲ 圖 2.10 多層感知機

然而這並沒有解決我們提出的要求結果能夠被「分類」的問題。帶有啟動函數的多層感知機並不能較好地對結果進行分類，特別是最後一層的啟動函數往往只能簡單地採用「反及閘」的形式進行二值判定，當需要更多的判定類別時就會顯得力不從心。輸出層常常用另一個共用的啟動函數來代替──softmax 函數（softmax 函數的說明在後面章節會介紹）。這樣多層感知機被改成如圖 2.11 所示的形式。

這裡是我們第一次接觸到「神經網路」這個名稱。那為什麼叫它神經網路？人們解決擬合互斥問題其實就是受到了生物神經元的啟發。生物大腦中的神經元是互相連接的，組成的神經網路彼此連接得非常的深，當一個訊號傳遞到某一個神經元，如果訊號達到了一定的強度，那麼此神經元會被啟動，將訊號往下傳遞；如果傳遞過來的訊號沒有啟動此神經元，這個訊號就不再往下傳遞。這便是大腦中神經元大概的工作原理。它有兩個方面特點：

- 一是互相連接，網路非常深。
- 二是對訊號有一個判斷或啟動。

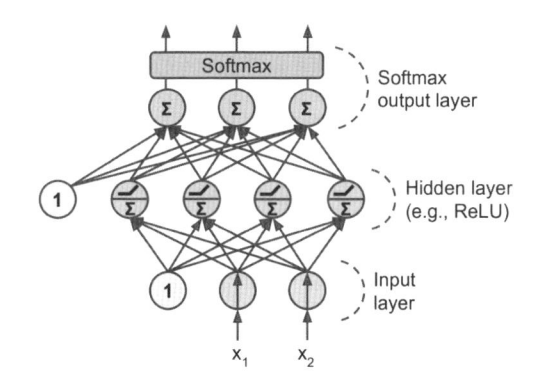

▲ 圖 2.11 改造後的多層感知機

那麼神經網路或多層感知機，正是模擬了生物大腦神經元的這種訊號傳遞的特點，所以稱為「神經網路」，如圖 2.12 所示。

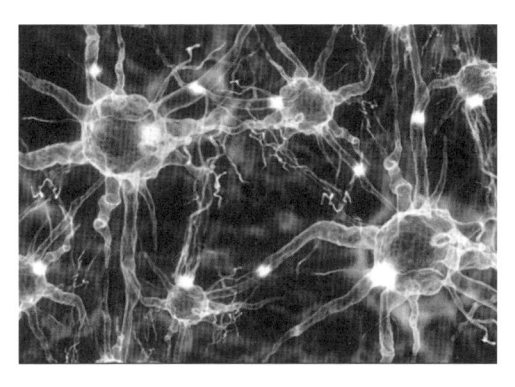

▲ 圖 2.12 神經元和神經網路

2.2.5 基於 JAX 的啟動函數、softmax 函數與交叉熵函數

下面使用 JAX 實現建構多層感知機的各種元件。

1. 啟動函數

前面已經講解過，啟動函數的作用是將線性函數變為非線性可分離的函數。最簡單的線性函數就是 tanh 函數，即數學計算中的雙曲正切函數，公式如下所示：

$$\tanh(x) = \frac{e^x - e^{-x}}{e^x + e^{-x}}$$

tanh 函數的圖形如圖 2.13 所示。

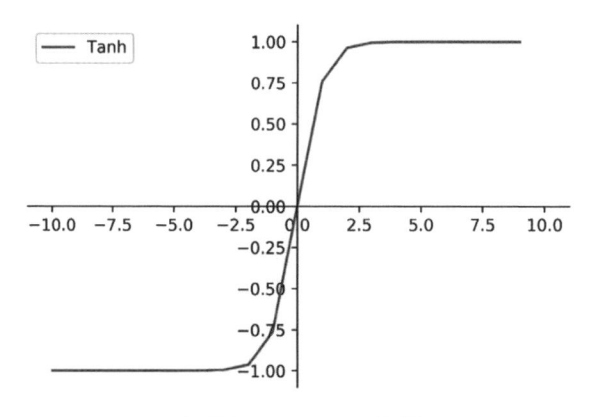

▲ 圖 2.13 tanh 函數

其使用也很簡單，直接引入以下敘述即可完成：

```
x = jnp.tanh(x)
```

此外,我們在第 1 章實現的 SeLU 啟動函數也是一個非常不錯的啟動函數,讀者可以回頭複習一下相關內容。

2. softmax 函數的實現

下面是對 softmax 函數的實現,簡單來說,softmax 函數用於多分類過程中,它將多個神經元的輸出映射到(0,1)區間內,可以看成機率來理解,從而進行多分類。

softmax 計算公式如下:

$$s_i = \frac{e^{vi}}{\sum_{0}^{j} e^{vi}}$$

其中 V_i 是長度為 j 的數列 V 中的數,帶入 softmax 的結果其實就是先對每一個 V_i 取 e 為底的指數計算變成非負,然後除以所有項之和進行歸一化,之後每個 V_i 就可以解釋成:在觀察到的資料集類別中,特定的 V_i 屬於某個類別的機率,或稱作似然(Likelihood)。softmax 函數的計算如圖 2.14 所示。

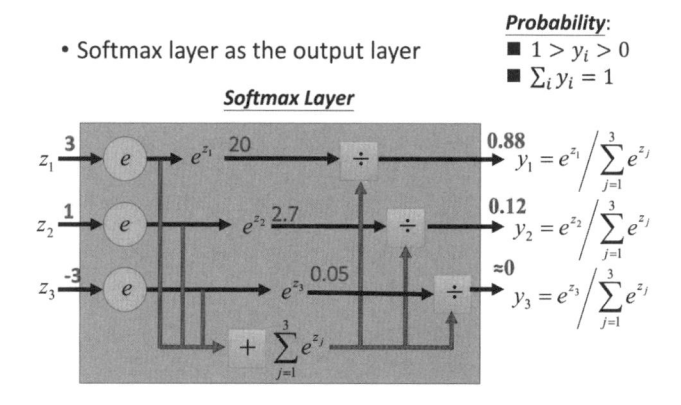

▲ 圖 2.14 softmax 的計算(具體過程參看 softmax 程式部分)

2.2 JAX 實戰─鳶尾花分類

> **注意**
> softmax 用於解決機率計算中機率結果大而佔絕對優勢的問題。舉例來說，函數計算結果中 2 個值 a 和 b，且 $a>b$，如果簡單地以值的大小為單位衡量的話，那麼在後續的使用過程中，a 永遠被選用，而 b 由於數值較小而不會被選擇使用，但有時也需要使用數值小的 b，那麼 softmax 就可以解決這個問題。

softmax 按照機率選擇 a 和 b，由於 a 的機率值大於 b，在計算時 a 經常會被選用，而 b 由於機率較小，選用的可能性也較小，但是也有機率被選用。

softmax 程式如下所示：

```
def softmax(x, axis = -1):
    unnormalized = jnp.exp(x)
    return unnormalized / unnormalized.sum(axis, keepdims=True)
```

下面使用 softmax 函數完成對資料的計算，程式如下：

```
import jax.numpy as jnp
def softmax(x, axis = -1):
    unnormalized = jnp.exp(x)
    return unnormalized / unnormalized.sum(axis, keepdims=True)
arr = jnp.array([[3,1,-3]])
print(softmax(arr))
```

結果如下所示：

```
[[0.87887824 0.11894324 0.00217852]]
```

JAX 中也提供了現成的 softmax 計算方法，引入敘述如下：

```
x = jax.nn.softmax(x)
```

有興趣的讀者可以自行比較結果。

3. 交叉熵函數的實現

前面我們在線性回歸計算時使用均方誤差作為損失函數，交叉熵損失函數是最常用於分類問題的損失函數。簡單地理解，交叉熵能夠衡量同一個隨機變數中的兩個不同機率分佈的差異程度，在神經網路中就表示為真實機率分佈與預測機率分佈之間的差異。交叉熵的值越小，模型預測效果就越好。

交叉熵在分類問題中常常與 softmax 函數搭配使用，softmax 函數將輸出的結果進行處理，使其多個分類的預測值和為 1，再透過交叉熵來計算損失。

交叉熵的公式為：

$$H(p,q) = -\sum_{i=1}^{n} p(x_i) \log(q(x_i))$$

在神經網路訓練時，輸入資料與標籤常常已經確定，那麼真實機率分佈 p(x) 也就確定了，所以資訊熵在這裡就是一個常數。由於真實機率分佈 p(x) 與預測機率分佈 q(x) 之間的差異，值越小表示預測的結果越好，所以需要最小化結果，即最小化交叉熵。

這裡實現的交叉熵程式如下：

```
def cross_entropy(y_true,y_pred):
    y_true = jnp.array(y_true)
    y_pred = jnp.array(y_pred)
    res = -jnp.sum(y_true*jnp.log(y_pred+1e-7),axis=-1)
    return round(res, 3)
```

其中，log 表示以 e 為底數的自然對數，y_pred 是神經網路的輸出，y_true 是正確的標籤。計算方法如下所示：

```
def cross_entropy(y_true,y_pred):
    y_true = jnp.array(y_true)
    y_pred = jnp.array(y_pred)
    res = -jnp.sum(y_true*jnp.log(y_pred+1e-7),axis=-1)
return round(res, 3)
a = [0.1, 0.05, 0.6, 0.0, 0.05, 0.1, 0.0, 0.1, 0.0, 0.0]
y = [0, 0, 1, 0, 0, 0, 0, 0, 0, 0]
print(cross_entropy(y,a))
```

結果請讀者自行執行驗證。

2.2.6 基於多層感知機的鳶尾花分類實戰

本小節實戰基於多層感知機的鳶尾花分類。前面已經介紹過，任何一個多層感知機都是由輸入層、隱藏層以及輸出層組成，如圖 2.15 所示。

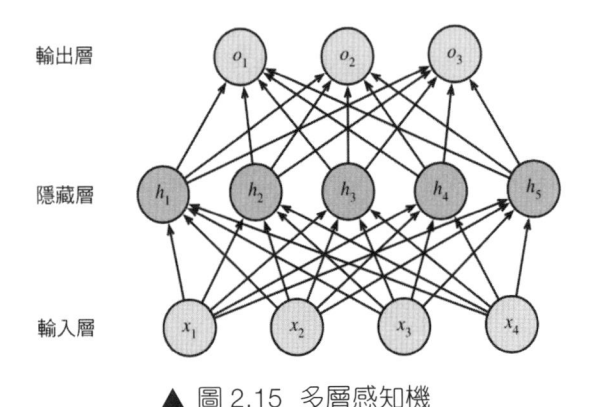

▲ 圖 2.15 多層感知機

模型圖 2.15 所示的多層感知機中，輸入和輸出個數分別為 4 和 3，中間的隱藏層中包含了 5 個隱藏單元（hidden unit）。由於輸入層不涉及計算，模型圖中的多層感知機的層數為 2。由模型圖可見，隱藏層中的神經元和輸入層中各個輸入完全連接，輸出層中的神經元和隱藏層中的各個神經元也完全連接。因此，多層感知機中的隱藏層和輸出層都是全連接層。下面我們仿照多層感知機模型來完成鳶尾花分類程式設計。

1. 資料的準備

首先需要說明的是，在本實戰中筆者的意圖是使用多層感知機進行鳶尾花分類。相對於線性回歸時所做的資料準備，我們需要更改生成標籤的形式，即由原本的數值型變更為 one-hot 的形式。程式如下：

```
from sklearn.datasets import load_iris
data = load_iris()
iris_data = jnp.float32(data.data)          # 將其轉化為 float 類型的 list
iris_target = jnp.float32(data.target)
iris_data = jax.random.shuffle(random.PRNGKey(17),iris_data)
iris_target = jax.random.shuffle(random.PRNGKey(17),iris_target)
def one_hot_nojit(x, k=10, dtype=jnp.float32):
    """ Create a one-hot encoding of x of size k. """
    return jnp.array(x[:, None] == jnp.arange(k), dtype)
iris_target = one_hot_nojit(iris_target)
```

與線性回歸類似，這裡首先獲取了鳶尾花資料集，之後的 one-hot 模型改變了鳶尾花的生成標籤。

2. 多層感知機元件

首先需要準備多層感知機的元件，在圖 2.15 中我們可以看到，任何一個多層感知機的元件一般包括全連接層、啟動函數、softmax 函數以及損失函數，我們採用 tanh 作為啟動函數，同時使用交叉熵函數作為損失函數。程式如下：

```
# 全連接層
def Dense(dense_shape = [1, 1]):
```

2.2 JAX 實戰─鳶尾花分類

```
    rng = random.PRNGKey(17)
    weight = random.normal(rng, shape=dense_shape)
    bias = random.normal(rng, shape=(dense_shape[-1],))
    params = [weight,bias]
    def apply_fun(inputs,params = params): #apply_fun 是 Python 特性之一，
稱為內建函數
        W, b = params
        return jnp.dot(inputs, W) + b
    return apply_fun
# 啟動函數
def selu(x, alpha=1.67, lmbda=1.05):
    return lmbda * jnp.where(x > 0, x, alpha * jnp.exp(x) - alpha)
#softmax 函數
def softmax(x, axis = -1):
    unnormalized = jnp.exp(x)
    return unnormalized / unnormalized.sum(axis, keepdims=True)
# 交叉熵函數
def cross_entropy(y_true,y_pred):
    y_true = jnp.array(y_true)
    y_pred = jnp.array(y_pred)
    res = -jnp.sum(y_true*jnp.log(y_pred+1e-7),axis=-1)
    return res
```

以上是定義好的多層感知機元件。

3. 模型設計

下一步就是進行多層感知機的模型設計，這裡使用 3 層網路結構的多層感知機，程式如下：

```
def mlp(x,params):
# 匯入參數
    a0, b0, a1, b1 = params
    x = Dense()(x, [a0,b0])              # 隱藏層
    x = jax.nn.tanh(x)                   #tanh 啟動函數
    x = Dense()(x, [a1,b1])              # 輸出層
    x = softmax(x,axis=-1)               #softmax 層
```

```
        return x
def loss_mlp(params, x, y):
    preds = mlp(x,params)                    # 預測結果
    loss_value = cross_entropy(y,preds)      # 計算交叉熵損失值
    return jnp.mean(loss_value)              # 計算交叉熵平均值
```

4. 多層感知機實戰鳶尾花分類

下面開始實戰鳶尾花分類，程式如下所示。

○【程式 2-6】

```
from sklearn.datasets import load_iris
import jax.numpy as jnp
import jax.numpy as jnp
from jax import random,grad
import jax
from sklearn.datasets import load_iris
data = load_iris()
iris_data = jnp.float32(data.data)          # 將其轉化為 float 類型的 list
iris_target = jnp.float32(data.target)
iris_data = jax.random.shuffle(random.PRNGKey(17),iris_data)
iris_target = jax.random.shuffle(random.PRNGKey(17),iris_target)
def one_hot_nojit(x, k=10, dtype=jnp.float32):
    """ Create a one-hot encoding of x of size k. """
    return jnp.array(x[:, None] == jnp.arange(k), dtype)
iris_target = one_hot_nojit(iris_target)
def Dense(dense_shape = [1, 1]):
    rng = random.PRNGKey(17)
    weight = random.normal(rng, shape=dense_shape)
    bias = random.normal(rng, shape=(dense_shape[-1],))
    params = [weight,bias]
#apply_fun 是 Python 特性之一，稱為內建函數
    def apply_fun(inputs,params = params):
        W, b = params
        return jnp.dot(inputs, W) + b
```

2-29

2.2 JAX 實戰—鳶尾花分類

```
        return apply_fun
def selu(x, alpha=1.67, lmbda=1.05):
    return lmbda * jnp.where(x > 0, x, alpha * jnp.exp(x) - alpha)
def softmax(x, axis = -1):
    unnormalized = jnp.exp(x)
    return unnormalized / unnormalized.sum(axis, keepdims=True)
def cross_entropy(y_true,y_pred):
    y_true = jnp.array(y_true)
    y_pred = jnp.array(y_pred)
    res = -jnp.sum(y_true*jnp.log(y_pred+1e-7),axis=-1)
    return res
def mlp(x,params):
    a0, b0, a1, b1 = params
    x = Dense()(x, [a0,b0])
    x = jax.nn.tanh(x)
    x = Dense()(x, [a1,b1])
    x = softmax(x,axis=-1)
    return x
def loss_mlp(params, x, y):
    preds = mlp(x,params)
    loss_value = cross_entropy(y,preds)
    return jnp.mean(loss_value)
# 因為現在有兩層線性層,所以有 5 個參數,這 5 個參數需要注入模型中作為起始參數
rng = random.PRNGKey(17)
a0 = random.normal(rng, shape=[4,5])
b0 = random.normal(rng, shape=(5,))
a1 = random.normal(rng, shape=[5,10])
b1 = random.normal(rng, shape=(10,))
params = [a0, b0, a1, b1]
learning_rate = 2.17e-4
for i in range(20000):
    loss = loss_mlp(params,iris_data,iris_target)
    if i % 1000 == 0:
        predict_result = mlp(iris_data, params)
        predicted_class = jnp.argmax(predict_result, axis=1)
        _iris_target = jnp.argmax(iris_target, axis=1)
```

```
        accuracy = jnp.sum(predicted_class == _iris_target) / len(_iris_
target)
        print("i:",i,"loss:",loss,"accuracy:",accuracy)
    params_grad = grad(loss_mlp)(params,iris_data,iris_target)
    params = [
    (p - g * learning_rate) for p, g in zip(params, params_grad)
    ]
predict_result = mlp(iris_data, params)
predicted_class = jnp.argmax(predict_result, axis=1)
iris_target = jnp.argmax(iris_target, axis=1)
accuracy =  jnp.sum(predicted_class == iris_target)/len(iris_target)
print(accuracy)
```

> 📢 **注意**
>
> 對於多層感知機中的參數，筆者使用了外部預生成的參數作為初始參數進行傳入，這樣做的好處是便於重複使用參數從而在後續的預測階段能夠直接使用訓練好的參數進行預測。

模型執行結果如圖 2.16 所示。

```
i: 0 loss: 5.9396596 accuracy: 0.34
i: 1000 loss: 5.1929297 accuracy: 0.28666666
i: 2000 loss: 4.690182 accuracy: 0.24666667
i: 3000 loss: 4.043723 accuracy: 0.24666667
i: 4000 loss: 3.360269 accuracy: 0.23333333
i: 5000 loss: 2.7611468 accuracy: 0.32
i: 6000 loss: 2.257472 accuracy: 0.36
i: 7000 loss: 1.8604118 accuracy: 0.36
i: 8000 loss: 1.567366 accuracy: 0.36
i: 9000 loss: 1.3890042 accuracy: 0.35333332
i: 10000 loss: 1.2938257 accuracy: 0.36666667
i: 11000 loss: 1.2354681 accuracy: 0.36666667
i: 12000 loss: 1.1959138 accuracy: 0.36
i: 13000 loss: 1.1679282 accuracy: 0.4
```

▲ 圖 2.16 模型執行結果

可以看到隨著模型的訓練，準確率在不停地提升。

2.3 自動微分器

前面實戰了鳶尾花資料集。從實戰過程可以看到，無論是線性回歸還是多層感知機，都使用了一個 JAX 附帶的函數：

grad()

這個函數可以說是整個模型的核心內容，grad 是自動微分器的意思，如圖 2.17 所示。一直以來，自動微分都在神經網路框架背後默默地執行著，本節將初步探討一下它到底是什麼，以及在 JAX 中的自動微分如何使用？

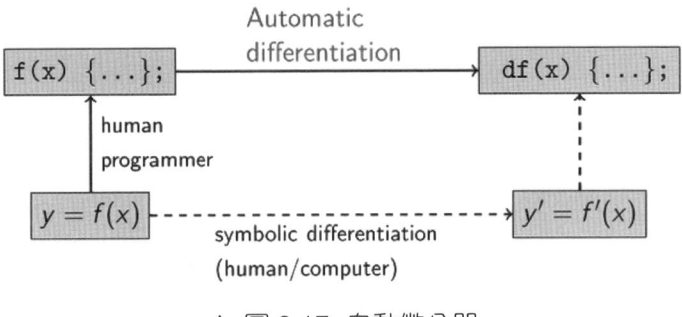

▲ 圖 2.17 自動微分器

2.3.1 什麼是微分器

在數學與計算代數學中，自動微分也被稱為微分演算法或數值微分。它是一種數值計算的方式，用來計算因變數對某個引數的導數。此外，它還是一種電腦程式，與我們手動計算微分的「分析法」不太一樣。

自動微分基於一個事實，即每一個電腦程式，不論它有多麼複雜，都是在執行加、減、乘、除這一系列基本算數運算，以及指數、對數、三角函數這類初等函數運算。透過將鏈式求導法則應用到這些運算上，我們能以任意精度自動地計算導數，而且最多只比原始程式多一個常數級的運算。

例如需要對下面公式求解微分：

$$f(x_1, x_2) = \ln(x_1) + x_1 x_2 - \sin(x_2)$$

將上述公式轉換成計算圖形式，如圖 2.18 所示。

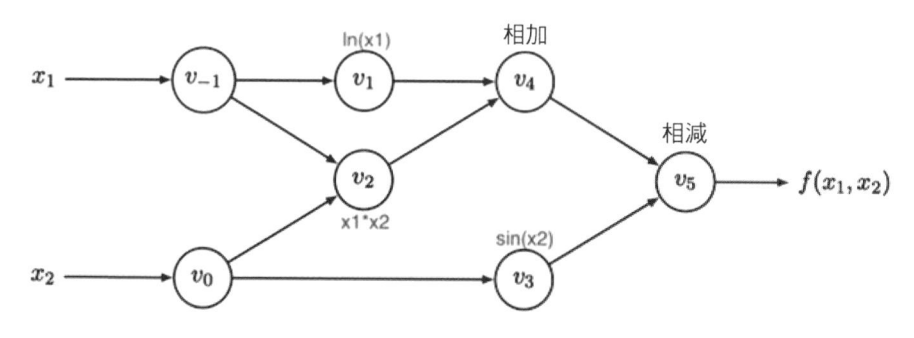

▲ 圖 2.18 微分求解圖

圖 2.18 中每個圓圈表示操作產生的中間結果，下標循序串列示它們的計算順序。根據計算圖我們一步步來計算函數的值，如圖 2.19 所示，其中左側表示數值計算過程，右側表示梯度計算過程。

Forward Primal Trace			Forward Tangent (Derivative) Trace		
v_{-1}	$= x_1$	$= 2$	$\dot{v}_{-1}$	$= \dot{x}_1$	$= 1$
v_0	$= x_2$	$= 5$	$\dot{v}_0$	$= \dot{x}_2$	$= 0$
v_1	$= \ln v_{-1}$	$= \ln 2$	$\dot{v}_1$	$= \dot{v}_{-1}/v_{-1}$	$= 1/2$
v_2	$= v_{-1} \times v_0$	$= 2 \times 5$	$\dot{v}_2$	$= \dot{v}_{-1} \times v_0 + \dot{v}_0 \times v_{-1}$	$= 1 \times 5 + 0 \times 2$
v_3	$= \sin v_0$	$= \sin 5$	$\dot{v}_3$	$= \dot{v}_0 \times \cos v_0$	$= 0 \times \cos 5$
v_4	$= v_1 + v_2$	$= 0.693 + 10$	$\dot{v}_4$	$= \dot{v}_1 + \dot{v}_2$	$= 0.5 + 5$
v_5	$= v_4 - v_3$	$= 10.693 + 0.959$	$\dot{v}_5$	$= \dot{v}_4 - \dot{v}_3$	$= 5.5 - 0$
y	$= v_5$	$= 11.652$	$\dot{y}$	$= \dot{v}_5$	$= 5.5$

▲ 圖 2.19 數值計算過程和梯度計算過程

2.3.2 JAX 中的自動微分

我們以一個例子來講解 JAX 自動微分：

$$y = x^3$$

根據我們在高等數學中所學的知識，很容易得到 y 關於 x 的導數，如下所示：

$$x = 1$$
$$y = x^3 = 1$$
$$y' = 3x^2 = 3$$
$$y'' = 6x = 6$$
$$y''' = 6 = 6$$

如果使用 JAX 完成此項工作的話，程式和結果如下所示：

```
import jax
def f(x):
    return x * x * x
D_f = jax.grad(f)
D2_f= jax.grad(D_f)
D3_f = jax.grad(D2_f)
print(f(1.0))
print(D_f(1.0))
print(D2_f(1.0))
print(D3_f(1.0))
```

其中需要說明的是，jax.grad 是 JAX 的微分程式，對結果進行自動求導，結果如圖 2.20 所示。

```
1.0
3.0
6.0
6.0
```

▲ 2.20　求導結果

可以看到，grad 是一個求導介面，其輸入 / 輸出都是函數，因此可以借助於 grad 很方便地去做高階求導的工作。

下面問題來了，我們知道在神經網路中的求導往往並不是一個數，而是一個序列多個數字共同求導，那這個問題怎麼解決呢？程式如下所示：

```
import jax
import jax.numpy as jnp
def f(x):
    return x*x*x
# 這裡先對 f(x) 函數求和
D_f = jax.grad(lambda x:jnp.sum(f(x)))
x = jnp.linspace(1,5,5)
print(D_f(x))
```

可以看到，JAX 中的求導函數先對函數值進行求和計算，之後根據求和結果對求和值進行求導，然後求導結果分解到每個數值所佔據的權重和位置。

然而從更深一層來說，JAX 中的 grad 使用的是反向自動微分模式：

```
jax.vjp()
```

vjp() 根據原始函數 f，輸入 x 計算得出函數結果 y 並生成微分用的線性函數。grad 預設採用反向自動微分，從底層呼叫 vjp()。

2.4 本章小結

本章介紹了 JAX 的基本模型建構方法，並使用 JAX 完成了一些程式設計實戰，包括建構線性回歸以及多層感知機來進行鳶尾花分類。

本章僅是一個開始，向讀者演示了透過 JAX 可以建構的深度學習方案與相關內容，實際上也完成了一個神經網路框架的設計，從組建全連接層的 3 種形式到各個元件的設計和撰寫，完整地展示出一個神經網路框架的雛形，有興趣的讀者可以深入學習。

CHAPTER 03

深度學習的理論基礎

本章是選學內容，難度略有提高，供有興趣的讀者自行學習。上一章使用 JAX 進行實戰操作的演示，並完成了一個簡單的深度學習框架，分別使用線性回歸和多層感知機進行鳶尾花分類。

然而還有一部分內容沒有涉及，身為智慧資訊處理系統，類神經網路實現其功能的核心是反向傳播（Back Propagation，BP）神經網路（見圖 3.1）。BP 神經網路是一種按誤差反向傳播（簡稱誤差反傳）訓練的多層前饋網路，它的基本思想是梯度下降法，利用梯度搜尋技術，以期使網路的實際輸出值和期望輸出值的誤差均方差為最小。

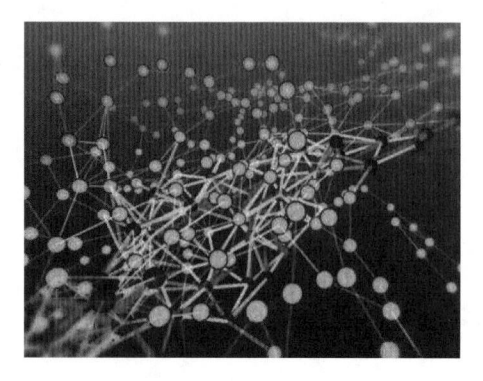

▲ 圖 3.1 BP 神經網路

本章將從 BP 神經網路開始全面介紹 BP 神經網路的概念、原理及其背後的數學原理。

3.1 BP 神經網路簡介

在介紹 BP 神經網路之前，類神經網路（Artificial Neural Network，ANN）是必須提到的內容。類神經網路的發展經歷了大約半個世紀，從 20 世紀 40 年代初到 80 年代，神經網路的研究經歷了低潮和高潮幾起幾落的發展過程。

1930 年，B.Widrow 和 M.Hoff 提出了自我調整線性元件網路（ADAptive LInear NEuron，ADALINE），這是一種連續設定值的線性加權求和設定值網路。後來，在此基礎上發展了非線性多層自我調整網路。Widrow-Hoff 的技術被稱為最小均方誤差（least mean square，LMS）學習規則。從此神經網路的發展進入了第一個高潮期。

的確，在有限範圍內，感知機有較好的功能，並且收斂定理得到證明。單層感知機能夠透過學習把線性可分的模式分開，但對像 XOR（互斥）這樣簡單的非線性問題卻無法求解。

1939 年，麻省理工學院著名的人工智慧專家 M.Minsky 和 S.Papert 出版了頗具影響力的 Perceptron 一書，從數學上剖析了簡單神經網路的功能和局限性，並且指出多層感知機還不能找到有效的計算方法，由於 M.Minsky 在學術界的地位和影響，其悲觀的結論，大大降低了人們對神經網路研究的熱情。

其後，類神經網路的研究進入了低潮期。儘管如此，神經網路的研究並未完全停滯下來，仍有不少學者在極其艱難的條件下致力於這一研究。

1943 年，心理學家 W.McCulloch 和數理邏輯學家 W.Pitts 在分析、複習神經元基本特性的基礎上提出神經元的數學模型（McCulloch-Pitts 模型，簡稱 MP 模型），標誌著神經網路研究的開始。由於受當時研究條件的限制，很多工作不能模擬，在一定程度上影響了 MP 模型的發展。儘管如此，MP 模型對後來的各種神經元模型及網路模型都有很大的啟發作用。1949 年，D.O.Hebb 從心理學的角度提出了至今仍對神經網路理論有著重要影響的 Hebb 法則。

1945 年，馮‧諾依曼領導的設計小組試製成功儲存程式式電子電腦，標誌著電子電腦時代的開始。1948 年，他在研究工作中比較了人腦結構與儲存程式式電腦的根本區別，提出了以簡單神經元組成的再生自動機網路結構。但是，由於指令儲存式電腦技術的發展非常迅速，迫使他放棄了神經網路研究的新途徑，繼續投身於指令儲存式電腦技術的研究，並在此領域作出了巨大貢獻。雖然，馮‧諾依曼的名字是與普通電腦聯繫在一起的，但他也是類神經網路研究的先驅之一（見圖 3.2）。

▲ 圖 3.2　類神經網路研究的先驅們

　　1958 年，F.Rosenblatt 設計製作出了「感知機」，它是一種多層的神經網路。這項工作第一次把類神經網路的研究從理論探討付諸專案實踐。感知機由簡單的設定值性神經元組成，初步具備了諸如學習、平行處理、分佈儲存等神經網路的一些基本特徵，從而確立了從系統角度進行類神經網路研究的基礎。

　　1972 年，T.Kohonen 和 J.Anderson 不約而同地提出具有聯想記憶功能的新神經網路。1973 年，S.Grossberg 與 G.A.Carpenter 提出了自我調整共振理論（Adaptive Resonance Theory，ART），並在以後的若干年內發展了 ART1、ART2、ART3 這 3 個神經網路模型，從而為神經網路研究的發展奠定了理論基礎。

　　進入 20 世紀 80 年代，特別是 80 年代末，對神經網路的研究從復興很快轉入了新的熱潮。這主要是因為：

- 一方面以邏輯符號處理為主的人工智慧理論經過了十幾年的迅速發展和馮‧諾依曼電腦在處理諸如視覺、聽覺、形象思維、聯想記憶等智慧資訊處理問題上受到了挫折。
- 另一方面，平行分佈處理的神經網路本身的研究成果，使人們看到了新的希望。

1982 年，美國加州工學院的物理學家 J.Hoppfield 提出了 HNN（Hoppfield Neural Network）模型，並第一次引入了網路能量函數的概念，使網路穩定性研究有了明確的依據，其電子電路實現為神經電腦的研究奠定了基礎，同時也開拓了神經網路用於聯想記憶和最佳化計算的新途徑。

1983 年，K.Fukushima 等提出了神經認知機網路理論。1985 年 D.H.Ackley、G.E.Hinton 和 T.J.Sejnowski 將模擬退火概念移植到 Boltzmann 機模型的學習之中，以保證網路能收斂到全域最小值。1983 年，D.Rumelhart 和 J.McCelland 等提出了 PDP（parallel distributed processing）理論，致力於認知微觀結構的探索，同時發展了多層網路的 BP 演算法，使 BP 網路成為目前應用最廣的網路。

反向傳播（backpropagation，如圖 3.3 所示）一詞的使用出現在 1985 年後，它的廣泛使用是在 1983 年由 D.Rumelhart 和 J.McCelland 所著的《Parallel Distributed Processing》這本書出版以後。1987 年，T.Kohonen 提出了自我組織映射（self organizing map，SOM）。1987 年，美國電氣和電子工程師學會 IEEE（institute for electrical and electronic engineers）在聖地牙哥（San Diego）召開了盛大規模的神經網路國際學術會議，國際神經網路學會（International Neural Networks Society）也隨之誕生。

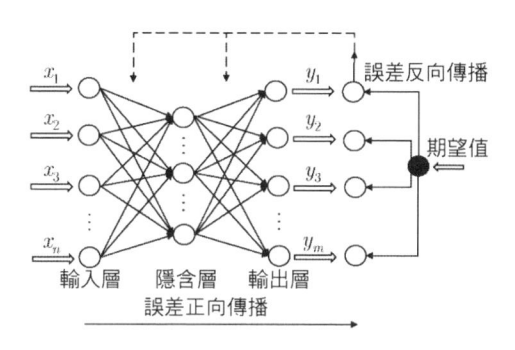

▲ 圖 3.3 反向傳播

3.1 BP 神經網路簡介

1988 年，國際神經網路學會的正式雜誌 Neural Networks 創刊；從 1988 年開始，國際神經網路學會和 IEEE 每年聯合召開一次國際學術年會。1990 年 IEEE 神經網路會刊問世，各種期刊的神經網路特刊層出不窮，神經網路的理論研究和實際應用進入了一個蓬勃發展的時期。

BP 神經網路（見圖 3.4）的代表者是 D.Rumelhart 和 J.McCelland，BP 神經網路是一種按誤差逆傳播演算法訓練的多層前饋網路，是目前應用最廣泛的神經網路模型之一。

BP 演算法（反向傳播演算法）的學習過程，由資訊的正向傳播和誤差的反向傳播兩個過程組成。

- 輸入層：各神經元負責接收來自外界的輸入資訊，並傳遞給中間層各神經元。
- 中間層：中間層是內部資訊處理層，負責資訊變換，根據資訊變化能力的需求，中間層可以設計為單隱藏層或多隱藏層結構。
- 最後一個隱藏層：傳遞到輸出層各神經元的資訊，經進一步處理後，完成一次學習的正向傳播處理過程，由輸出層向外界輸出資訊處理結果。

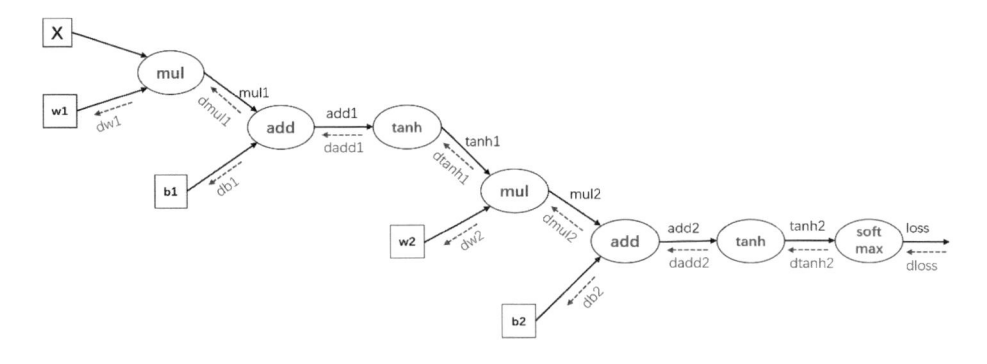

▲ 圖 3.4 BP 神經網路

當實際輸出與期望輸出不符時，進入誤差的反向傳播階段。誤差透過輸出層，按誤差梯度下降的方式修正各層權值，向隱藏層、輸入層逐層反傳。周而復始的資訊正向傳播和誤差反向傳播過程，是各層權值不斷調整的過程，也是神經網路學習訓練的過程，此過程一直進行到網路輸出的誤差減少到可以接受的程度或預先設定的學習次數為止。

目前神經網路的研究方向和應用很多，反映了多學科交叉技術領域的特點。主要的研究工作集中在以下幾個方面：

- 生物原型研究。從生理學、心理學、解剖學、腦科學、病理學等生物科學方面研究神經細胞、神經網路、神經系統的生物原型結構及其功能機制。

- 建立理論模型。根據生物原型的研究，建立神經元、神經網路的理論模型。其中包括概念模型、知識模型、物理化學模型、數學模型等。

- 網路模型與演算法研究。在理論模型研究的基礎上建構具體的神經網路模型，以實現電腦模擬或硬體的模擬，並且還包括網路學習演算法的研究。這方面的工作也稱為技術模型研究。

- 類神經網路應用系統。在網路模型與演算法研究的基礎上，利用類神經網路組成實際的應用系統。舉例來說，完成某種訊號處理或模式辨識的功能、建構專家系統、製造機器人，等等。

縱觀當代新興科學技術的發展歷史，人類在征服宇宙空間、基本粒子、生命起源等科學技術領域的處理程序中歷經了崎嶇不平的道路。我們也看到，探索人腦功能和神經網路的研究將伴隨著重重困難的克服而日新月異。

3.2 BP 神經網路兩個基礎演算法詳解

在正式介紹 BP 神經網路之前，需要先介紹兩個非常重要的演算法，即最小平方法（LS 演算法）和隨機梯度下降演算法。

最小平方法是統計分析中最常用的逼近計算的一種演算法，其交替計算結果使得最終結果盡可能地逼近真實結果。而隨機梯度下降演算法是其充分利用了深度學習的運算特性的迭代和高效性，透過不停地判斷和選擇當前目標下的最佳路徑，使得能夠在最短路徑下達到最佳的結果從而提高巨量資料的計算效率。

3.2.1 最小平方法詳解

LS 演算法是一種數學最佳化技術，也是一種機器學習常用演算法。它透過最小化誤差的平方和尋找資料的最佳函數匹配。利用最小平方法可以簡便地求得未知的資料，並使得這些求得的資料與實際資料之間誤差的平方和為最小。最小平方法還可用於曲線擬合。其他一些最佳化問題也可透過最小化能量或最大化熵用最小平方法來表達。

由於最小平方法不是本章的重點內容，筆者只透過一個圖示演示一下 LS 演算法的原理。LS 演算法原理如圖 3.5 所示。

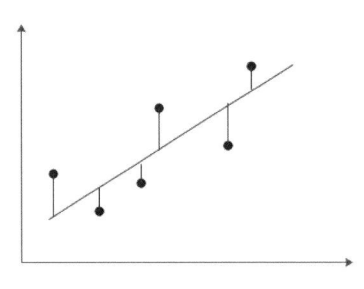

▲ 圖 3.5 最小平方法原理

從圖 3.5 可以看到，若干個點依次分佈在向量空間中，如果希望找出一條直線和這些點達到最佳匹配，那麼最簡單的方法就是希望這些點到直線的值最小，即下面最小平方法實現公式最小。

$$f(x) = ax + b$$
$$\delta = \sum (f(x_i) - y_i)^2$$

這裡直接引用的是真實值與計算值之間的差的平方和，具體而言，這種差值有個專門的名稱為「殘差」。基於此，表達殘差的方式有以下 3 種：

- ∞範數：殘差絕對值的最大值 $\max_{1 \leq i \leq m} |r_i|$，即所有資料點中殘差距離的最大值。
- L1 範數：絕對殘差和 $\sum_{i=1}^{m} |r_i|$，即所有資料點殘差距離之和。
- L2 範數：殘差平方和 $\sum_{i=1}^{m} r_i^2$。

可以看到，所謂的最小平方法就是 L2 範數的具體應用。通俗地說，就是看模型計算出的結果與真實值之間的相似性。

因此，最小平方法可由以下定義：

對於給定的資料 $(x_i, y_i)(i = 1, \cdots, m)$，在取定的假設空間 H 中，求解 $f(x) \in H$，使得殘差 $\delta = \sum (f(x_i) - y_i)^2$ 的 L2 範數最小。

看到這裡可能有讀者又會提出疑問，這裡的 f(x) 應該如何表示？

實際上函數 f(x) 是一條多項式函數曲線：

$$f(x) = w_0 + w_1 x^1 + w_2 x^2 + \cdots + w_n x^n$$（w_n 為一系列的權重）

3.2 BP 神經網路兩個基礎演算法詳解

由上面公式可知,所謂的最小平方法就是找到這麼一組權重 w,使得 $\delta = \sum(f(x_i) - y_i)^2$ 最小。那麼如何能使得最小平方法值最小?

對於求出最小平方法的結果,可以透過數學上的微積分處理,這是一個求極值的問題,只需要對權值依次求偏導數,最後令偏導數為 0,即可求出極值點。

$$\frac{\partial J}{\partial w_0} = \frac{1}{2m} * 2\sum_1^m (f(x) - y) * \frac{\partial (f(x))}{\partial w_0} = \frac{1}{m}\sum_1^m (f(x) - y) = 0$$

$$\frac{\partial J}{\partial w_1} = \frac{1}{2m} * 2\sum_1^m (f(x) - y) * \frac{\partial (f(x))}{\partial w_1} = \frac{1}{m}\sum_1^m (f(x) - y) * x = 0$$

...

$$\frac{\partial J}{\partial w_n} = \frac{1}{2m} * 2\sum_1^m (f(x) - y) * \frac{\partial (f(x))}{\partial w_n} = \frac{1}{m}\sum_1^m (f(x) - y) * x = 0$$

3.2.2 道士下山的故事──梯度下降演算法

在介紹隨機梯度下降演算法之前,先講一個道士下山的故事,如圖 3.6 所示。

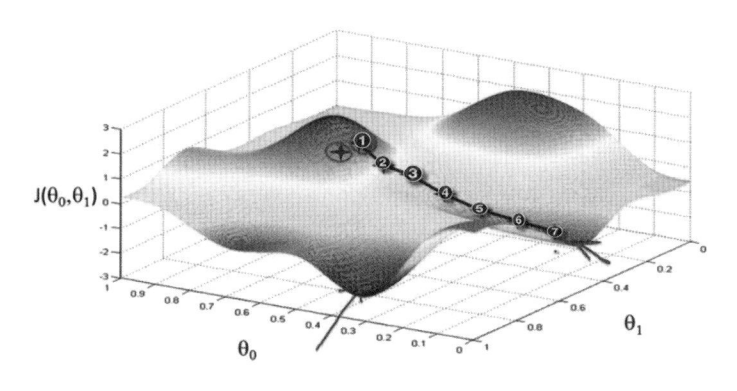

▲ 圖 3.6 模擬隨機梯度下降演算法的演示圖

這是一個模擬隨機梯度下降演算法的演示圖。為了便於理解,我們將其比喻成道士想要出去遊玩的一座山。

設想道士有一天和道友一造成一座不太熟悉的山上去玩,在興趣盎然中很快登上了山頂。但是天有不測,下起了雨。如果這時需要道士和其同來的道友用最快的速度下山,那麼該怎麼辦呢?

如果想以最快的速度下山,那麼最快的辦法就是順著坡度最陡峭的地方走下去。但是由於不熟悉路,道士在下山的過程中,每走過一段路程就需要停下來觀望,從而選擇最陡峭的下山路。這樣一路走下來的話,就可以在最短時間內走到山下。

從圖上可以近似的表示為:

①→②→③→④→⑤→⑥→⑦

每個數字代表每次停頓的地點,這樣只需要在每個停頓的地點選擇最陡峭的下山路即可。

這就是道士下山的故事,隨機梯度下降演算法和這個類似。如果想要使用最快捷的下山方法,那麼最簡單的辦法就是在下降一個梯度的階層後,尋找一個當前獲得的最大梯度繼續下降。這就是隨機梯度演算法的原理。

從上面的例子可以看到,隨機梯度下降演算法就是不停地尋找某個節點中下降幅度最大的那個趨勢進行迭代計算,直到將資料收縮到符合要求的範圍為止。透過數學表達的方式計算,公式如下:

$$f(\theta) = \theta_0 x_0 + \theta_1 x_1 + \cdots + \theta_n x_n = \sum \theta_i x_i$$

在上一節講最小平方法的時候,我們透過最小平方法說明了直接求

3.2 BP 神經網路兩個基礎演算法詳解

解最最佳化變數的方法，也介紹了求解的前提條件是要求計算值與實際值的偏差的平方最小。

但是在隨機梯度下降演算法中，對於係數需要透過不停地求解得出當前位置下最最佳化的資料。這個過程如果使用數學方式表達的話，就是不停地對係數 θ 求偏導數，即公式如下所示：

$$\frac{\partial f(\theta)}{\partial w_n} = \frac{1}{2m} * 2\sum_{1}^{m}(f(\theta)-y) * \frac{\partial(f(\theta))}{\partial \theta} = \frac{1}{m}\sum_{1}^{m}(f(x)-y)*x$$

公式中 θ 的會向著梯度下降的最快方向減少，從而推斷出 θ 的最佳解。因此，隨機梯度下降演算法最終被歸結為透過迭代計算特徵值從而求出最合適的值。θ 求解的公式如下：

$$\theta = \theta - \alpha(f(\theta)-y_i)x_i$$

公式中 α 是下降係數，用較為通俗的語言表示就是用來計算每次下降的幅度大小。係數越大則每次計算的差值越大，係數越小則差值越小，但是計算時間也相對延長。

隨機梯度下降演算法的迭代過程如圖 3.7 所示。

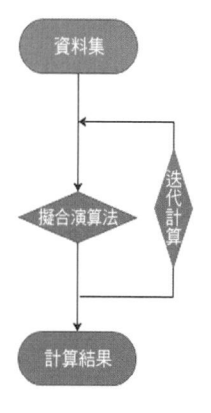

▲ 圖 3.7 隨機梯度下降演算法過程

從圖中可以看到，實現隨機梯度下降演算法的關鍵是擬合算法的實現。而本例的擬合算法實現較為簡單，透過不停地修正資料值從而達到資料的最佳值。

隨機梯度下降演算法在神經網路特別是機器學習中應用較廣泛，但是由於其天生的缺陷，噪音較多，使得在計算過程中並不是都向著整體最佳解的方向最佳化，往往可能只是一個局部最佳解。因此，為了克服這些困難，最好的辦法就是增巨量資料量，在不停地使用資料進行迭代處理的過程中，能夠確保整體的方向是全域最佳解，或最佳結果在全域最佳解附近。

3.2.3 最小平方法的梯度下降演算法以及 JAX 實現

從前面的介紹可以看到，任何一個需要進行梯度下降的函數都可以比作一座山，而梯度下降的目標就是找到這座山的底部，也就是函數的最小值。根據之前道士下山的案例，最快的下山方式就是找到最為陡峭的山路，然後沿著這條山路走下去，直到下一個觀察點；之後在下一個觀察點重複這個過程，直到山腳。

下面實現這個過程去求解最小平方法的最小值，但是在開始之前先展示一下需要掌握的數學原理。

1. 微分

高等數學中對函數微分的解釋有很多，其中最主要的有兩種：

- 函數曲線上某點切線的斜率。
- 函數的變化率。

3.2 BP 神經網路兩個基礎演算法詳解

因此對於一個二元微分的計算如下所示：

$$\frac{\partial(x^2 y^2)}{\partial x} = 2xy^2 d(x)$$

$$\frac{\partial(x^2 y^2)}{\partial y} = 2x^2 y d(y)$$

$$(x^2 y^2)' = 2xy^2 d(x) + 2x^2 y d(y)$$

2. 梯度

所謂的梯度就是微分的一般形式，對多元微分來說，微分則是各個變數的變化率的總和，公式如下所示：

$$J(\theta) = 2.17 - (17\theta_1 + 2.1\theta_2 - 3\theta_3)$$

$$\nabla J(\theta) = \left[\frac{\partial J}{\partial \theta_1}, \frac{\partial J}{\partial \theta_2}, \frac{\partial J}{\partial \theta_3}\right] = [17, 2.1, -3]$$

可以看到，求解梯度值則是分別對每個變數進行微分計算，之後用逗點隔開。而這裡使用 [] 將每個變數的微分值包裹在一起形成一個 3 維向量，因此可以將微分計算後的梯度認為是一個向量。

由此可以得出梯度的定義：在多元函數中，梯度是一個向量，而向量具有方向性，梯度的方向指出了函數在替定點上的上升最快的方向。

這個與道士下山的過程聯繫在一起，如果需要到達山腳下，則需要在每一個觀察點尋找梯度最陡峭的地方。梯度計算的值是在當前點上升最快的方向，那麼反方向則是給定點下降最快的方向。梯度的計算就是得出這個值的具體向量值，如圖 3.8 所示。

深度學習的理論基礎 **03**

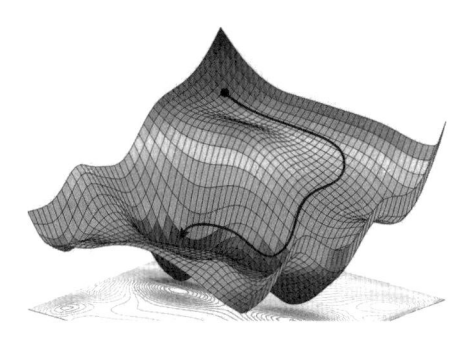

▲ 圖 3.8 梯度的計算

3. 梯度下降的數學計算

在上一節中已經舉出了梯度下降的公式，這裡對其進行變形：

$$\theta' = \theta - \alpha \frac{\partial}{\partial \theta} f(\theta) = \theta - \alpha \nabla J(\theta)$$

此公式中的參數含義說明如下：

- J 是關於參數 θ 的函數，假設當前點為 θ，如果需要找到這個函數的最小值，也就是山腳下，那麼首先需要確定行進的方向，也就是梯度計算的反方向，之後走 α 的步進值，走完這個步進值之後就到了下一個觀察點。
- α 的意義在上一節已經介紹了，是學習率或步進值，使用 α 來控制每一步走的距離。α 過小會造成擬合時間過長，而 α 過大會造成下降幅度太大而錯過最低點，如圖 3.9 所示。

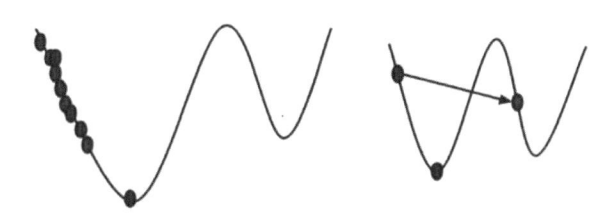

▲ 圖 3.9 學習率太小（左）與學習率太大（右）

3-15

還要注意，梯度下降公式中 $\nabla J(\theta)$ 求出的是斜率最大值，也就是梯度上升最大的方向，而這裡所需要的是梯度下降最大的方向，因此在 $\nabla J(\theta)$ 前加一個負號。下面使用一個例子演示梯度下降法的計算。

假設公式為：

$$J(\theta) = \theta^2$$

此時的微分公式為：

$$\nabla J(\theta) = 2\theta$$

設第一個值 $\theta^0 = 1$，$\alpha = 0.3$，則根據梯度下降公式：

$$\theta^1 = \theta^0 - \alpha * 2\theta^0 = 1 - \alpha * 2 * 1 = 1 - 0.6 = 0.4$$

$$\theta^2 = \theta^1 - \alpha * 2\theta^1 = 0.4 - \alpha * 2 * 0.4 = 0.4 - 0.24 = 0.16$$

$$\theta^3 = \theta^2 - \alpha * 2\theta^2 = 0.16 - \alpha * 2 * 0.16 = 0.16 - 0.096 = 0.064$$

這樣依次進行運算，即可得到 $J(\theta)$ 的最小值，也就是「山腳」，如圖 3.10 所示。

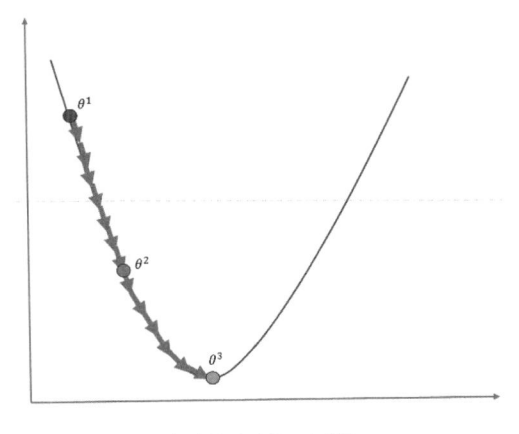

▲ 圖 3.10 山腳

實現程式如下所示：

```
x = 1
def chain(x,gama = 0.1):
    x = x - gama * 2 * x
    return x
for _ in range(4):
    x = chain(x)
    print(x)
```

多變數的梯度下降方法和前文所述的多元微分求導類似。例如一個二元函數形式如下：

$$J(\theta) = \theta_1^2 + \theta_2^2$$

此時對其的梯度微分為：

$$\nabla J(\theta) = 2\theta_1 + 2\theta_2$$

設定：

$$J(\theta^0) = (2,5), \alpha = 0.3$$

則依次計算的結果如下：

$$\nabla J(\theta^1) = (\theta_{1\_0} - \alpha 2\theta_{1_0}, \theta_{2_0} - \alpha 2\theta_{2_0}) = (0.8, 4.7)$$

剩下的計算請讀者自行完成。

如果把二元函數採用影像的方式展示出來，可以很明顯地看到梯度下降的每個「觀察點」座標，如圖 3.11 所示。

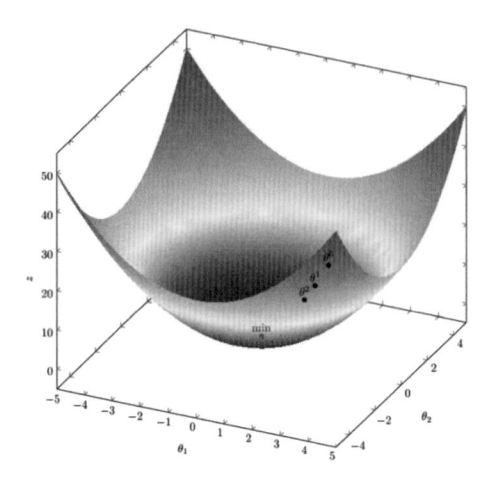

▲ 圖 3.11 梯度下降的每個「觀察點」座標

4. 使用梯度下降法求解最小平方法

假設最小平方法的公式如下：

$$J(\theta) = \frac{1}{2m} \sum_{1}^{m} (h_\theta(x) - y)^2$$

參數解釋如下：

- m 是資料點總數。
- $\frac{1}{2}$ 是一個常數，這樣是為了在求梯度的時候，二次方微分後的結果與 $\frac{1}{2}$ 抵消了，自然就沒有多餘的常數係數，方便後續的計算，同時對結果不會有影響。
- y 是資料集中每個點的真實 y 座標的值。

其中 $h_\theta(x)$ 為預測函數，形式如下所示：

$$h_\theta(x) = \theta_0 + \theta_1 x$$

每個輸入值 x，都有一個經過參數計算後的預測值輸出。

$h_\theta(x)$ 的 JAX 實現如下所示：

```
h_pred = jnp.dot(x,theta)
```

其中 x 是輸入的維度為 [-1,2] 的二維向量，-1 的意思是維度不定。這裡使用了一個技巧，即將 $h_\theta(x)$ 的公式轉化成矩陣相乘的形式，而 θ 是一個 [2,1] 維度的二維向量。

依照最小平方法實現的 Python 程式為：

```
import jax.numpy as jnp
def error_function(theta,x,y):
    h_pred = jnp.dot(x,theta)
    j_theta = (1./2*m) * jnp.dot(jnp.transpose(h_pred), h_pred)
return j_theta
```

這裡 j_theta 的實現同樣是將原始公式轉化成矩陣計算，即：

$$\left(h_\theta(x)-y\right)^2 = \left(h_\theta(x)-y\right)^T * \left(h_\theta(x)-y\right)$$

下面分析一下最小平方法公式 $J(\theta)$，此時如果求 $J(\theta)$ 的梯度，則需要對其中涉及的兩個參數 θ_0 和 θ_1 進行微分：

$$\nabla J(\theta) = \left[\frac{\partial J}{\partial \theta_0}, \frac{\partial J}{\partial \theta_1}\right]$$

下面分別對 2 個參數的求導公式進行求導：

$$\frac{\partial J}{\partial \theta_0} = \frac{1}{2m} * 2\sum_1^m \left(h_\theta(x)-y\right) * \frac{\partial(h_\theta(x))}{\partial \theta_0} = \frac{1}{m}\sum_1^m \left(h_\theta(x)-y\right)$$

$$\frac{\partial J}{\partial \theta_1} = \frac{1}{2m} * 2\sum_1^m \left(h_\theta(x)-y\right) * \frac{\partial(h_\theta(x))}{\partial \theta_1} = \frac{1}{m}\sum_1^m \left(h_\theta(x)-y\right) * x$$

3.2 BP 神經網路兩個基礎演算法詳解

此時將分開求導的參數合併可得新的公式如下：

$$\frac{\partial J}{\partial \theta} = \frac{\partial J}{\partial \theta_0} + \frac{\partial J}{\partial \theta_1} = \frac{1}{m}\sum_{1}^{m}\left(h_\theta(x)-y\right) + \frac{1}{m}\sum_{1}^{m}\left(h_\theta(x)-y\right)*x = \frac{1}{m}\sum_{1}^{m}\left(h_\theta(x)-y\right)*(1+x)$$

將公式最右邊常數 1 去掉，公式變為：

$$\frac{\partial J}{\partial \theta} = \frac{1}{m}*(x)*\sum_{1}^{m}\left(h_\theta(x)-y\right)$$

採用矩陣相乘的方式，並使用矩陣相乘表示：

$$\frac{\partial J}{\partial \theta} = \frac{1}{m}*(x)^T*\left(h_\theta(x)-y\right)$$

這裡 $(x)^T*\left(h_\theta(x)-y\right)$ 已經轉化為矩陣相乘的表示形式。使用 Python 程式表示如下：

```
import jax.numpy as jnp
def gradient_function(theta, X, y):
    h_pred = jnp.dot(X, theta) - y
    return (1./m) * jnp.dot(jnp.transpose(X), h_pred)
```

其中的 jnp.dot(jnp.transpose(X), h_pred)，如果讀者對此理解有難度，可以將公式使用一個一個 x 值的形式列出來，此處就不一一羅列了。

最後是梯度下降的 JAX 實現，程式如下：

```
import jax.numpy as jnp
def gradient_descent(X, y, alpha):
    theta = jnp.array([1, 1]).reshape(2, 1)   #[2,1]  這裡的 theta 是參數
    gradient = gradient_function(theta,X,y)
    while not jnp.all(jnp.absolute(gradient) <= 1e-5):
        theta = theta - alpha * gradient
        gradient = gradient_function(theta, X, y)
    return theta
```

這 2 組程式碼段的區別在於，第一個程式碼部分是固定迴圈次數，可能會造成欠下降或過下降；第二個程式碼部分使用的是數值判定，可以設定設定值或停止條件。

全部程式如下所示。

◯【程式 3-1】

```
import jax.numpy as jnp
m = 20
# 生成資料集 x，此時的資料集 x 是一個二維矩陣
x0 = jnp.ones((m, 1))
x1 = jnp.arange(1, m+1).reshape(m, 1)
x = jnp.hstack((x0, x1)) #【20,2】
y = jnp.array([
    3, 4, 5, 5, 2, 4, 7, 8, 11, 8, 12,
    11, 13, 13, 16, 17, 18, 17, 19, 21
]).reshape(m, 1)
alpha = 0.01
# 這裡的 theta 是一個 [2,1] 大小的矩陣，用來與輸入 x 進行計算並獲得計算的預測值 y_pred，而 y_pred 是與 y 的計算誤差
def error_function(theta,x,y):
    h_pred = jnp.dot(x,theta)
    j_theta = (1./2*m) * jnp.dot(jnp.transpose(h_pred), h_pred)
    return j_theta
def gradient_function(theta, X, y):
    h_pred = jnp.dot(X, theta) - y
    return (1./m) * jnp.dot(jnp.transpose(X), h_pred)
def gradient_descent(X, y, alpha):
    theta = jnp.array([1, 1]).reshape(2, 1)   #[2,1] 這裡的 theta 是參數
    gradient = gradient_function(theta,X,y)
    while not jnp.all(jnp.absolute(gradient) <= 1e-5):
        theta = theta - alpha * gradient
```

```
        gradient = gradient_function(theta, X, y)
    return theta
theta = gradient_descent(x, y, alpha)
print('optimal:', theta)
print('error function:', error_function(theta, x, y)[0,0])
```

列印結果和擬合曲線請讀者自行完成。

現在請回到前面的道士下山這個例子上，實際上，道士下山代表了反向傳播演算法，而要尋找的下山路徑就代表著演算法中一直在尋找的參數，山上當前點的最陡峭的方向實際上就是代價函數在這一點的梯度方向，場景中觀察最陡峭方向所用的工具就是微分。

3.3 回饋神經網路反向傳播演算法介紹

反向傳播演算法是神經網路的核心與精髓，在神經網路演算法中具有舉足輕重的地位。所謂的反向傳播演算法就是複合函數的鏈式求導法則的強大應用，而且實際上的應用比起理論上的推導強大得多。本節將主要介紹反向傳播演算法的最簡單模型的推導，雖然模型簡單，但是這個模型是其廣泛應用的基礎。

3.3.1 深度學習基礎

機器學習在理論上可以看作是統計學在電腦科學上的應用。在統計學上，一個非常重要的內容就是擬合和預測，即基於以往的資料，建立光滑的曲線模型實現資料結果與資料變數的對應關係。

深度學習為統計學的應用,同樣是為了尋找結果與影響因素的一一對應關係。只不過樣本點由狹義的 x 和 y 擴充到向量、矩陣等廣義的對應點。此時,由於資料的複雜度增加,對應關係模型的複雜度也隨之增加,而不能使用一個簡單的函數表達。

數學上透過建立複雜的高次多元函數解決複雜模型擬合的問題,但是大多數都失敗了,因為過於複雜的函數式是無法進行求解的,也就是其公式的獲取是不可能的。

基於前人的研究,科學研究工作人員發現可以透過神經網路來表示這樣的一一對應關係,而神經網路本質就是一個多元複合函數,透過增加神經網路的層次和神經單元,可以更進一步地表達函數的複合關係。

圖 3.12 是多層神經網路的影像表達方式,透過設定輸入層、隱藏層與輸出層,可以形成一個多元函數用於求解相關問題。

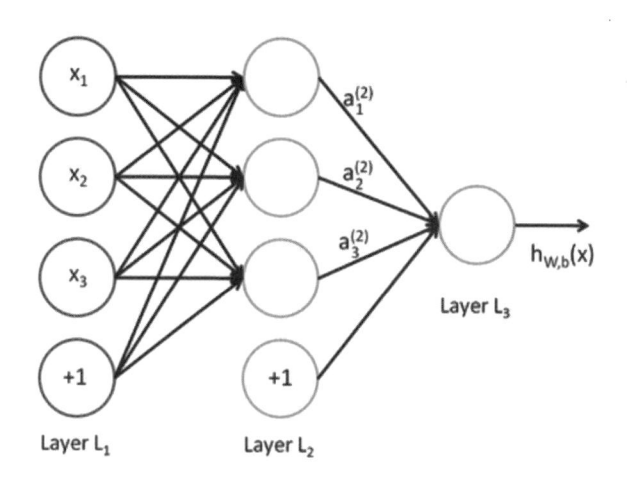

▲ 圖 3.12 多層神經網路

透過數學運算式將多層神經網路模型表示出來,公式如下所示:

$$a_1 = f(w_{11} \times x_1 + w_{12} \times x_2 + w_{13} \times x_3 + b_1)$$
$$a_2 = f(w_{21} \times x_1 + w_{22} \times x_2 + w_{23} \times x_3 + b_2)$$
$$a_3 = f(w_{31} \times x_1 + w_{32} \times x_2 + w_{33} \times x_3 + b_3)$$
$$h(x) = f(w_{11} \times x_1 + w_{12} \times x_2 + w_{13} \times x_3 + b_1)$$

其中 x 是輸入數值，而 w 是相鄰神經元之間的權重，也就是神經網路在訓練過程中需要學習的參數。與線性回歸類似的是，神經網路學習同樣需要一個損失函數，即訓練目標透過調整每個權重值 w 來使得損失函數最小。前面在講解梯度下降演算法的時候已經說過，如果權重過多或指數過大時，直接求解係數是一件不可能的事情，因此梯度下降演算法是能夠求解權重問題的比較好的方法。

3.3.2 連鎖律求導

在前面梯度下降演算法的介紹中，沒有對其背後的原理做出更為詳細的講解。實際上梯度下降演算法就是連鎖律的具體應用，如果把前面公式中損失函數以向量的形式表示為：

$$h(x) = f(w_{11}, w_{12}, w_{13}, w_{14}, \cdots, w_{ij})$$

那麼其梯度向量為：

$$\nabla h = \frac{\partial f}{\partial W_{11}} + \frac{\partial f}{\partial W_{12}} + \cdots + \frac{\partial f}{\partial W_{ij}}$$

可以看到，其實所謂的梯度向量就是求出函數在每個向量上的偏導數之和。這也是連鎖律善於解決的方面。

下面以 $e = (a+b) \times (b+1)$ 為例子，其中 $a=2$、$b=1$，計算其偏導數，如圖 3.13 所示。

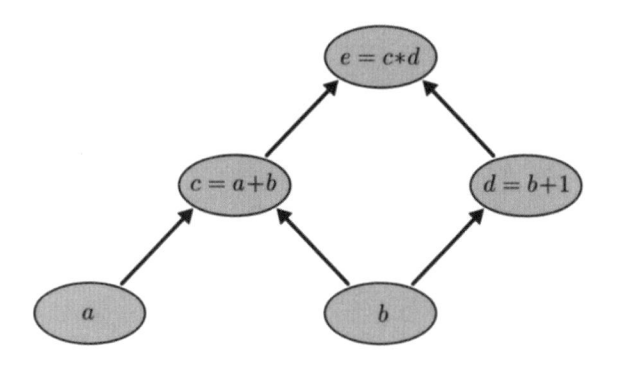

▲ 圖 3.13 $e = (a+b) \times (b+1)$ 示意圖

本例中為了求得最終值 e 對各個點的梯度，需要將各個點與 e 聯繫在一起，例如期望求得 e 對輸入點 a 的梯度，則只需要求得：

$$\frac{\partial e}{\partial a} = \frac{\partial e}{\partial c} \times \frac{\partial c}{\partial a}$$

這樣就把 e 與 a 的梯度聯繫在一起，同理可得：

$$\frac{\partial e}{\partial a} = \frac{\partial e}{\partial c} \times \frac{\partial c}{\partial b} + \frac{\partial e}{\partial d} \times \frac{\partial d}{\partial b}$$

連鎖律的應用如圖 3.14 所示。

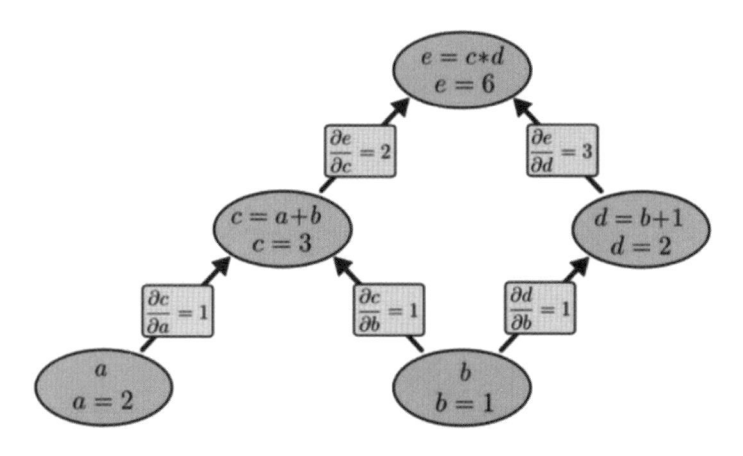

▲ 圖 3.14 連鎖律的應用

3.3 回饋神經網路反向傳播演算法介紹

這樣做的好處是顯而易見的，求 e 對 a 的偏導數只要建立一個 e 到 a 的路徑，圖中經過 c，那麼透過相關的求導連結就可以得到所需要的值。對於求 e 對 b 的偏導數，也只需要建立所有 e 到 b 路徑中的求導路徑從而獲得需要的值。

3.3.3 回饋神經網路原理與公式推導

在求導過程中，如果拉長了求導過程或增加了其中的單元，那麼就會大大增加其中的計算過程，即很多偏導數的求導過程會被反覆計算，因此在實際中對權值達到上十萬或上百萬的神經網路來說，這樣的重複容錯所導致的計算量是很大的。

同樣是為了求得對權重的更新，回饋神經網路演算法將訓練誤差 E 看作以權重向量每個元素為變數的高維函數，透過不斷更新權重，尋找訓練誤差的最低點，按誤差函數梯度下降的方向更新權值。

> **注意**
> 回饋神經網路演算法具體計算公式在本節後半部分進行推導。

首先求得最後的輸出層與真實值之間的差距，如圖 3.15 所示。

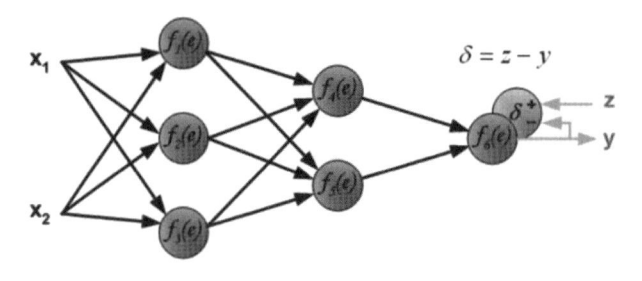

▲ 圖 3.15 回饋神經網路最終誤差的計算

然後以計算出的測量值與真實值為起點,反向傳播到上一個節點,並計算出節點的誤差值,如圖 3.16 所示。

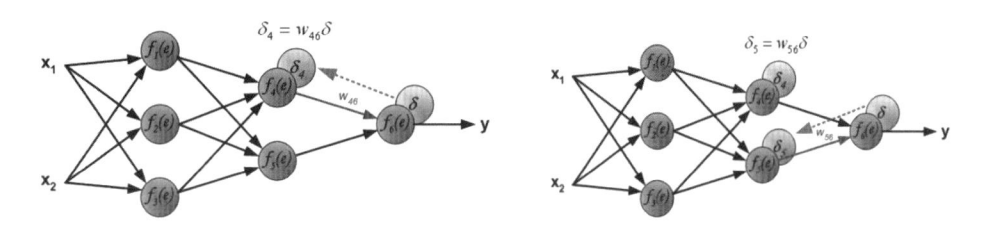

▲ 圖 3.16 回饋神經網路輸出層誤差的反向傳播

最後將計算出的節點誤差重新設定為起點,依次向後傳播誤差,如圖 3.17 所示。

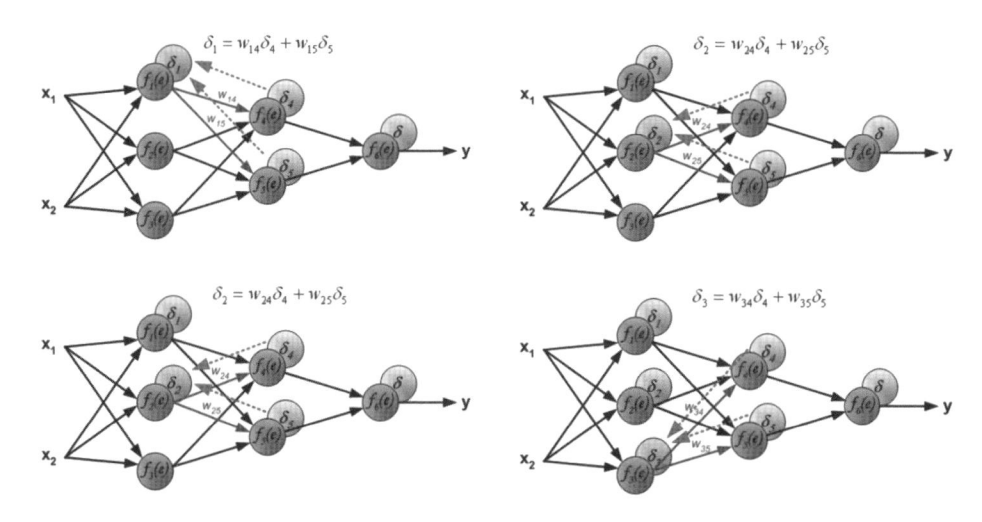

▲ 圖 3.17 回饋神經網路隱藏層誤差的反向傳播

◀》注意

對於隱藏層,誤差並不是像輸出層一樣由單一節點確定,而是由多個節點確定的,因此對它的計算要求是得到所有的誤差值之和。

3.3 回饋神經網路反向傳播演算法介紹

一般情況下，誤差的產生是由於輸入值與權重的計算產生了錯誤，而對輸入值來說，往往是固定不變的，因此對於誤差的調節，則需要對權重進行更新。而權重的更新又是以輸入值與真實值的偏差為基礎，當最終層的輸出誤差被反向一層層地傳遞回來後，每個節點被對應地分配適合其在神經網路地位中所擔負的誤差，即只需要更新其所需承擔的誤差量，如圖 3.18 所示。

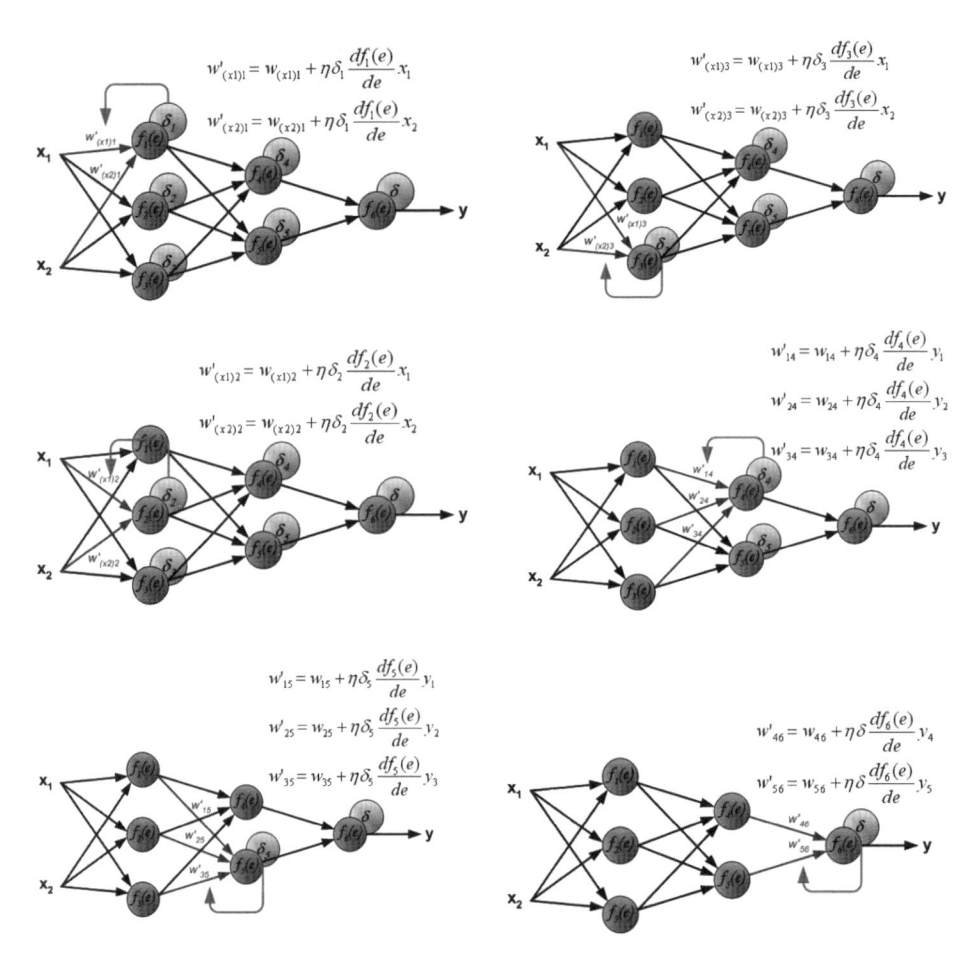

▲ 圖 3.18 回饋神經網路權重的更新

在每一層，需要維護輸出對當前層的微分值，該微分值相當於被覆用於之前每一層裡權值的微分計算，因此空間複雜度沒有變化。同時也沒有重複計算，每一個微分值都在之後的迭代中使用。

下面介紹一下公式的推導。公式的推導需要使用一些高等數學的知識，因此讀者可以自由選擇學習。

首先是演算法的分析，前面已經說過，對於回饋神經網路演算法需要知道輸出值與真實值之間的差值。

- 對輸出層單元，誤差項是真實值與模型計算值之間的差值。
- 對於隱藏層單元，由於缺少直接的目標值來計算隱藏層單元的誤差，因此需要以間接的方式來計算隱藏層的誤差項，即對受隱藏層單元影響的每一個單元的誤差進行加權求和。
- 權值的更新方面，主要依靠學習速率，該權值對應的輸入以及單元的誤差項。

1. 定義一：前向傳播演算法

對於前向傳播的值傳遞，隱藏層輸出值定義如下：

$$a_h^{H1} = W_h^{H1} \times X_i$$
$$b_h^{H1} = f(a_h^{H1})$$

其中，X_i 是當前節點的輸入值，W_h^{H1} 是連接到此節點的權重，a_h^{H1} 是輸出值；f 是當前階段的啟動函數，b_h^{H1} 為當前節點的輸入值經過計算後被啟動的值。

對於輸出層，定義如下：

$$a_k = \sum W_{hk} \times b_h^{H1}$$

其中，W_{hk} 為輸入的權重，b_h^{H1} 為將節點輸入資料經過計算後的啟動值作為輸入值。這裡對所有輸入值進行權重計算後求和，作為神經網路的最後輸出值 a_k。

2. 定義二：反向傳播演算法

與前向傳播類似，首先需要定義兩個值 δ_k 與 δ_h^{H1}：

$$\delta_k = \frac{\delta L}{\delta a_k} = (Y - T)$$

$$\delta_h^{H1} = \frac{\partial L}{\partial a_h^{H1}}$$

其中，δ_k 為輸出層的誤差項，其計算值為真實值與模型計算值之間的差值；Y 是計算值，T 是真實值；δ_h^{H1} 為輸出層的誤差。

> 📢 注意
> 對 δ_k 與 δ_h^{H1} 來說，無論定義在哪個位置，都可以看作當前的輸出值對於輸入值的梯度計算。

透過前面的分析可以知道，所謂的神經網路回饋演算法就是逐層地將最終誤差進行分解，即每一層只與下一層打交道，如圖 3.19 所示。據此可以假設每一層均為輸出層的前一個層級，透過計算前一個層級與輸出層的誤差得到權重的更新。

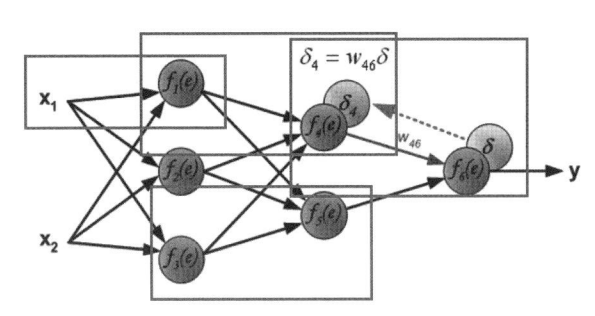

▲ 圖 3.19 權重的逐層反向傳導

因此，回饋神經網路計算公式定義為：

$$\delta_h^{H1} = \frac{\partial L}{\partial a_h^{H1}}$$

$$= \frac{\partial L}{\partial b_h^{H1}} \times \frac{\partial b_h^{H1}}{\partial a_h^{H1}}$$

$$= \frac{\partial L}{\partial b_h^{H1}} \times f'(a_h^{H1})$$

$$= \frac{\partial L}{\partial a_k} \times \frac{\partial a_k}{\partial b_h^{H1}} \times f'(a_h^{H1})$$

$$= \delta_k \times \sum W_{hk} \times f'(a_h^{H1})$$

$$= \sum W_{hk} \times \delta_k \times f'(a_h^{H1})$$

即當前層輸出值對誤差的梯度可以透過下一層的誤差與權重和輸入值的梯度乘積獲得。在公式 $\sum W_{hk} \times \delta_k \times f'(a_h^{H1})$ 中，若 δ_k 為輸出層，則 δ_k 可以透過 $\delta_k = \frac{\partial L}{\partial a_k} = (Y-T)$ 求得；若 δ_k 為非輸出層，則可以使用逐層回饋的方式求得 δ_k 的值。

> **注意**
> 千萬要注意，對 δ_k 與 δ_h^{H1} 來說，其計算結果都是當前的輸出值對於輸入值的梯度計算，是權重更新過程中一個非常重要的資料計算內容。

或換一種表述形式將前面公式表示為：

$$\delta^l = \sum W_{ij}^l \times \delta_j^{l+1} \times f'(a_i^l)$$

可以看到，透過更為泛化的公式，把當前層的輸出對輸入的梯度計算轉化成求下一個層級的梯度計算值。

3. 定義三：權重的更新

回饋神經網路計算的目的是對權重進行更新，因此與梯度下降演算法類似，其更新可以仿照梯度下降對權值的更新公式：

$$\theta = \theta - \alpha(f(\theta) - y_i)x_i$$

即：

$$W_{ji} = W_{ji} + \alpha \times \delta_j^l \times x_{ji}$$
$$b_{ij} = b_{ji} + \alpha \times \delta_j^l$$

其中，ji 表示為反向傳播時對應的節點係數，透過對的計算就可以更新對應的權重值。W_{ji} 的計算公式如上所示。

對於沒有推導的 b_{ji}，其推導過程與 W_{ji} 類似，但是在推導過程中輸入值是被消去的，請讀者自行學習。

3.3.4 回饋神經網路原理的啟動函數

現在回到回饋神經網路的函數：

$$\delta^l = \sum W_{ij}^l \times \delta_j^{l+1} \times f'(a_i^l)$$

對於此公式中的 W_{ij}^l 和 δ_j^{l+1} 以及所需要計算的目標 δ^l，我們已經做了較為詳細的解釋。但是對於 $f'(a_i^l)$ 則一直沒有做出介紹。

回到前面生物神經元的圖示中，傳遞進來的電信號透過神經元進行傳遞，由於神經元的突觸強弱是有一定的敏感度的，也就是只會對超過一定範圍的訊號進行回饋，即這個電信號必須大於某個設定值，神經元才會被啟動引起後續的傳遞。

在訓練模型中同樣需要設定神經元的設定值，即神經元被啟動的頻率用於傳遞對應的資訊，模型中這種能夠確定是否當前神經元節點的函數被稱為「啟動函數」，如圖 3.20 所示。

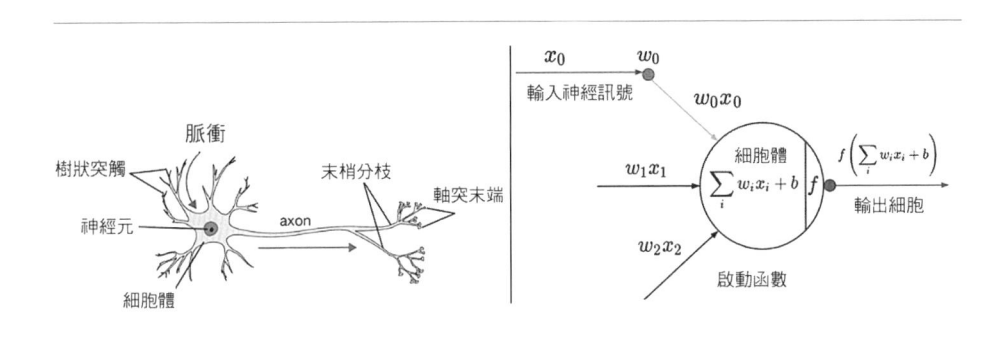

▲ 圖 3.20 啟動函數示意圖

啟動函數代表了生物神經元中接收到的訊號強度，目前應用範圍較廣的是 sigmoid 函數。因為其在執行過程中只接收一個值，輸出也是一個經過公式計算後的值，且其輸出值在 0~1 之間。sigmoid 啟動函數的公式為：

$$y = \frac{1}{1+e^{-x}}$$

sigmoid 啟動函數圖如圖 3.21 所示。

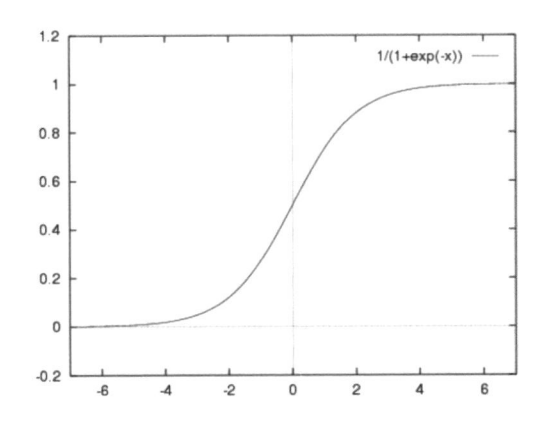

▲ 圖 3.21 sigmoid 啟動函數圖

3.3 回饋神經網路反向傳播演算法介紹

其導函數求法也較為簡單，即：

$$y' = \frac{e^{-x}}{(1+e^{-x})^2}$$

換一種表示法為：

$$f(x)' = f(x) \times (1 - f(x))$$

sigmoid 輸入一個實值的數，之後將其壓縮到 0~1 之間，較大值的負數被映射成 0，較大值的正數被映射成 1。

順帶説一句，sigmoid 函數在神經網路模型中佔據了很長時間的一段統治地位，但是目前已經不常使用了，主要原因是其非常容易進入飽和區，當輸入值非常大或非常小的時候，sigmoid 會產生一個平緩區域，其中的梯度值幾乎為 0，而這又會造成梯度傳播過程中產生接近於 0 的傳播梯度，這樣在後續的傳播時會造成梯度消散的現象，因此並不適合現代的神經網路模型使用。

除此之外，近年來湧現出大量新的啟動函數模型，例如 Maxout、Tanh 和 ReLU 模型，這些都是為了解決傳統的 sigmoid 模型在更深程度上的神經網路所產生的各種不良影響。

> **注意**
> sigmoid 函數的具體使用和影響會在下一章進行詳細介紹。

3.3.5 回饋神經網路原理的 Python 實現

經過前幾節的解釋，讀者應該對神經網路的演算法和描述有了一定的理解，本小節將使用 Python 程式去實現一個回饋神經網路。為了簡化起見，這裡的神經網路設定成三層，即只有一個輸入層、一個隱藏層以及最終的輸出層。

（1）首先是輔助函數的確定：

```
def rand(a, b):
    return (b - a) * random.random() + a
def make_matrix(m,n,fill=0.0):
    mat = []
    for i in range(m):
        mat.append([fill] * n)
    return mat
def sigmoid(x):
    return 1.0 / (1.0 + math.exp(-x))
def sigmod_derivate(x):
    return x * (1 - x)
```

上述程式中首先定義了隨機值，呼叫 random 包中的 random 函數生成了一系列隨機數，之後呼叫 make_matrix 函數生成了相對應的矩陣。sigmoid 和 sigmod_derivate 分別是啟動函數和啟動函數的導函數。這也是前文所定義的內容。

（2）在 BP 神經網路類別的正式定義中需要對資料進行內容設定：

```
def __init__(self):
    self.input_n = 0
    self.hidden_n = 0
    self.output_n = 0
    self.input_cells = []
    self.hidden_cells = []
    self.output_cells = []
    self.input_weights = []
    self.output_weights = []
```

init 函數對資料內容進行初始化，即在其中設定了輸入層、隱藏層以及輸出層中節點的個數；各個 cell 資料是各個層中節點的數值；weights 資料代表各個層的權重。

3.3 回饋神經網路反向傳播演算法介紹

（3）setup 函數的作用是對 init 函數中設定的資料進行初始化：

```
def setup(self,ni,nh,no):
    self.input_n = ni + 1
    self.hidden_n = nh
    self.output_n = no
    self.input_cells = [1.0] * self.input_n
    self.hidden_cells = [1.0] * self.hidden_n
    self.output_cells = [1.0] * self.output_n
    self.input_weights = make_matrix(self.input_n,self.hidden_n)
    self.output_weights = make_matrix(self.hidden_n,self.output_n)
    # random activate
    for i in range(self.input_n):
        for h in range(self.hidden_n):
            self.input_weights[i][h] = rand(-0.2, 0.2)
    for h in range(self.hidden_n):
        for o in range(self.output_n):
            self.output_weights[h][o] = rand(-2.0, 2.0)
```

> 注意
>
> 輸入層節點個數被設定成 ni+1，這是由於其中包含 bias 偏置數。各個節點與 1.0 相乘是初始化節點的數值。各個層的權重值根據輸入層、隱藏層以及輸出層中節點的個數被初始化並被給予值。

（4）定義完各個層的數目後，下面進入正式的神經網路內容的定義，首先是對於神經網路前向的計算。

```
def predict(self,inputs):
    for i in range(self.input_n - 1):
        self.input_cells[i] = inputs[i]
    for j in range(self.hidden_n):
        total = 0.0
        for i in range(self.input_n):
```

```
            total += self.input_cells[i] * self.input_weights[i][j]
        self.hidden_cells[j] = sigmoid(total)
    for k in range(self.output_n):
        total = 0.0
        for j in range(self.hidden_n):
            total += self.hidden_cells[j] * self.output_weights[j][k]
        self.output_cells[k] = sigmoid(total)
    return self.output_cells[:]
```

上述程式碼部分中將資料登錄到函數中,透過隱藏層和輸出層的計算,最終以陣列的形式輸出。案例的完整程式如下所示。

◯【程式 3-2】

```
import math
import random
def rand(a, b):
    return (b - a) * random.random() + a
def make_matrix(m,n,fill=0.0):
    mat = []
    for i in range(m):
        mat.append([fill] * n)
    return mat
def sigmoid(x):
    return 1.0 / (1.0 + math.exp(-x))
def sigmod_derivate(x):
    return x * (1 - x)
class BPNeuralNetwork:
    def __init__(self):
        self.input_n = 0
        self.hidden_n = 0
        self.output_n = 0
        self.input_cells = []
```

3.3 回饋神經網路反向傳播演算法介紹

```python
        self.hidden_cells = []
        self.output_cells = []
        self.input_weights = []
        self.output_weights = []
    def setup(self,ni,nh,no):
        self.input_n = ni + 1
        self.hidden_n = nh
        self.output_n = no
        self.input_cells = [1.0] * self.input_n
        self.hidden_cells = [1.0] * self.hidden_n
        self.output_cells = [1.0] * self.output_n
        self.input_weights = make_matrix(self.input_n,self.hidden_n)
        self.output_weights = make_matrix(self.hidden_n,self.output_n)
        # random activate
        for i in range(self.input_n):
            for h in range(self.hidden_n):
                self.input_weights[i][h] = rand(-0.2, 0.2)
        for h in range(self.hidden_n):
            for o in range(self.output_n):
                self.output_weights[h][o] = rand(-2.0, 2.0)
    def predict(self,inputs):
        for i in range(self.input_n - 1):
            self.input_cells[i] = inputs[i]
        for j in range(self.hidden_n):
            total = 0.0
            for i in range(self.input_n):
                total += self.input_cells[i] * self.input_weights[i][j]
            self.hidden_cells[j] = sigmoid(total)
        for k in range(self.output_n):
            total = 0.0
            for j in range(self.hidden_n):
                total += self.hidden_cells[j] * self.output_weights[j][k]
            self.output_cells[k] = sigmoid(total)
```

```python
            return self.output_cells[:]
    def back_propagate(self,case,label,learn):
        self.predict(case)
        # 計算輸出層的誤差
        output_deltas = [0.0] * self.output_n
        for k in range(self.output_n):
            error = label[k] - self.output_cells[k]
            output_deltas[k] = sigmod_derivate(self.output_cells[k]) * error
        # 計算隱藏層的誤差
        hidden_deltas = [0.0] * self.hidden_n
        for j in range(self.hidden_n):
            error = 0.0
            for k in range(self.output_n):
                error += output_deltas[k] * self.output_weights[j][k]
            hidden_deltas[j] = sigmod_derivate(self.hidden_cells[j]) * error
        # 更新輸出層權重
        for j in range(self.hidden_n):
            for k in range(self.output_n):
                self.output_weights[j][k] += learn * output_deltas[k] * self.hidden_cells[j]
        # 更新隱藏層權重
        for i in range(self.input_n):
            for j in range(self.hidden_n):
                self.input_weights[i][j] += learn * hidden_deltas[j] * self.input_cells[i]
        error = 0
        for o in range(len(label)):
            error += 0.5 * (label[o] - self.output_cells[o]) ** 2
        return error
    def train(self,cases,labels,limit = 100,learn = 0.05):
        for i in range(limit):
```

```python
            error = 0
            for i in range(len(cases)):
                label = labels[i]
                case = cases[i]
                error += self.back_propagate(case, label, learn)
        pass
    def test(self):
        cases = [
            [0, 0],
            [0, 1],
            [1, 0],
            [1, 1],
        ]
        labels = [[0], [1], [1], [0]]
        self.setup(2, 5, 1)
        self.train(cases, labels, 10000, 0.05)
        for case in cases:
            print(self.predict(case))
if __name__ == '__main__':
    nn = BPNeuralNetwork()
    nn.test()
```

3.4 本章小結

　　本章講解了深度學習的理論基礎，完整介紹了深度學習的基礎——BP 神經網路的原理和實現。本章內容是整個深度學習的基礎，可以說深度學習所有的後續發展都是建立在對 BP 神經網路進行修正的基礎之上。

CHAPTER 04

XLA 與 JAX 一般特性

JAX 簡單來說就是支援 GPU 加速、自動微分（autodiff）的 NumPy。一般而言，任何一個使用 Python 進行數值計算的使用者都離不開 NumPy，它是 Python 下的基礎數值運算函數庫。但是 NumPy 不支援 GPU 或其他硬體加速器，也不對 backpropagation 的內建進行支持，再加上 Python 本身的速度限制，所以很少有人會在生產環境下直接用 NumPy 訓練或部署深度學習模型。這也是為什麼會出現 Theano、TensorFlow、Caffe 等深度學習框架的原因。

JAX（Logo 見圖 4.1）是機器學習框架領域的新生力量，具有更快的高階漸變，它建立在 XLA 之上，具有其他有趣的轉換和更好的 TPU 支持，甚至將來可能會成為 Google 的主要科學計算和 NN 函數庫。

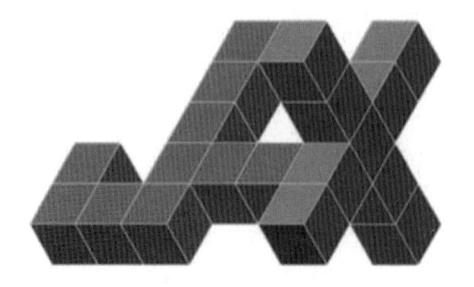

▲ 4.1 JAX

JAX 是機器學習框架領域的新生力量，作為 TensorFlow 的競爭對手，其在 2018 年年末就已經出現，但直到最近，JAX 才開始在更廣泛的機器學習研究領域中獲得關注。

前面章節介紹了 JAX 的基本使用，也向讀者演示了如何使用 JAX 進行深度學習的實戰。本章開始將依次講解 JAX 的一些特性，以及 JAX 在深度學習或其他領域中的一些優勢之處。

4.1 JAX 與 XLA

在全面講解 JAX 之前先介紹一下 XLA。簡單來說，XLA 是將 JAX 轉化為加速器支持操作的中堅力量。

XLA 的全稱是 Accelerated Linear Algebra，即加速線性代數。身為深度學習編譯器，其長期以來作為 Google 在深度學習領域的重要特性被開發，歷時至今已經超過兩年，特別是作為 TensorFlow 2.0 背後支持力量之一，XLA 也終於從試驗特性變成了預設打開的特性。

4.1.1 XLA 如何執行

XLA 是一種針對特定領域的線性代數編譯器,能夠加快 TensorFlow 模型的執行速度,而且完全不需要更改原始程式。我們知道,無論哪個功能和編譯器都需要服務於以下目的:

- 提高程式執行速度。
- 最佳化儲存使用。

XLA 也不例外,XLA 的功能主要表現在以下幾個方面。

1. 融合可組合運算元從而提高性能

XLA 透過對 TensorFlow 執行時期的計算圖進行分析,將多個低級運算元進行融合,從而生成高效的機器碼。

如圖 4.2 所示,計算圖中的許多運算元都是逐元素(element-wise)地計算,所以,可以融合到一個 element-wise 的迴圈計算 kernel 中。matmul 的結果加 biases 時為 element-wise,然後對 add 的結果進行 ReLU,再對 ReLU 的結果中的每個元素進行取冪運算。

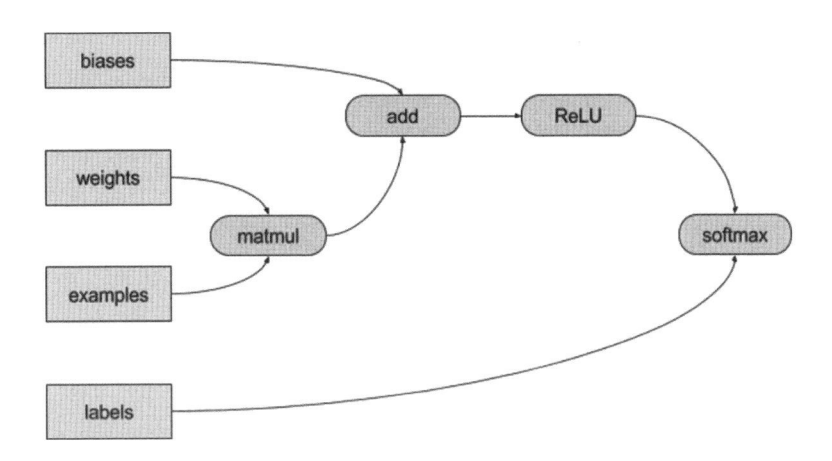

▲ 圖 4.2 組合運算元

透過將這些運算元融合，可以減少申請這些運算元間的中間結果所佔用的記憶體。同時因為將多個 kernel 融合為一個 kernel，因此減少了載入 kernel 的時間消耗。

因此，XLA 對模型的性能提升主要來自將多個連續的 element-wise 運算元融合為一個運算元。

2. 提高記憶體使用率

透過對記憶體使用的分析和規劃，原則上可以消除許多中間資料的記憶體佔用。

3. 減少模型可執行檔大小

對於行動裝置場景，XLA 可以減少模型的執行檔案大小。透過 AOT（Ahead OF Time）編譯將整個計算圖生成輕量級的機器碼，這些機器碼實現了計算圖中的各個操作。

在模型執行時期，不需要一個完整的執行環境，因為計算圖實際執行時的操作被轉換編譯為裝置程式。

4. 方便支援不同硬體後端

當傳統的深度學習應用支持一種新的裝置時，需要將所有的 kernels（ops）再重新實現一遍，這無疑需要巨大的工作量。而透過 XLA 則需要很小的工作量，因為 XLA 的運算元都是操作基本操作（低級運算元），數量少且容易實現，XLA 會自動地將 TensorFlow 計算圖中複雜的運算元拆解為 primitive 運算元。

4.1.2 XLA 執行原理

XLA 的輸入語言是 "HLO IR"，也可以稱為 HLO（High Level Optimizer）。XLA 將 HLO 描述的計算圖（計算流程）編譯為針對各種特定後端的機器指令。

XLA HLO 的完整計算流程如圖 4.3 所示。

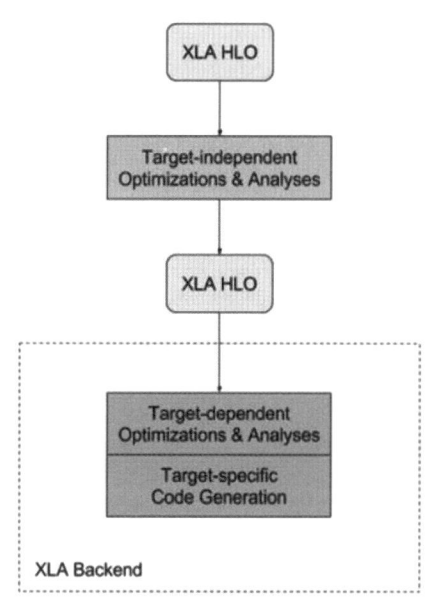

▲ 4.3　XLA HLO 的算流程

首先，XLA 對輸入的 HLO 計算圖進行與目標裝置無關的最佳化，如 CSE、運算元融合，執行時期的記憶體分配分析。輸出為最佳化後的 HLO 計算圖。

然後，將 HLO 計算圖發送到後端（Backend），後端結合特定的硬體屬性對 HLO 計算圖進行進一步的 HLO 級最佳化，例如將某些操作或其組合進行模式匹配從而最佳化計算函數庫呼叫。

最後，後端將 HLO IR 轉化為 LLVM IR，LLVM 再進行低級最佳化並生成機器碼。

4.2 JAX 一般特性

JAX 可以自動微分本機 Python 和 NumPy 程式。它可以透過 Python 的大部分功能（包括迴圈、if、遞迴和閉包）進行微分，甚至可以採用衍生類別的衍生類別。它支援反向模式和正向模式微分，並且兩者可以以任意順序組成。

JAX 的新功能是使用 XLA 在諸如 GPU 和 TPU 的加速器上編譯和執行 NumPy 程式。預設情況下，編譯是在後台進行的，而函數庫呼叫將得到即時的編譯和執行。但是，JAX 允許使用單功能 API 將 Python 函數編譯為 XLA 最佳化的核心。編譯和自動微分可以任意組合，因此我們無需離開 Python 即可表達複雜的演算法並獲得最佳性能。

4.2.1 利用 JIT 加快程式執行

雖然我們精心撰寫的 NumPy 程式執行起來效率很高，但對現代機器學習來說，我們還希望這些程式執行得盡可能快。這一般透過在 GPU 或 TPU 等不同的「加速器」上執行程式來實現。JAX 提供了一個 JIT（即時）編譯器，它採用標準的 Python、NumPy 函數，經編譯後可以在加速器上高效執行。編譯函數還可以避免 Python 解譯器的銷耗，這決定了你是否使用加速器。整體來說，jax.jit 可以顯著加速程式執行，且基本上沒有編碼銷耗，需要做的就是使用 JAX 編譯函數。在使用 jax.jit 時，即使是微小的神經網路也可以實現相當驚人的加速度。

下面範例演示使用 JIT 加速程式執行速度。

◐【程式 4-1】

```
import time
import jax
import jax.numpy as jnp
def selu(x, alpha=1.67, lmbda=1.05):
    return lmbda * jnp.where(x > 0, x, alpha * jnp.exp(x) - alpha)
rng = jax.random.PRNGKey(17)
x = jax.random.normal(rng, (1000000,))
start = time.time()
selu(x)
end = time.time()
print(" 迴圈執行時間 :%.2f 秒 "%(end-start))
selu_jit = jax.jit(selu)
start = time.time()
selu(x)
end = time.time()
print(" 迴圈執行時間 :%.2f 秒 "%(end-start))
@jax.jit
def selu(x, alpha=1.67, lmbda=1.05):
    return lmbda * jnp.where(x > 0, x, alpha * jnp.exp(x) - alpha)
start = time.time()
selu(x)
end = time.time()
print(" 迴圈執行時間 :%.2f 秒 "%(end-start))
```

結果列印如圖 4.4 所示。

```
迴圈執行時間:0.08秒
迴圈執行時間:0.00秒
迴圈執行時間:0.02秒
```

▲ 圖 4.4 執行時間

可以看到，相同的一段程式在不同的執行標準下速度有極大的不同。這是由於 JAX 充分利用了 JIT 特性，透過使用 jit 函數，使得被包裝的函數在第一次呼叫後就被 jit-compile 快取，如果不使用 JIT 快取技術，同樣也可以在執行時期極大加速程式的執行。

4.2.2 自動微分器──grad 函數

除了評估數值函數外，我們還可以使用自動微分進行轉換。在 JAX 中，可以使用 jax.grad 函數來計算梯度。jax.grad 接收一個函數並返回一個新函數，該函數計算原始函數的漸變。要使用梯度下降，可以根據神經網路的參數計算損失函數的梯度，因此，可以使用 jax.grad(loss)。

在前面我們透過演示初步了解了 grad 的用法，這裡換一個計算函數，並採用 grad 函數直接對其進行求導，程式如下：

```
import jax
import jax.numpy as jnp
def sum_logistic(x):
    return jnp.sum(1.0 / (1.0 + jnp.exp(-x)))
x_small = jnp.arange(3.)     # 這裡輸入的資料型態必須是浮點數
derivative_fn = jax.grad(sum_logistic)
print(derivative_fn(x_small))
```

首先準備一個數值序列，呼叫的是求和函數，然後使用自動微分進行求導，結果如下：

[0.25   0.19661197 0.10499357]

> 🔊 注意
>
> 在這裡輸入的資料型態必須是浮點數。

下面演示 jit 函數和 grad 函數共同使用的方法，程式如下所示。

【程式 4-2】

```
import jax
import time
import jax.numpy as jnp
@jax.jit
def sum_logistic(x):
    return jnp.sum(1.0 / (1.0 + jnp.exp(-x)))
start = time.time()
x_small = jnp.arange(1024.)
derivative_fn = jax.grad(sum_logistic)
print(derivative_fn(x_small))
end = time.time()
print(" 迴圈執行時間 :%.2f 秒 "%(end-start))
def sum_logistic(x):
    return jnp.sum(1.0 / (1.0 + jnp.exp(-x)))
start = time.time()
jit_sum_logistic = jax.jit(sum_logistic)
x_small = jnp.arange(1024.)
derivative_fn = jax.grad(sum_logistic)
print(derivative_fn(x_small))
end = time.time()
print(" 迴圈執行時間 :%.2f 秒 "%(end-start))
def sum_logistic(x):
    return jnp.sum(1.0 / (1.0 + jnp.exp(-x)))
start = time.time()
derivative_fn = jax.grad(sum_logistic)
jit_sum_logistic = jax.jit(derivative_fn)
x_small = jnp.arange(1024.)
print(jit_sum_logistic(x_small))
end = time.time()
print(" 迴圈執行時間 :%.2f 秒 "%(end-start))
```

4-9

4.2 JAX 一般特性

列印結果如圖 4.5 所示。

```
[0.25       0.19661197 0.10499357 ... 0.         0.         0.        ]
迴圈執行時間:0.17秒
[0.25       0.19661197 0.10499357 ... 0.         0.         0.        ]
迴圈執行時間:0.11秒
[0.25       0.19661196 0.10499357 ... 0.         0.         0.        ]
迴圈執行時間:0.02秒
```

▲ 圖 4.5 執行結果

可以看到計算同樣的結果，使用 jit 包裝的值極大地減少了執行速度，而且當包裝順序發生調整後，花費時間只有原始的 1/10，可以說是高速了。

4.2.3 自動向量化映射——vmap 函數

JAX 在其 API 中還有另一種轉換函數——vmap 向量化映射。它具有沿陣列軸映射函數的熟悉語義（familiar semantics），但不是將迴圈保留在外部，而是將迴圈推入函數的原始操作中以提高性能。當與 jit() 組合時，更能提高計算速度。

在實踐中，當訓練現代機器學習模型時，可以執行「小量」梯度下降，在梯度下降的每個步驟中，我們對一小批範例中的損失梯度求平均值；當範例中的資料適中時，這樣做完全沒有問題，但是當資料過多時，這樣的做法會使得 JAX 在計算時耗費大量的時間。

解決的辦法就是 JAX 額外提供的 jax.vmap，它可以對函數進行「向量化」處理，也就是說它允許我們在輸入的某個軸上平行計算函數的輸出。簡單來說，就是可以應用 jax.vmap 函數向量化並立即獲得損失函數漸變的版本，該版本適用於小量範例。程式如下所示。

【程式 4-3】

```
import jax
import time
import jax.numpy as jnp
def sum_logistic(x):
    return jnp.sum(1.0 / (1.0 + jnp.exp(-x)))
start = time.time()
x_small = jnp.arange(1024000.)
derivative_fn = (jax.grad(sum_logistic))
end = time.time()
print("迴圈執行時間:%.2f秒"%(end-start))
start = time.time()
x_small = jnp.arange(1024000.)
derivative_fn = jax.vmap(jax.grad(sum_logistic))
end = time.time()
print("迴圈執行時間:%.2f秒"%(end-start))
start = time.time()
x_small = jnp.arange(1024000.)
derivative_fn = jax.jit(jax.vmap(jax.grad(sum_logistic)))
end = time.time()
print("迴圈執行時間:%.2f秒"%(end-start))
```

結果列印如圖 4.6 所示。

```
迴圈執行時間:0.03秒
迴圈執行時間:0.00秒
迴圈執行時間:0.00秒
```

▲ 圖 4.6 執行時間

可以看到,隨著載入更多的 JAX 特性函數,計算時間依次遞減。

- 除前面介紹的這些函數外，再簡單介紹兩個函數：
- in_axes：是一個元組或整數，它告訴 JAX 函數參數應該對哪些軸平行化。元組應該與 vmap 函數的參數量相同，或只有一個參數時為整數。範例中，使用（None,0,0）是指「不在第一個參數（params）上平行化，並在第二個和第三個參數（x 和 y）的第一個（第 0 個）維度上平行化」。
- out_axes：類似於 in_axes，指定了函數輸出的哪些軸平行化。我們在範例中使用 0，表示在函數唯一輸出的第一個（第 0 個）維度上進行平行化（損失梯度）。

4.3 本章小結

本章在第 1 章的基礎上，繼續講解一些 JAX 的基礎特性，目的是讓讀者從多角度認識和掌握 JAX。本章開頭講解了 XLA 的工作原理，解釋了 JAX 之所以執行速度快的原因，這也是讀者為什麼要學習 JAX 的原因。

CHAPTER 05

JAX 的高級特性

上一章對 JAX 的一般特性做了介紹，但是僅了解這些是不夠的，JAX 的目的是希望取代 NumPy 成為下一代標準運算函數庫，因此其為撰寫高效的數字處理程式提供了簡單而強大的 API。本章將繼續講解 JAX 的一些高級特性，幫助讀者全面理解 JAX 的操作方式，以便能夠更有效地使用 JAX 完成工作目標。

5.1 JAX 與 NumPy

JAX 在應用上是想取代 NumPy 成為下一代標準運算函數庫。眾所皆知，NumPy 提供了一個功能強大的數字處理 API。JAX 吸取 NumPy 的優點並使之成為自己框架的部分，同時這也能在不改變使用者使用習慣的基礎上方便使用者快速掌握 JAX。

5.1 JAX 與 NumPy

- JAX 與 NumPy 的主要異同表現在以下幾點：
- JAX 提供了一個受 NumPy 啟發的介面。
- 同樣為了調配 Python 的多形性，JAX 可以作為 NumPy 的很好的替代 API。
- 與 NumPy 陣列不同，JAX 陣列總是不可變（immutable）的。

5.1.1 像 NumPy 一樣執行的 JAX

NumPy 最主要的用途就是對陣列進行處理，JAX 同樣可以對陣列進行計算，程式如下所示。

◯【程式 5-1】

```
import jax.numpy as jnp
x_jnp = jnp.linspace(0, 9, 10)
print(x_jnp)
```

列印結果如下所示：

[0. 1. 2. 3. 4. 5. 6. 7. 8. 9.]

同樣，JAX 也支援陣列間的計算，以最常用的矩陣乘法為例：

```
import jax.numpy as jnp
import jax.random
key = jax.random.PRNGKey(17)
mat_a = jax.random.normal(key,shape=[2,3])
mat_b = jax.random.normal(key,shape=[3,1])
print(jax.numpy.matmul(mat_a,mat_b))
print(jax.numpy.dot(mat_a,mat_b))
```

JAX 的高級特性　05

注意，這裡使用了 matmul 乘法和 dot 乘法，計算結果如圖 5.1 所示。

$$[[-1.6613321]$$
$$[\ 1.9448022]]$$
$$[[-1.6613321]$$
$$[\ 1.9448022]]$$

▲ 圖 5.1　計算結果

以上內容主要演示了 JAX 與 NumPy 在運算上的相同點，但是在前面講解 JAX 的時候也提到了，與 NumPy 一個非常大的不同之處在於，JAX 的陣列是不可變的。以下程式：

```
import jax.numpy as jnp
import jax.random
x_jnp = jnp.linspace(0, 9, 10)
x_jnp[0] = 17              # 這個敘述是錯誤的
print(x_jnp)
```

可以看到，這裡對於陣列的操作會顯示出錯，顯示出錯的提示如圖 5.2 所示。

```
Traceback (most recent call last):
  File "/mnt/c/Users/xiaohua/Desktop/JaxDemo/Tst.py", line 20, in <module>
    x_jnp[0] = 17
  File "/home/xiaohua/.local/lib/python3.8/site-packages/jax/_src/numpy/lax_numpy.py", line 6028,
    raise TypeError(msg.format(type(self)))
TypeError: '<class 'jaxlib.xla_extension.DeviceArray'>' object does not support item assignment.
```

▲ 圖 5.2　顯示出錯

對於顯示出錯的解釋我們先打出顯示出錯的 x_jnp 的資料型態，程式如下：

```
print(type(x_jnp))
```

5-3

5.1 JAX 與 NumPy

結果如下所示：

```
<class 'jaxlib.xla_extension.DeviceArray'>
```

可以看到，在 JAX 中陣列的類型並不是一個簡單的 array 類型，而是被 JAX 包裝成一個 DeviceArray 的「物件（Object）」，因此，像在 NumPy 中對陣列更改的簡單方式無法應用在 JAX 中對陣列進行修改。

那麼如何對定義好的陣列進行修改？JAX 為陣列物件提供了 set 函數來應對這個需求，程式如下：

```
import jax.numpy as jnp
import jax.random
x_jnp = jnp.linspace(0, 9, 10)
y_jnp = x_jnp.at[0].set(17)       # 注意等號設定陳述式，這裡新建了 y_jnp
print(f"x_jnp:{x_jnp}")
print(f"y_jnp:{y_jnp}")
```

列印結果如下所示：

```
x_jnp:[0. 1. 2. 3. 4. 5. 6. 7. 8. 9.]
y_jnp:[17. 1. 2. 3. 4. 5. 6. 7. 8. 9.]
```

> **注意**
>
> 修改後的 x_jnp 被給予值給了一個新的陣列 y_jnp，而原始的 x_jnp 即使在呼叫了 set 函數後，本身也沒有變化，這表現了在本節開始所提及的陣列的不可變性。

5.1.2 JAX 的底層實現 lax

JAX 為了加快執行速度，其所有的運算都是使用定義的內建函數來完成的，這在減少運算的複雜性的同時極大地提高了執行速度。而這一切的實現都是要歸功於 jax.lax 這一底層結構的實現，如圖 5.3 所示。

▲ 圖 5.3 jax.lax

下面比較一下同時使用 jax.numpy（以下簡稱 jnp）與 jax.lax（以下簡稱 lax）完成一個簡單步驟的不同之處，程式如下所示。

◯【程式 5-2】

```
import jax.numpy as jnp
print(jnp.add(1, 1.0))
from jax import lax
print(lax.add(1, 1))
print(lax.add(1, 1.0))
```

5.1 JAX 與 NumPy

結果如圖 5.4 所示。

```
2.0
2
Traceback (most recent call last):
  File "/mnt/c/Users/xiaohua/Desktop/JaxDemo/第五章/5_12.py", line 7, in <module>
    print(lax.add(1, 1.0))
  File "/home/xiaohua/.local/lib/python3.8/site-packages/jax/_src/lax/lax.py", line 344, in add
    return add_p.bind(x, y)
  File "/home/xiaohua/.local/lib/python3.8/site-packages/jax/core.py", line 267, in bind
    out = top_trace.process_primitive(self, tracers, params)
  File "/home/xiaohua/.local/lib/python3.8/site-packages/jax/core.py", line 612, in process_primitive
    return primitive.impl(*tracers, **params)
  File "/home/xiaohua/.local/lib/python3.8/site-packages/jax/interpreters/xla.py", line 274, in apply_primitive
    compiled_fun = xla_primitive_callable(prim, *unsafe_map(arg_spec, args), **params)
  File "/home/xiaohua/.local/lib/python3.8/site-packages/jax/_src/util.py", line 195, in wrapper
    return cached(config._trace_context(), *args, **kwargs)
  File "/home/xiaohua/.local/lib/python3.8/site-packages/jax/_src/util.py", line 188, in cached
    return f(*args, **kwargs)
  File "/home/xiaohua/.local/lib/python3.8/site-packages/jax/interpreters/xla.py", line 298, in xla_primitive_callable
    aval_out = prim.abstract_eval(*avals, **params)
  File "/home/xiaohua/.local/lib/python3.8/site-packages/jax/_src/lax/lax.py", line 2149, in standard_abstract_eval
    return ShapedArray(shape_rule(*avals, **kwargs), dtype_rule(*avals, **kwargs),
  File "/home/xiaohua/.local/lib/python3.8/site-packages/jax/_src/lax/lax.py", line 2231, in naryop_dtype_rule
    _check_same_dtypes(name, False, *aval_dtypes)
  File "/home/xiaohua/.local/lib/python3.8/site-packages/jax/_src/lax/lax.py", line 6686, in _check_same_dtypes
    raise TypeError(msg.format(name, ", ".join(map(str, types))))
TypeError: add requires arguments to have the same dtypes, got int32, float32.
```

▲ 圖 5.4 比較結果

可以看到，當使用 jnp 進行數值計算時，結果可以直接列印；當使用 lax 進行數值計算時，必須要求資料的類型相同，而當使用不同的資料型態時候，程式會提示資料型態無法判斷而 顯示出錯。

這是 XLA 具有嚴格數值驗證的例子，當然，如果使用者在某些條件下必須對不同類型的資料操作，則可以採用以下方法：

```
print(lax.add(jnp.float32(1), 1.0))
```

請讀者自行驗證。

5.1.3 平行化的 JIT 機制與不適合使用 JIT 的情景

無論是 Python 原生的計算方法還是 NumPy 實現的程式計算順序，依次運算是程式執行的基本操作，但是在 JAX 的 JIT 模型中，平行化計算思想取代了順序模型成為計算的主流思想。

下面舉一個前面列舉過的例子，使用 jax.jit 包裝計算函數，程式如下所示。

● 【程式 5-3】

```
import jax
import time
def norm(X):
    X = X - X.mean(0)
    return X / X.std(0)
key = jax.random.PRNGKey(17)
x = jax.random.normal(key,shape=[1024,1024])
start = time.time()
norm(x)
end = time.time()
print(" 迴圈執行時間 :%.2f 秒 "%(end-start))
jit_norm = jax.jit(norm)
start = time.time()
jit_norm(x)
end = time.time()
print(" 迴圈執行時間 :%.2f 秒 "%(end-start))
```

這裡實現了一個求解正則化的函數例子，並對同樣的計算函數分別採用了直接計算和使用 jit 包裝的形式，計算時間如圖 5.5 所示。

5.1 JAX 與 NumPy

```
迴圈執行時間:0.11秒
迴圈執行時間:0.08秒
```

▲ 圖 5.5 計算時間

可以很明顯地看到，在有 JIT 編譯的情況下，程式的執行時間縮短了約 50%。

但是這並不表示在所有情況下 JIT 都適合，一個非常本質的要求就是由於 JIT 採用了預先編譯機制，因此其計算的資料維度必須是不可變的，從而無法在執行時期對陣列或矩陣的維度大小進行修改。

舉個例子，程式如下所示：

```
def get_negatives(x):
    return x[x < 0]          #對於傳入的函數維度並不確定
x = jax.random.normal(key,shape=[10,10])
print(get_negatives(x).shape)
jax.jit(get_negatives)(x)
```

列印結果如圖 5.6 所示。

```
(49,)
Traceback (most recent call last):
  File "/mnt/c/Users/xiaohua/Desktop/JaxDemo/第五章/5_13.py", line 28, in <module>
    jax.jit(get_negatives)(x)
  File "/home/xiaohua/.local/lib/python3.8/site-packages/jax/_src/traceback_util.py", line 162, i
    return fun(*args, **kwargs)
  File "/home/xiaohua/.local/lib/python3.8/site-packages/jax/_src/api.py", line 412, in cache_mis
    out_flat = xla.xla_call(
  File "/home/xiaohua/.local/lib/python3.8/site-packages/jax/core.py", line 1616, in bind
    return call_bind(self, fun, *args, **params)
  File "/home/xiaohua/.local/lib/python3.8/site-packages/jax/core.py", line 1607, in call_bind
```

▲ 圖 5.6 列印結果

可以看到，對於結果維度無法準確判定的函數，在單純地使用 JAX 原生函數進行計算時沒有任何問題，而當需要使用 JIT 模型對其進行修正時則會顯示出錯。這是由於我們設計的 negatives 函數對於輸出的值並沒有一個確定的輸出維度，該函數生成的陣列的形狀在編譯時是未知的，輸出的大小取決於輸入陣列的值，因此它與 JIT 不相容。

5.1.4 JIT 的參數詳解

透過上面的例子可知，JIT 的使用有一個非常大的限制，就是 JIT 所包裝函數的輸入和輸出的維度需要唯一確定，而對於需要被 JIT 包裝的參數部分，同樣需要特殊處理。

要想更進一步地理解 JIT 的使用，在實際中了解它是執行原理的非常有幫助。我們在 JIT 編譯的函數中放入一些 print() 敘述，然後呼叫該函數，程式如下所示。

◯【程式 5-4】

```
import jax
import jax.numpy as jnp
def f(x, y):
    print("Running f():")
    print(f"  x = {x}")
    print(f"  y = {y}")
    result = jnp.dot(x + 1, y + 1)
    print(f"  result = {result}")
    return result
key = jax.random.PRNGKey(17)
x = jax.random.normal(key,shape=[5,3])
y = jax.random.normal(key,shape=[3,4])
f(x,y)
```

5.1 JAX 與 NumPy

```
print("-----------------------------")
jax.jit(f)(x,y)
```

列印結果如圖 5.7 所示。

```
Running f():
  x = [[-0.3035631  -0.5385432  -0.13892826]
 [-0.7457729  -0.7119962   0.17087664]
 [ 1.4855958  -0.37861001 -0.88547885]
 [-0.99209476  1.075987   -0.4434182 ]
 [-0.67147267 -1.1703014   0.76593316]]
  y = [[ 0.41051763 -0.8283933  -0.03495334 -0.2835107 ]
 [ 0.9430763  -0.9985416   0.68794525  2.5126119 ]
 [ 1.5571843  -1.584953    0.69428235  1.205682  ]]
  result = [[ 4.080901   -0.3835002   2.9099064   4.0191584 ]
 [ 3.9123526  -0.6408606   2.7152712   3.7763782 ]
 [ 5.0062366   0.36046168  3.6416192   4.216202  ]
 [ 5.4682336  -0.32118994  4.4547877   8.525442  ]
 [ 4.648301   -0.9768587   3.021574    3.5322704 ]]
-----------------------------
Running f():
  x = Traced<ShapedArray(float32[5,3])>with<DynamicJaxprTrace(level=0/1)>
  y = Traced<ShapedArray(float32[3,4])>with<DynamicJaxprTrace(level=0/1)>
  result = Traced<ShapedArray(float32[5,4])>with<DynamicJaxprTrace(level=0/1)>
```

▲ 圖 5.7 列印結果

透過對比列印結果可以很明顯地看到，經過 JIT 包裝後的函數在執行 print 敘述時，它不是列印我們傳遞給函數的資料，而是列印代替這些資料的「追蹤物件」(tracer object)。

這些所謂的「追蹤物件」被 JIT 使用的目的是用於提取函數指定的操作序列，生成函數內陣列的形狀和類型的複製品。從而使得函數在記憶體中生成一個預先編譯的基本複製品，而無須在每次呼叫函數時進行生成。

這樣就極佳地解釋了為何 JIT 編譯的函數必須有一個明確的輸出維度。如果將其推演到參數中，能夠得到這樣的結論，即輸出的參數也必須有一個明確的維度。讀者可以嘗試執行以下函數：

```
@jax.jit
def f(x, neg):
    return -x if neg else x
f(1, True)
```

執行此程式碼部分的結果是程式顯示出錯，究其原因可以知道，JIT 追蹤的參數並沒有一個固定的標籤，即正負號在預先編譯時無法被確認。

解決辦法就是引入 partial 函數，這是一個顯性地強調資料型態的函數，使用範例如下：

```
from functools import partial
@partial(jax.jit, static_argnums=(1,))
def f(x, neg):
    return -x if neg else x
print(f(1, True))
```

結果如圖 5.8 所示。

```
WARNING:absl:No GPU/TPU found, falling back to CPU.
-1

Process finished with exit code 0
```

▲ 圖 5.8 列印結果

◀» 注意

使用 partial 函數會使得被定義的函數在「每次」函數呼叫時進行編譯，從而使得被 JIT 包裝後的函數執行在特定位置時故障，這種操作稱為「靜態操作」。理解哪些值和操作將是靜態的，哪些將被追蹤，是有效使用 JIT 的關鍵。

5-11

5.2 JAX 程式的撰寫規範要求

在 Python 中已經習慣使用 import 匯入對應的套件，然後使用包中的函數去完成程式設計要求，然而這在 JAX 中是遠遠不夠的。JAX 能夠使用 CPU 或 GPU（TPU）編譯數值程式，適用於許多數值和科學計算程式，但只有在撰寫這些程式帶有符合規範要求的限制條件時才適用。

5.2.1 JAX 函數必須要為純函數

純函數（Pure function）的概念是一個函數的返回結果只依賴其參數，並且執行過程中沒有副作用。純函數要滿足以下 3 點：

- 相同輸入總是會返回相同的輸出：返回值只和函數參數有關，與外部無關。無論外部發生什麼樣的變化，函數的返回值都不會改變。
- 不產生副作用：函數執行的過程中對外部產生了可觀察的變化，我們就說函數產生了副作用。
- 不依賴於外部狀態：函數執行的過程中不會對外部產生可觀測到的變化。

下面舉例說明純函數，程式如下所示。

◯【程式 5-5】

```
import jax
import jax.numpy as jnp
# 名稱的中文釋義：會帶來列印副作用函數
def impure_print_side_effect(x):
    print(" 實施函數計算 ")  # This is a side-effect
```

```
    return x
print ("First call: ", jax.jit(impure_print_side_effect)(4.))
print("--------------------")
print ("Second call: ", jax.jit(impure_print_side_effect)(5.))
print("--------------------")
print ("Third call, different type: ", jax.jit(impure_print_side_effect)
(jnp.array([5.])))
```

我們預先定義了一個會帶來列印副作用的函數，每次呼叫這個函數時使用 "----------------" 進行分割，列印結果如圖 5.9 所示。

```
實施函數計算
First call:  4.0
--------------------
Second call:  5.0
--------------------
實施函數計算
Third call, different type:  [5.]
```

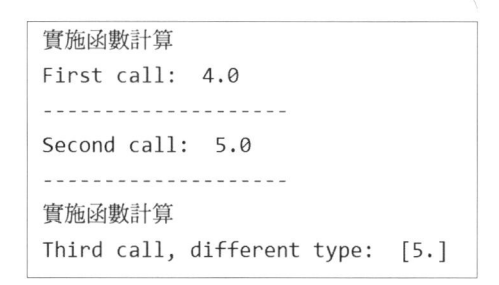

▲ 圖 5.9 分割結果

可以看到，即使同一個函數因為呼叫的次數不同，列印輸出結果也不同。在第 1 次和第 2 次呼叫時，由於輸入的資料型態一致，因此在第 2 次呼叫時候，觸發了 JIT 的快取機制，部分函數本體內部的資料沒有被列印，而在第 3 次呼叫函數時由於改變了輸入的資料型態，從而使得函數本體的輸出又一次發生了變換，因此預先定義的函數並不能被稱為「純函數」。

更詳細的解釋是，當函數第一次被呼叫時函數本體被快取，函數第 2 次被呼叫時可以觸發快取機制從而使用快取的函數；而當第 3 次函數被呼叫時，由於函數輸入的資料型態發生了變化，快取的那部分函數無法

5.2 JAX 程式的撰寫規範要求

被使用而需要重新對函數進行快取，因此這樣的函數不能被稱為「純函數」。

下面再舉一個例子來說明函數內部參數影響外部參數的情形，程式如下：

```
g = 0.
def impure_saves_global(x):
    global g
    g = x
    return x
print ("First call: ", jax.jit(impure_saves_global)(4.))
print ("Saved global: ", g)
```

本例中參數 g 被定義為全域參數，之後在函數本體內部對 g 的值進行修正，列印結果如下：

```
First call:  4.0
Saved global:   Traced<ShapedArray(float32[], weak_type=True)>with<DynamicJaxprTrace(level=0/1)>
```

下面列舉一個純函數的例子，無論外部發生什麼變化，輸出結果類型總是不變，程式如下：

```
def pure_uses_internal_state(x):
    state = dict(even=0, odd=0)
    for i in range(10):
        state['even' if i % 2 == 0 else 'odd'] += x
    return state['even'] + state['odd']
print(jax.jit(pure_uses_internal_state)(3.))
print(jax.jit(pure_uses_internal_state)(jnp.array([5.])))
```

列印結果如下所示：

```
30.0
[50.]
```

5-14

這是一個純函數，因為計算結果並沒有對外部函數做出任何影響，因而無需在外部快取函數。

5.2.2 JAX 中陣列的規範操作

在陣列的更新中，我們常常會遇到變更陣列某一個維度的問題，如圖 5.10 所示。

```
original array:
[[0. 0. 0.]
 [0. 0. 0.]
 [0. 0. 0.]]
updated array:
[[0. 0. 0.]
 [1. 1. 1.]
 [0. 0. 0.]]
```

▲ 圖 5.10 變更陣列的維度

如果我們簡單地仿照 NumPy 對維度更新的例子，程式如下：

```
import jax
import jax.numpy as jnp
jax_array = jnp.zeros((3,3), dtype=jnp.float32)
print(jax_array)
jax_array[1, :] = 1.0
```

可以看到，透過維度值變換的想法是失敗的，這是由於允許變數轉換的方法會使得程式分析和轉換變得非常困難，JAX 需要數值程式的純函數運算式。

JAX 中也提供了對應的函數操作去解決這些問題，可以使用 index_update、index_add、index_min、index_max 函數對陣列操作，程式如下所示。

5.2 JAX 程式的撰寫規範要求

【程式 5-6】

```
import jax
import jax.numpy as jnp
jax_array = jnp.zeros((3,3), dtype=jnp.float32)
#print(jax_array)
from jax.ops import index, index_add, index_update,index_max,index_mul
print("原始陣列:",jax_array)
print("----------------------------")
new_jax_array = index_update(jax_array, index[1, :], 1.)
print("new_jax_array:",new_jax_array)
print("----------------------------")
new_add_jax_array = index_add(jax_array,index[1,:],1.)
print("new_add_jax_array:",new_add_jax_array)
print("----------------------------")
max_jax_array = index_max(jax_array,index[1,:],-1)
print("neg_max_jax_array:",max_jax_array)
max_jax_array = index_max(jax_array,index[1,:],1)
print("pos_max_jax_array:",max_jax_array)
print("----------------------------")
```

請讀者建立新的陣列自行驗證

```
mul_jax_array = index_mul(jax_array,index[1,:],2)
print("mul_jax_array:",mul_jax_array)
```

這裡分別使用了 index_update、index_add、index_max 以及 index_mul 函數進行計算，結果列印如圖 5.11 所示。

```
原始数组: [[0. 0. 0.]
 [0. 0. 0.]
 [0. 0. 0.]]
----------------------------
new_jax_array: [[0. 0. 0.]
 [1. 1. 1.]
 [0. 0. 0.]]
----------------------------
new_add_jax_array: [[0. 0. 0.]
 [1. 1. 1.]
 [0. 0. 0.]]
----------------------------
neg_max_jax_array: [[0. 0. 0.]
 [0. 0. 0.]
 [0. 0. 0.]]
pos_max_jax_array: [[0. 0. 0.]
 [1. 1. 1.]
 [0. 0. 0.]]
----------------------------
mul_jax_array: [[0. 0. 0.]
 [0. 0. 0.]
 [0. 0. 0.]]
```

▲ 圖 5.11 列印結果

這裡只需要遵守 JAX 編碼規範即可，最後一個 mul 計算請讀者重新建立新的陣列自行驗證。

JAX 與 NumPy 和 Python 不同的是，對於陣列越界的處理，Python 和 NumPy 是直接顯示出錯提示陣列越界，而在 JAX 中，陣列越界並不會有提示，而是舉出邊界數值進行回饋。舉個例子：

◯【程式 5-7】

```
import jax
import jax.numpy as jnp
array = jnp.arange(9)
print(array)
print(array[-1])
print(array[11])
```

5.2 JAX 程式的撰寫規範要求

列印結果如圖 5.12 所示。

```
[0 1 2 3 4 5 6 7 8]
8
8
```

▲ 圖 5.12 陣列越界的列印結果

對於陣列的求和操作，JAX 要求被操作的資料型態必須是在 JAX 中定義的陣列，否則會顯示出錯。正確的寫法如下：

```
print(jnp.sum(jnp.arange(9)))
```

而採用以下寫法 JAX 會顯示出錯：

```
print(jnp.sum(range(9)))
```

直接採用 sum 對 arange 生成的陣列進行計算的話，這又隱式地包含一個效率問題，這是因為陣列在 JAX 內部傳遞過程中依次進行傳遞，而依次傳遞則無可避免地帶來效率問題。為了解決陣列在傳遞過程中的效率問題，建議在計算前使用 jnp.array 對陣列進行包裝，程式如下所示：

```
print(jnp.sum(jnp.array(jnp.arange(9))))
```

5.2.3 JIT 中的控制分支

1. 控制分支對 grad 的影響

前面我們提到 grad 是 JAX 加速函數執行的一大法寶，在使用 grad 時，基本上全為線性函數，不存在 if 這樣的控制分支。那麼當需要使用控制分支的函數任務時，grad 將如何處理呢？

我們舉一個簡單例子：

```
def f(x):
    if x < 3:
        return 3. * x ** 2
    else:
        return -4 * x
```

這是一個典型的具有分支判定的函數內容，這裡分別使用了 2 個函數：

$$\text{grad}(3x^2) -> 6x$$
$$\text{grad}(-4x) -> -4$$

分支函數根據不同的輸入生成不同的結果，那麼這樣的函數能否使用 grad 進行判定？程式如下所示。

◯【程式 5-8】

```
import jax
from jax import random
import jax.numpy as jnp
def f(x):
    if x < 3:
        return 3. * x ** 2
    else:
        return -4 * x
print(jax.grad(f)(2.))
print(jax.grad(f)(3.))
```

這裡準備了 2 個數，分別在設定值判斷的分界線兩側，列印結果如下所示：

12.0
-4.0

可以看到，程式生成了 2 個結果，由手工計算的導數可知，這是根據分界的不同而生成了 2 個新的求導函數結果。

> **◀ 注意**
> 這裡傳入函數的參數都是浮點數，如果傳入整數參數則會顯示出錯，有興趣的讀者可以自行驗證。

2. 控制分支對 JIT 的影響

下面介紹一下控制分支在 JIT 影響下的工作狀態，還是以上面帶有分支的函數為例，我們使用 JIT 對其進行加速，程式如下所示：

```
def f(x):
    if x < 3:
        return 3. * x ** 2
    else:
        return -4 * x
f_jit = jax.jit(f)
print(f_jit(2.))
```

列印結果如圖 5.13 所示。

```
File "/home/xiaohua/.local/lib/python3.8/site-packages/jax/_src/traceback_util.py", line 162,
  return fun(*args, **kwargs)
File "/home/xiaohua/.local/lib/python3.8/site-packages/jax/_src/api.py", line 412, in cache_m
  out_flat = xla.xla_call(
File "/home/xiaohua/.local/lib/python3.8/site-packages/jax/core.py", line 1616, in bind
  return call_bind(self, fun, *args, **params)
File "/home/xiaohua/.local/lib/python3.8/site-packages/jax/core.py", line 1607, in call_bind
  outs = primitive.process(top_trace, fun, tracers, params)
```

▲ 圖 5.13 列印結果

這裡只截取了一部分內容，其實也可以看到，當 JIT 應用到當前函數中是會發生錯誤的。當使用 JIT 編譯一個函數時，我們通常希望編譯一個適用於許多不同參數值的函數版本，這樣就可以快取和重用編譯後的程式，而不必在每次函數求值時都重新編譯。

舉例來說，對於陣列 jnp.array([1,2,3])，我們可能希望編譯一些可以重用的程式，以便在編譯 jnp.array([4,5,6]) 時節省時間。

在更為底層的 JAX 原始程式設計中，JIT 追蹤的是輸入函數中的資料型態，而非具體數值本身。舉例來說，如果對抽象資料型態 ShapedArray((3,)，jnp.Float 32) 進行追蹤，我們將得到一個函數的視圖，該函數可用於對應陣列集合中的任何具體值。這表示可以節省編譯時間。

但是這種做法有一個問題，舉例來說，當函數中含有分支結構（例如 x<3 或 x>=3）時，此時 JIT 追蹤的會被隨機歸併成一個「布林值（jnp.bool_）」，而非一個具體的數值抽象類別型 ShapedArray((3,)，jnp.Float 32)（JIT 追蹤的不是這個！），代表輸入的真或假，但是此時程式在重用時，JIT 不知道應該採用哪個分支，因此無法對其進行追蹤。

解決辦法就是使用更高級的函數建構體對其進行支持，並使用更為嚴格的規範顯性告訴 JIT 如何去處理這種不確定分支結構。例如將上例中的 JIT 改成以下形式：

```
f = jax.jit(f, static_argnums=(0,))    #0 在下面解釋
```

📢 注意

其中的 static_argnums=(0,) 敘述是明確告訴 JIT，儲存的參數是一個 0 維的值，所謂的 0 維是單一參數。

下面再舉一個例子說明 JIT 在處理控制流問題上的辦法，使用以下函數：

5.2 JAX 程式的撰寫規範要求

```
def example_fun(length, val):
    return jnp.ones((length,)) * val
```

這是一個根據傳入數值大小建構一個陣列並做處理的函數，我們執行並列印結果：

```
print(example_fun(5, 4))
jit_example_fun = jax.jit(example_fun)
print(jit_example_fun(5,4))
```

可以看到，當列印第一個函數本體時，結果能夠正常顯示，而當我們採用 JIT 包裝了範例函數後，程式顯示出錯，這同樣是由於 JIT 在進行快取時會生成一個確定的抽象資料型態，而我們在傳入時卻傳入一個整數。解決辦法如下所示：

```
jit_example_fun = jax.jit(example_fun,static_argnums=(0,))
```

此時的結果如下所示：

```
[4. 4. 4. 4. 4.]
[4. 4. 4. 4. 4.]
```

這裡雖然使用了 static_argnums 顯性地告訴 JIT 我們需要傳入的參數，但是使用 static_argnums 依舊還是非常危險，請盡可能地在程式設計中保證傳入參數的唯一特性。

> **◀ 注意**
> 由於 JIT 將所包裝的函數快取成一個特殊結構，因此不建議在函數本體內部對資料進行列印。

5.2.4 JAX 中的 if、while、for、scan 函數

前面介紹了控制分支的一些使用情況，主要涉及 JAX 中的加速機制對控制分支的影響，下面介紹如何使用 JAX 的控制並了解其使用方法。控制結構的程式流程如圖 5.14 所示。

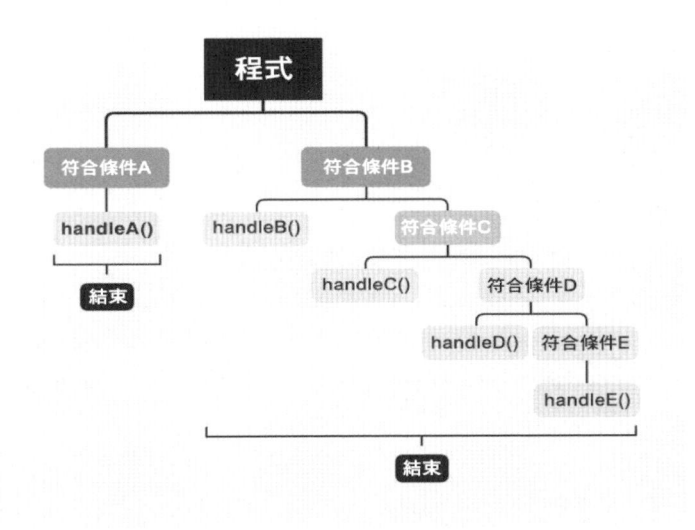

▲ 圖 5.14 控制結構流程

JAX 中有很多控制流的選項，但是由於快取機制的存在，同時也希望避免重新編譯，但仍然希望使用可追蹤的控制流並避免展開大迴圈，這時可以使用以下 4 個結構化的控制流函數：

- lax.cond：條件陳述式，等於 if。
- lax.while_loop：迴圈敘述，等於 while 敘述。
- lax.fori_loop：迴圈敘述，等於 for 敘述。
- lax.scan：對陣列操作的函數。

5.2 JAX 程式的撰寫規範要求

> 🔊 **注意**
>
> JAX 中進行控制的敘述都被定義成函數,而非普通 Python 中的關鍵字。

1. cond 函數

cond 是 JAX 中的條件判斷敘述,等於 JAX 中的 if-else 關鍵字,使用方法如下所示。

🔻【程式 5-9】

```
from jax import lax
import jax.numpy as jnp
operand = jnp.array([0.])
#lambda 是匿名函數的關鍵字,整個敘述請參考對比函數
print(lax.cond(True, lambda x: x + 1, lambda x: x - 1, operand))
print(lax.cond(False, lambda x: x + 1, lambda x: x - 1, operand))
print("-------------------------------")
def add_fun(x):
    return x + 1.
def subtraction_fun(x):
    return x - 1.
print(lax.cond(True, add_fun, subtraction_fun, operand))
print(lax.cond(False, add_fun, subtraction_fun, operand))
```

在解釋 lax.cond 函數之前,我們對其原始程式進行一下解析。圖 5.15 是 cond 原始程式部分,可以看到 cond 需要傳入 4 個參數,分別是:

- pred:對 cond 函數進行判定的預測值,必須是布林類型。
- true_fun:當預測值為正回饋的函數。
- false_fun:當預測值為負反饋的函數。
- operand:傳入的操作物件。

上面程式中 cond 的用法請讀者自行驗證。當然可以進一步對程式 5-9 程式進行修改，如下所示：

```
x = 0
def add_fun(x):
    return x + 1.
def subtraction_fun(x):
    return x - 1.
print(lax.cond(x > 0, add_fun, subtraction_fun, x))
print(lax.cond(x <= 0, add_fun, subtraction_fun, x))
```

```
def cond(pred, true_fun: Callable, false_fun: Callable, operand):
  """Conditionally apply ``true_fun`` or ``false_fun``.

  ``cond()`` has equivalent semantics to this Python implementation::

    def cond(pred, true_fun, false_fun, operand):
      if pred:
        return true_fun(operand)
      else:
        return false_fun(operand)

  ``pred`` must be a scalar type.
```

▲ 圖 5.15 cond 原始程式

2. while_loop 函數

　　while_loop 函數，從名稱上可以看到它實際上等於 Python 中的 while 關鍵字。首先看一下 while_loop 函數的原始程式，如圖 5.16 所示。

5-25

5.2 JAX 程式的撰寫規範要求

```
@api_boundary
def while_loop(cond_fun: Callable[[T], bool],
               body_fun: Callable[[T], T],
               init_val: T) -> T:
  """Call ``body_fun`` repeatedly in a loop while ``cond_fun`` is True.

  The type signature in brief is

  .. code-block:: haskell

    while_loop :: (a -> Bool) -> (a -> a) -> a -> a

  The semantics of ``while_loop`` are given by this Python implementation::

    def while_loop(cond_fun, body_fun, init_val):
      val = init_val
      while cond_fun(val):
        val = body_fun(val)
      return val
```

▲ 圖 5.16 while_loop 函數的原始程式

從原始程式中可以看到，while_loop 函數需要 3 個參數：

- cond_fun：條件判定函數。
- body_fun：執行函數。
- init_val：初始化。

函數啟動時，初始化參數首先將攜帶的參數傳遞給函數內部的計算參數，之後根據條件判定函數使用 Python 中的 while 關鍵字迴圈執行函數，當條件判定故障後，即結束執行輸出結果。具體使用如下所示：

```
init_val = 0
def cond_fun(x):
    return x < 17
def body_fun(x):
    return x + 1
y = lax.while_loop(cond_fun, body_fun, init_val)
print(y)
```

結果請讀者自行驗證。

3. for_loop 函數

下面講解一下 fori_loop 函數的使用，其對應的原始程式如圖 5.17 所示。

```
def fori_loop(lower, upper, body_fun, init_val):
    """Loop from ``lower`` to ``upper`` by reduction to :func:`jax.lax.while_loop`.

    The type signature in brief is

    .. code-block:: haskell

      fori_loop :: Int -> Int -> ((Int, a) -> a) -> a -> a

    The semantics of ``fori_loop`` are given by this Python implementation::

      def fori_loop(lower, upper, body_fun, init_val):
        val = init_val
        for i in range(lower, upper):
          val = body_fun(i, val)
        return val
```

▲ 圖 5.17 fori_loop 函數的原始程式

fori_loop 函數需要傳入 4 個參數：

- lower：迴圈值的下界，即迴圈開始的起始值。
- upper：迴圈值的上界，即迴圈結束時的終值值。
- body_fun：fori_loop 函數執行時期被迴圈執行的主體函數。
- init_val：主體函數中的參數初始化值。

透過原始程式可以了解到 fori_loop 函數的使用，即對於初始化的參數，函數本體在內部呼叫 Python 中的 for 關鍵字並在條件下對函數主體進行計算，返回最終結果。程式如下所示（請注意形式參數的字元意義）：

5-27

5.2 JAX 程式的撰寫規範要求

```
init_val = 0
start = 0
stop = 10
body_fun = lambda i,x: x+i     # 這裡傳入的是 2 個參數
print(lax.fori_loop(start, stop, body_fun, init_val))
```

相對於 while_loop 函數，fori_loop 函數在傳入的執行體中需要定義 2 個參數，分別是執行次數 i 以及目標參數 x，其中 i 是根據迴圈次數自行增加，而 x 則是需要計算的內容，當然也可以根據需要不將 i 納入計算中，僅對 x 進行計算即可。程式如下所示：

```
def body_fun(i,x):
    return x + 1
print(lax.fori_loop(start, stop, body_fun, init_val))
```

結果請讀者自行驗證。

4. scan 函數

scan 函數的作用是對陣列中的資料進行一個一個操作，原始程式如圖 5.18 所示。

```
def scan(f, init, xs, length=None):
    if xs is None:
        xs = [None] * length
    carry = init
    ys = []
    for x in xs:
        carry, y = f(carry, x)
        ys.append(y)
    return carry, np.stack(ys)
```

▲ 圖 5.18 scan 函數的原始程式

可以看到，scan 函數需要傳入 3 個參數：

- f：執行函數主體。
- init：初始化參數。
- xs：初始化需要計算的陣列。

從原始程式中可以看到，透過定義執行的 f 函數使得陣列中的資料被一個一個操作，如下所示：

```
def add_fun(i,x):
    return i+1.,x + 1.
print(lax.scan(add_fun, 0, jnp.array([1, 2, 3,4])))
```

◆ 注意

這裡定義的執行函數與 fori_loop 函數一樣，要求傳入 2 個函數同時進行計算並輸出。

5.3 本章小結

本章介紹了 JAX 的一些高級特性，講解了部分底層程式，以及為了配合 JIT 和 lax 特性而制定的一些最佳化內容，這部分內容具有較多的細節，很不容易掌握，同時也從側面反映出使用 JAX 撰寫出具有極強最佳化的程式是多麼的不容易。

本章還介紹了 JAX 程式的撰寫規範，詳細講解了 JAX 中的 grad 函數和 JIT 中對函數分支的處理，並演示了程式設計中最基本的 if、while、for、scan 函數的用法，而且透過範例展示了這些函數的執行方法。

5.3 本章小結

　　需要注意，JAX 在程式中預設使用的是單浮點數（float32、int32）資料，而非根據電腦系統使用雙精度（float64、int64）類型，這樣做的目的是為了節省程式設計的執行空間，如果讀者必須使用雙精度類型，則需要手動打開相關設定。

CHAPTER 06

JAX 的一些細節

前面章節對 JAX 的一些基本運算和操作規則做了講解，這只是一些初步的內容，除此之外，JAX 在執行時期還有很多特性。本章將以 JAX 細節講解為主，在幫助讀者複習部分結構用法的同時，提醒讀者更多需要注意的地方。

6.1 JAX 中的數值計算

　　JAX 在設計之初的目的就是取代 NumPy 進行數值計算，並在實現數值計算的基礎上期望能夠更進一步地利用硬體資源大大提高數值計算的速度。本節將深入介紹 JAX 數值計算的一些細節問題，從底層的角度講解其使用規則和方法。

6.1.1 JAX 中的 grad 函數使用細節

在前面章節中曾大量提到並使用 JAX 中的 grad 函數，grad 函數的作用是對函數進行「自動求導」，請讀者注意我們所使用的自動求導方法不同於 Python 一般函數庫（例如 NumPy）中的求導方式。在這些函數庫中我們使用數值本身來計算梯度，而 JAX 則直接使用函數，更接近於底層的數學運算。一旦讀者習慣了這種處理事情的方式，就會感覺很自然。程式中的損失函數實際上是參數和資料的函數，讀者會發現它的梯度就像在數學中一樣。

1. grad 函數必須使用浮點數

grad 函數必須使用浮點數資料。要理解這個要求，首先執行一下以下程式。

◯【程式 6-1】

```
import jax
import jax.numpy as jnp
# 這個程式是錯誤的，建議讀者先自行修正原因，解釋在下方
def body_fun(x):
    return x**2
print(jax.grad(body_fun)(1))
```

執行上述程式，系統會顯示出錯，從而無法繼續執行。這是由於在梯度計算時，JAX 規定了輸入的資料型態必須為浮點數，而不可以為整數，此時修正最後一行敘述，改成為以下形式：

```
print(jax.grad(body_fun)(1.))          # 注意這裡的 1 由整數變為浮點數 1
```

計算結果如下所示：

```
                    2.0
```

2. 同時獲取函數值與求導值

上述程式直接輸出了求導函數計算後的結果，而如果此時既需要獲取函數執行結果，又需要獲取求導結果，則可以使用以下 JAX 提供的求導函數。

◯【程式 6-2】

```
import jax
import jax.numpy as jnp
def body_fun(x):
    return x**2
print(jax.value_and_grad(body_fun)(1.))
```

列印結果如下所示：

```
(DeviceArray(1., dtype=float32, weak_type=True), DeviceArray(2., dtype=float32))
```

可以看到，這裡輸出的是 2 個值，第 1 個是函數本身的計算值，而第 2 個才是求導後的值。

3. 多元函數的求導

前面章節介紹的 grad 函數主要集中在單元的求導，即只有一個未知數需要對其求導，而在數學中還會有多元函數，即有對多元函數進行求導的需求。

$$f(x, y) = x \times y$$
$$d(x) = y$$
$$d(y) = x$$

如上式所示，我們設計了一個簡單的二元函數，分別對其進行求導，設計以下程式。

6.1 JAX 中的數值計算

● 【程式 6-3】

```
def body_fun(x,y):
    return x*y
grad_body_fun = jax.grad(body_fun)
x = (2.)
y = (3.)
print(grad_body_fun(x,y))
```

列印結果如下所示：

$$3.0$$

繼續對這個數值進行分析，將 y 的值設定為 3.0，那麼可以看到，單純使用 grad 函數對計算函數進行求導的過程，實際上就是求 $dy = \dfrac{f}{dx}$ 這一個偏導數。

但是如果需要對 2 個參數進行求導，或想要求取 $dx = \dfrac{f}{dx}$ 的值，該如何處理呢？解決方法如下所示。

● 【程式 6-4】

```
def body_fun(x,y):
    return x*y
grad_body_fun = jax.grad(body_fun)
x = (2.)
y = (3.)
# 關於參數 argnums 意義在下面講解
dx,dy = (jax.grad(body_fun, argnums=(0, 1))(x, y))
print(f"dx:{dx}")
print(f"dy:{dy}")
```

列印結果如下所示：

dx:3.0
dy:2.0

可以看到，當加入參數設定時，grad 函數可以自行對不同位置的數值進行求導。

返回到程式中，解決多元函數求導問題的方法是透過設定參數 argnums=(0, 1)，這個參數設定額度意義可參考下面的程式。

◯【程式 6-5】

```
def body_fun(x,y,z):
    return x*y*z
grad_body_fun = jax.grad(body_fun)
x = (2.)
y = (3.)
z = (4.)
print((jax.grad(body_fun, argnums=(0, 1,2))(x, y, z)))
```

程式中設定了 3 元方程組，期望對 3 元未知數進行求導，公式如下所示：

$$f(x,y,z) = x \times y \times z$$
$$d(x) = y \times z$$
$$d(y) = x \times z$$
$$d(z) = x \times y$$

此時根據輸入參數對其求導，執行程式後程式列印如下：

(DeviceArray(12., dtype=float32), DeviceArray(8., dtype=float32), DeviceArray(6., dtype=float32))

可以看到，這裡最終生成了 3 個結果，依次是 dx、dy 以及 dz 求導後的計算結果。此時如果修改成以下形式：

6.1 JAX 中的數值計算

```
print((jax.grad(body_fun, argnums=(0, 1,2,3))(x, y, z))) # 這個是錯誤的程式
```

程式執行後顯示出錯,因此可以認為這個參數的作用是顯示地提示程式需要求導的參數位置。

當然可以嘗試更多種方法,例如:

```
print((jax.grad(body_fun, argnums=(0, 1))(x, y, z)))
```

上述列印結果,請讀者自行查驗。

4. 對於含有多個返回值函數的求導

一般的函數都包含一個返回值,可還是會有部分函數包含 2 個或 2 個以上的返回值,grad 函數同樣也提供了處理的顯示參數,程式如下所示。

◯【程式 6-6】

```
def body_fun(x,y):
    return x*y,x**2+y**2
grad_body_fun = jax.grad(body_fun)
x = (2.)
y = (3.)
print((jax.grad(body_fun,has_aux=True)(x, y)))
```

這裡透過設定 has_aux=True 顯性地告訴 JAX 中的 grad 返回值有 2 個,列印結果如下:

```
(DeviceArray(3., dtype=float32), DeviceArray(13., dtype=float32, weak_type=True))
```

6.1.2 不要撰寫帶有副作用的程式──
JAX 與 NumPy 的差異

在一定程度上，NumPy 的 API 可以無縫平移到 JAX 中使用，可以說 JAX API 緊接 NumPy 的 API。然而還是有一些重要的區別的。

最重要的區別就是 JAX 是被設計為函數式的，就像函數式程式設計一樣（例如 Scala 語言）。這背後的原因是 JAX 支援的程式轉換類型在函數式程式中更可行。

關於函數式程式設計在這裡不加介紹，有興趣的讀者可以參考學習 Scala 這個專門用作資料分析的函數式程式語言。這裡說一下使用函數式程式設計的好處──不需要撰寫帶有副作用的程式。副作用是指沒有出現在輸出中的函數所帶來的其他影響。一個明顯的例子如下所示：

```
import numpy as np
x = np.array([1, 2, 3])
def in_place_modify(x):
    x[0] = 123
    return None
in_place_modify(x)
print(x)
```

可以很明顯看到程式執行後，外部資料 x 的數值被修改，這就是造成了副作用。

在 JAX 中，由於 JAX 在設計之初就確定了由其包裝的資料無法被修改，因此在一定程度上杜絕了副作用的產生。

前面我們在講解純函數額度時提到，無副作用的程式有時被稱為純函數。純函數由於需要額外在儲存中間生成一個資料，會不會降低 JAX 的效率？嚴格來說，會降低效率。

然而 JAX 計算通常是在 JAX 使用 JIT 編譯之後進行，對編譯器來說，新生成的是一個必須生成的「資料範本」，而在執行時期只需將資料注入已經生成的「範本」即可。

> **注意**
> 如果有必要的話，可以將副作用的 Python 程式和純函數程式混合使用。

6.1.3　一個簡單的線性回歸方程式擬合

前面章節使用 JAX 完成了線性回歸和多層感知機的擬合問題，然而對其中的機制卻沒有詳細介紹，下面講解線性回歸方程式的擬合問題。

回歸輸出的是一個連續型的值，如圖 6.1 所示。線性回歸的思想本質就是找到一個多元的線性函數：

$$y = f(x) = \beta + a_0 x_0 + a_1 x_1 + a_2 x_2 + \cdots + a_n x_n$$

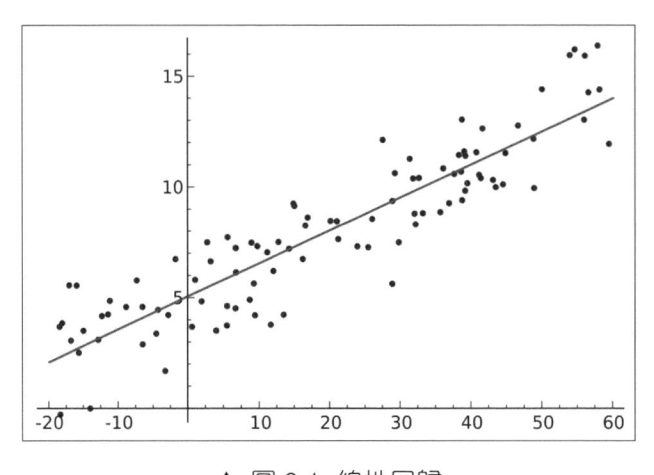

▲ 圖 6.1　線性回歸

當輸入一組特徵（也就是變數 x）的時候，模型輸出一個預測值 y = f(x)，我們要求這個預測值盡可能準確，那麼怎麼樣才能做到盡可能準確呢？

這要求我們建立一個評價指標來評價模型在資料集上的誤差，當這個誤差達到最小的時候，模型的擬合性最強。在線性回歸中我們常用的是均方誤差來評估擬合的誤差：

$$\text{mse} = \frac{1}{n}\sum_{i=1}^{n}(y - f(x))^2$$ （其中 y 表示真實值，f(x) 為預測值）

對於資料的更新，我們在前面介紹了使用梯度下降演算法對參數進行更新，對於新的參數可以使用以下公式進行更新：

$$\text{params} = \text{params} - \alpha \times \text{grad}(\text{loss})$$
$$\text{loss} = \text{mse}(y\_true, y\_pred)$$

1. 資料準備

我們完成一個簡單的線性回歸方程式，公式如下所示：

$$y = 0.929 \times x + 0.214$$

這是一個簡單的線性方程，可以根據其公式定義預先生成若干資料，程式如下所示：

```
import jax
import jax.numpy as jnp
key = jax.random.PRNGKey(17)
xs = jax.random.normal(key,(1000,))
a = 0.929
b = 0.214
ys = a * xs + b
```

此處隨機準備了一個長度為 1000 的陣列，定義了方程式參數 a 與 b，之後根據定義的方程式得到標準值。

2. 分步模型設計講解

下面需要對模型進行設計，在本例中我們遵循對線性回歸方程式的分析，採用均方誤差 mse 作為損失函數，並使用梯度下降的方法對其進行更新，逐一對應的程式如下所示：

```
# 初始化模型參數中需要使用的 a 與 b 的值
params = jax.random.normal(key,(2,))
print(params)                          # 列印初始化的 a 與 b 值
# 建立模型
def model(params,x):
    a = params[0];b = params[1]        # 提取參數
    y = a * x + b
    return y
# 建立損失函數的損失計算模式
def loss_fn(params, x, y):
    prediction = model(params, x)
    return jnp.mean((prediction-y)**2)
# 選擇參數更新方法
def update(params, x, y, lr=1e-3):
    return params - lr * jax.grad(loss_fn)(params, x, y)
```

筆者準備了一個基本的模型並隨機生成模型所需要的參數，之後的損失函數設計也遵循前面所設定的採用計算均方誤差的方式實現。而對於參數更新則採用梯度下降演算法，根據梯度下降的公式修正參數的數值。完整訓練程式如下所示。

【程式 6-7】

```
import jax
import time
import jax.numpy as jnp
key = jax.random.PRNGKey(17)
xs = jax.random.normal(key,(1000,))
a = 0.929
b = 0.214
ys = a * xs + b
params = jax.random.normal(key,(2,))
print(params)
def model(params,x):
    a = params[0];b = params[1]
    y = a * x + b
    return y
def loss_fn(params, x, y):
    prediction = model(params, x)
    return jnp.mean((prediction-y)**2)
def update(params, x, y, lr=1e-3):
    return params - lr * jax.grad(loss_fn)(params, x, y)
start = time.time()
for i in range(4000):
    params = update(params, xs, ys)
    if (i+1) %500 == 0:
        loss_value = loss_fn(params,xs,ys)
        end = time.time()
        print("迴圈執行時間:%.12f 秒 " % (end - start),f"經過 i 輪:{i}，現在的 loss 值為:{loss_value}")
        start = time.time()
print(params)
```

執行結果如圖 6.2 所示。

```
[-1.0040528  0.8092138]
迴圈執行時間:2.748265743256秒 經過i輪:499,現在的loss值為:0.5041994452476501
迴圈執行時間:2.435266494751秒 經過i輪:999,現在的loss值為:0.05714331194758415
迴圈執行時間:2.483029603958秒 經過i輪:1499,現在的loss值為:0.006477218121290207
迴圈執行時間:2.457360267639秒 經過i輪:1999,現在的loss值為:0.0007343154866248369
迴圈執行時間:2.402034521103秒 經過i輪:2499,現在的loss值為:8.32659425213933e-05
迴圈執行時間:2.394415855408秒 經過i輪:2999,現在的loss值為:9.445036994293332e-06
迴圈執行時間:2.383747816086秒 經過i輪:3499,現在的loss值為:1.0718812291088398e-06
迴圈執行時間:2.384536743164秒 經過i輪:3999,現在的loss值為:1.217618006421617e-07
[0.92867476 0.2140791 ]
```

▲ 圖 6.2 執行結果

可以看到，在執行了 4000 個 epoch 之後，參數已經擬合得非常接近我們預先設計的參數，而花費的時間約為 20 秒，這是一個非常不錯的成績。

3. 使用 JIT 加速擬合

在對模型的設計中，我們使用 JAX 完成了線性回歸方程式，但是這裡僅使用 JAX 完成了程式設計工作，而對於 JAX 中的其他部分，例如 JIT 加速，卻沒有顯性使用。下面加入 JIT 的加速部分，修改程式如下所示。

◎【程式 6-8】

```
import jax
import time
import jax.numpy as jnp
key = jax.random.PRNGKey(17)
xs = jax.random.normal(key,(1000,))
a = 0.929
b = 0.214
```

```
ys = a * xs + b
params = jax.random.normal(key,(2,))
print(params)
# 使用 jit 進行修飾
@jax.jit
def model(params,x):
    a = params[0];b = params[1]
    y = a * x + b
    return y
# 使用 jit 進行修飾
@jax.jit
def loss_fn(params, x, y):
    prediction = model(params, x)
    return jnp.mean((prediction-y)**2)
# 使用 jit 進行修飾
@jax.jit
def update(params, x, y, lr=1e-3):
    return params - lr * jax.grad(loss_fn)(params, x, y)
start = time.time()
for i in range(4000):
    params = update(params, xs, ys)
    if (i+1) %500 == 0:
        loss_value = loss_fn(params,xs,ys)
        end = time.time()
        print(" 迴圈執行時間 :%.12f 秒 " % (end - start),f" 經過 i 輪 :{i}，現在的 loss 值為 :{loss_value}")
        start = time.time()
print(params)
```

可以看到，其中的 3 個主要元件都是使用 JIT 進行修飾的，程式執行結果如圖 6.3 所示。

6.2 JAX 中的性能提高

```
[-1.0040528  0.8092138]
迴圈執行時間:0.161966562271秒 經過i輪:499, 現在的loss值為:0.5041995048522949
迴圈執行時間:0.001962423325秒 經過i輪:999, 現在的loss值為:0.057143330574035645
迴圈執行時間:0.001850128174秒 經過i輪:1499, 現在的loss值為:0.006477226037532091
迴圈執行時間:0.001839637756秒 經過i輪:1999, 現在的loss值為:0.0007343153702095151
迴圈執行時間:0.001864194870秒 經過i輪:2499, 現在的loss值為:8.326600072905421e-05
迴圈執行時間:0.001907110214秒 經過i輪:2999, 現在的loss值為:9.445036994293332e-06
迴圈執行時間:0.001860380173秒 經過i輪:3499, 現在的loss值為:1.0718738394643879e-06
迴圈執行時間:0.001885414124秒 經過i輪:3999, 現在的loss值為:1.2176045061096374e-07
[0.92867476 0.2140791 ]
```

▲ 圖 6.3 執行結果

經過同樣的執行次數後可知，當準確率相同時，所消耗的時間節省了 1200 倍，這個縮短的執行時間非常可觀。

注意

這個基本方法組成了幾乎所有用 JAX 實現的訓練迴圈的基礎。這個例子和實際的訓練迴圈的主要區別在於模型的簡單性，它允許我們使用一個陣列來容納所有的參數。

6.2 JAX 中的性能提高

透過上一節的程式可以看到，我們使用 JIT 修飾後函數可以獲得上千倍的速度提升，下面將繼續研究 JAX 中性能提高的非常重要的內容——JIT 的加速（見圖 6.4）。

本節將進一步探討 JAX 是執行原理的，以及如何提高它的性能。我們將呼叫 jax.jit 函數，執行 JAX Python 函數的 JIT 編譯工作，以便在 XLA 中有效地執行 jax.jit 函數。

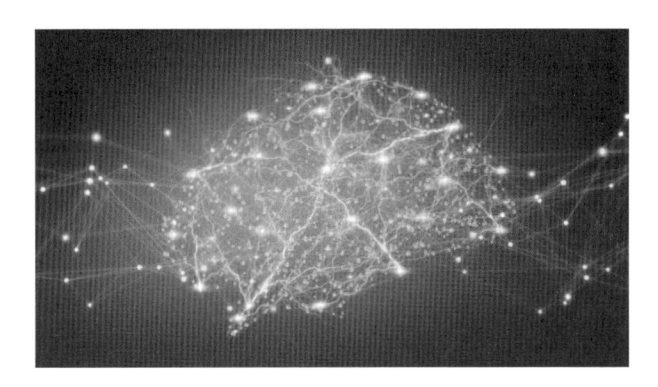

▲ 圖 6.4 JIT 的加速

6.2.1 JIT 的轉換過程

上一節介紹了 JAX 允許轉為 Python 函數。這是透過將 Python 函數轉為名為 jaxpr 的簡單中間語言來完成的，轉換後在 jaxpr 上工作。程式如下所示。

◯【程式 6-9】

```
import jax
import jax.numpy as jnp
global_list = []
# 這是一個非純函數
def log(x):
    # 這一行敘述破壞了純函數規則，請注意輸出這行敘述並沒有被執行
    global_list.append(x)
        ln_x = jnp.log(x)
    ln_2 = jnp.log(2.0)
    return ln_x / ln_2
print(jax.make_jaxpr(log)(3.0))
print(global_list)
```

最終結果如圖 6.5 所示。

```
{ lambda  ; a.
  let b = log a
      c = log 2.0
      d = div b c
  in (d,) }
[Traced<ShapedArray(float32[], weak_type=True)>with<DynamicJaxprTrace(level=1/0)>]
```

▲ 圖 6.5 執行結果

可以看到 jaxpr 是一種機器語言，根據既定的轉化規則對 Python 語言進行轉化，這裡需要注意的是，為了演示筆者特意準備了一個非純函數，而在使用 make_jaxpr 進行轉化的規則下，卻沒有對非純函數的敘述進行轉化，這是一個 JAX 特性而非 BUG。關於純函數部分讀者可以參考前面內容。

當然，我們仍然可以撰寫甚至執行非純函數，但是 JAX 在轉為 jaxpr 後不能保證它們的行為，如上例中 global_list 敘述並沒有被執行。這是因為 JAX 使用名為「追蹤」的處理程序生成 jaxpr。

JAX 在函數編譯時，會使用一個專門的名為 "trace" 的處理程序包裝當前函數本體內部的參數，這些處理程序記錄程式被呼叫時每個參數的執行過程。然後，JAX 使用處理程序的追蹤記錄重構整個函數，重建的輸出是 jaxpr。

此時，由於「副作用」敘述往往來自函數本體外部，導致 "trace" 處理程序無法 "wraps（包裹）" 參數，因此，JAX 無法對其進行追蹤，即重建後的敘述將不包括這些「副作用」敘述。

注意，Python print() 函數不是純函數，文字輸出同樣也是函數的副作用。因此，任何 print() 呼叫只會在追蹤期間發生，而不會出現在 jaxpr

中。程式如下：

```
def pring_log(x):
    print("print_test:", x)
    x = jnp.log(x)
    print("print_test:", x)
    return x
print(jax.make_jaxpr(pring_log)(3.0))
```

列印結果如圖 6.6 所示。

```
print_test: Traced<ShapedArray(float32[], weak_type=True)>with<DynamicJaxprTrace(level=1/0)>
print_test: Traced<ShapedArray(float32[], weak_type=True)>with<DynamicJaxprTrace(level=1/0)>
{ lambda ; a.
  let b = log a
  in (b,) }
```

▲ 圖 6.6 執行結果

由列印結果可以看出，雖然 print 函數被呼叫，但是在生成的 jaxpr 敘述中並沒有被追蹤和編譯。

6.2.2 JIT 無法對非確定參數追蹤

上面講到 JIT 能夠加速函數的原因是利用追蹤機制包裹了當前函數中的參數，並生成了新的編譯語言 jaxpr。我們回到前面介紹 JIT 的範例，程式如下所示。

◯【程式 6-10】

```
def f(x):
    if x > 0:
        return x
    else:
```

6.2 JAX 中的性能提高

```
        return 2 * x
f_jit = jax.jit(f)            # 會顯示出錯
f_jit(10)
```

此時程式執行的結果會顯示出錯，因為 JAX 生成的 jaxpr 需要一個唯一確定的函數本體內部參數進行追蹤。在追蹤中使用的值越具體，就越能使用標準 Python 控制流來表達自己。因此這造成了對於不確定函數、有分支敘述的函數不能編譯。

JAX 中參數預設等級是 ShapedArray。也就是說，每個追蹤的程式都有一個具體的形狀但沒有具體的值。這使得編譯後的函數能夠以相同形狀處理所有可能的輸入。但是，由於追蹤器沒有具體的值，如果試圖對其中一個進行條件設定，就會得到錯誤結果。

下面將 jit 函數修改成 grad 函數：

```
f_grad = jax.grad(f)          # 這裡可以正常計算
print(f_grad(10.))
```

在 grad 函數中由於放鬆了函數編譯規則，因此可以存在分支敘述，但是如果此時巢狀結構有 jit 函數或使用修飾符號 @jit 的函數，同樣也會顯示出錯。

那麼如何解決這個問題呢？有 2 個方法可以解決。

（1）使用前面介紹的 cond 敘述，程式如下：

```
from jax import lax
def f(x):
result = lax.cond(x>0,lambda x:x,lambda x:x+1,x)
    return result
f_jit = jax.jit(f)
print(f_jit(10.))
```

列印結果如下所示：

10.0

（2）對其進行改寫，程式如下所示：

```
def f(x):
    if x > 0:
        return x
    else:
        return 2 * x
f_jit = jax.jit(f,static_argnums=(0,))
print(f_jit(10.))
```

結果請讀者自行完成。

雖然這兩種方式都可以完成條件陳述式的執行，但是這其中有什麼區別呢？我們使用 make_jaxpr 函數列印編譯的敘述來比較一下，結果如圖 6.7 所示。

```
{ lambda  ; a.
  let b = gt a 0.0
      c = convert_element_type[ new_dtype=int32
                                weak_type=False ] b
      d = cond[ branches=( { lambda  ; a.
                             let b = mul a 2.0
                             in (b,) }
                           { lambda  ; a.
                             let
                             in (a,) } )
                linear=(False,) ] c a
  in (d,) }
```

```
{ lambda  ; .
  let
  in (10.0,) }
```

（a）使用 cond 敘述的編譯結果　　（b）使用 jit 中的 static_argnums 參數設定

▲ 圖 6.7　兩種結果比較

從 make_jaxpr 函數列印結果可以看到，使用 cond 敘述是重寫了條件判斷敘述，而對使用靜態參數的方式來說，我們可以告訴 JAX 透過指定 static_argnums 來幫助自己對特定輸入使用一個不那麼抽象的追蹤器。這樣做的代價是，由此產生的 jaxpr 不那麼靈活。因此，JAX 必須為指定輸入的每個新值重新編譯函數。

需要注意，雖然筆者推薦使用 cond 敘述的方式撰寫程式，但並不是所有的函數都能被改成 cond 格式。解決辦法就是將不同的函數部分進行分解，從而能夠最大限度加速函數的編譯和執行工作。程式如下：

```
@jax.jit
def loop_body(prev_i):
    return prev_i + 1
def g_inner_jitted(x, n):
    i = 0
    while i < n:
        i = loop_body(i)
    return x + i
g_inner_jitted(10, 20)
```

請讀者自行比較執行。

6.2.3 理解 JAX 中的預先編譯與快取

由於 JAX 需要使用 JIT 將 Python 程式編譯成 jaxpr，這無疑耗費了一些資源和效率，這在一次性運算或簡單函數中可能會得不償失。但是對機器學習來說，往往一段程式需要重複百萬次，因此採用這種預先編譯機制能夠帶來極大的效率提升。

jit 中的 static_argnums 參數向 JAX 顯示地傳達了靜態快取當前參數類型的宣告，也就是 jaxpr 不需要去判斷參數的類型，而是使用當前「第一次」快取的內容（可能是隨機）作為快取結果，這樣做雖然可以使得程式編譯成功，但是當資料型態發生改變時，jaxpr 會重新編譯此函數，反而會造成性能降低。

解決方法就是避免對分支結構中所有的函數本體都進行快取和追蹤，只追蹤那些需要耗費較多時間的「部分函數」即可，以下面一段程式所示：

```
def loop_body(prev_i):
    return prev_i + 1
def g_inner_jitted(x, n):
    i = 0
    while i < n:
        # 不要使用以下函數
        i = jax.jit(loop_body)(i)
    return x + i
g_inner_jitted(10, 20)
```

6.3 JAX 中的函數自動打包器——vmap

我們在前面已經講解了 JAX 對於批次資料的處理，以及使用 vmap 進行資料打包和計算，本節將更加深入介紹 vmap 的一些細節問題。

6.3.1 剝洋蔥——對資料的手工打包

傳統的批次處理方式一般都是對資料的批次處理，之後再使用函數從外到內一層層地重新計算。首先我們實現以下程式。

6.3 JAX 中的函數自動打包器—vmap

◯【程式 6-11】

```
import jax
import jax.numpy as jnp
x = jnp.arange(5)
w = jnp.array([2., 3., 4.])
def convolve(x, w):
    output = []
    for i in range(1, len(x)-1):
        output.append(jnp.dot(x[i-1:i+2], w))
    return jnp.array(output)
print(convolve(x, w))
```

這是一個非常簡單的乘法運算，請讀者自行執行。假設此時我們需要對其進行修改，將原有的 x 和 w 分別進行二次重疊，即發生以下改變：

```
xs = jnp.stack([x, x])
ws = jnp.stack([w, w])
```

而一個新的計算函數如下所示：

```
def manually_batched_convolve(xs, ws):
    output = []
    for i in range(xs.shape[0]):
        output.append(convolve(xs[i], ws[i]))
    return jnp.stack(output)
print(manually_batched_convolve(xs, ws))
```

新函數在局部上呼叫了原函數的實例，並將其作為自身的一部分進行計算和輸出。結果如下所示：

```
[[11. 20. 29.]
 [11. 20. 29.]]
```

可以看到，這是完成輸出的運算結果。結果是正確的，但是從效率方面來說，這個函數並不高。為了有效地對計算進行批次處理，通常需要手動重寫函數，以確保它是以向量化形式完成的。這並不難實現，但涉及更改函數如何處理索引（index）、軸（axes）和輸入等內容。手動實現批計算的程式如下所示：

```
def manually_vectorized_convolve(xs, ws):
    output = []
    for i in range(1, xs.shape[-1] -1):
        output.append(jnp.sum(xs[:, i-1:i+2] * ws, axis=1))
    return jnp.stack(output, axis=1)
print(manually_vectorized_convolve(xs, ws))
```

或手動實現程式可以透過以下方式實現：

```
def manually_vectorized_convolve(xs, ws):
    output = []
    for i in range(1, xs.shape[-1] -1):
        output.append((xs[:, i-1:i+2] @ ws.T))
    return jnp.stack(output, axis=1)
```

可以看到，無論採用何種方法，都可以完成資料的計算，然而這所有的方法和演算法都是基於對資料的打包，仍然是一次次地將資料登錄到函數中進行計算。那麼我們能否改變一下想法，在資料不動的基礎上，打包函數進行計算呢？

6.3.2 剝甘藍——JAX 中的自動向量化函數 vmap

在 JAX 中，jax.vmap 轉換被設計為自動生成一個函數的自動化打包器。首先使用上一小節中的 convolve 函數並計算其處理多維資料的結果，程式如下所示。

6.3 JAX 中的函數自動打包器─vmap

● 【程式 6-12】

```
import jax
import jax.numpy as jnp
x = jnp.arange(5)
w = jnp.array([2., 3., 4.])
xs = jnp.stack([x, x])
ws = jnp.stack([w, w])
def convolve(x, w):
    output = []
    for i in range(1, len(x)-1):
        output.append(jnp.dot(x[i-1:i+2], w))
    return jnp.array(output)
print(convolve(xs, ws))
```

列印結果請讀者自行驗證。

然後使用 vmap 對函數進行包裝，在程式 print 之前增加以下敘述：

```
auto_batch_convolve = jax.vmap(convolve)
print(auto_batch_convolve(xs, ws))
```

列印結果如下所示：

```
          [[11. 20. 29.]
           [11. 20. 29.]]
```

jax.vmap 透過類似於 jax.jit 的追蹤函數來實現對函數的自動化打包，並在每個輸入的開頭自動增加批次處理軸。

如果批次處理維度不是第一個，則可以使用 in_axes 和 out_axes 參數來指定批次處理維度在輸入和輸出中的位置。如果所有輸入和輸出的批次處理軸相同，或串列相同，則為整數。程式如下所示：

```
auto_batch_convolve_v2 = jax.vmap(convolve, in_axes=1, out_axes=1)
```

```
xst = jnp.transpose(xs)
wst = jnp.transpose(ws)
print(auto_batch_convolve_v2(xst, wst))
```

請讀者自行執行查看。

此外還有一種情況，我們提供了 2 個經過批次處理後的資料，但是在某些情況下可能只有一個資料會被批次處理進行資料修正，此時 vmap 同樣可以對其操作，程式如下所示：

```
# 注意 in_axes 的輸入維度
batch_convolve_v3 = jax.vmap(convolve, in_axes=[0, None])
print(batch_convolve_v3(xs, w))
```

在這裡只需要在 in_axes 中設定需要增加批次處理的維度即可：

```
w = jnp.stack([w, w],axis=0)
```

> **注意**
> 與所有 JAX 轉換一樣，jax.jit 和 jax.vmap 都是可以組合的，這表示可以使用 jit 包裝 vmap 函數，也可以使用 vmap 包裝 jit 函數，都能正常執行。

6.3.3　JAX 中高階導數的處理

計算梯度是現代機器學習方法的重要組成部分。本節討論一些與現代機器學習相關的自動微分領域的高級主題。雖然在大多數情況下，了解自動微分是執行原理的並不是使用 JAX 的關鍵，但是了解其具體公式可以更加深入地了解 JAX 的執行內部規律。

由於計算導數的函數本身是可微的，所以 JAX 的自動微分使計算高階導數變得容易。因此，高階導數就像疊加變換一樣容易。

$$y = x^3 + 2x^2 - 3x + 1$$

$$\frac{dy}{dx} = 3x^2 + 4x - 3 \quad (一階導)$$

$$\frac{d^2y}{dx^2} = 6x + 4 \quad (二階導)$$

【程式 6-13】

```
import jax
f = lambda x: x**3 + 2*x**2 - 3*x + 1
dfdx = jax.grad(f)
print(dfdx(1.))
```

上面程式求得的是公式的一階導，對其二階求導我們同樣可以在已有的 **dfdx** 上巢狀結構一層 grad 來完成對其求導：

```
import jax
f = lambda x: x**3 + 2*x**2 - 3*x + 1
dfdx = jax.grad(f)                # 對函數進行一階求導
dfdx2 = jax.grad(dfdx)            # 對函數進行二階求導
```

在使用 grad 進行函數求導之外，JAX 還提供了兩個函數來完成函數的求導工作：jax.jacfwd 和 jax.jacrev，它們的使用方法與 grad 類似：

```
jax.jacfwd(f)
jax.jacrev(f)
```

6.4 JAX 中的結構儲存方法 Pytrees

一般來說我們希望對看起來像陣列字典、字典串列或其他巢狀結構結構的物件操作，而這些物件在 JAX 中被統一認為是 Pytrees，可採用特殊的方式對其進行管理。

Pytree 是指由類似容器的 Python 物件建構的樹狀結構。如果類別被宣告為 Pytree，則被認為是容器類別，預設情況下，Pytree 登錄檔包括串列、元組和字典。

JAX 內建了對這些 Python 物件的支持，包括在其函數庫函數中以及透過使用來自 JAX 的函數 jax.tree_utils（最常見的也可用 jax.tree_*）。本節將解釋如何使用它們，舉出一些有用的程式部分並指出常見的問題。

6.4.1 Pytrees 是什麼

簡單的理解，Pytrees 是一個宣告為 pytree 的所有物件的總稱，它可以包括容器、串列、元組和資料集。而 pytree 的「葉子」包含在某個 pytree 物件中的個體內容，例如「元組（pytree）」和其中所包含的不同類型的元素（leaves）。舉一個例子：

◎【程式 6-14】

```
import jax
import jax.numpy as jnp
# 以下是可以被認為是 pytree 的結構，不限於以下的例子
example_trees = [
    1,              # 一個單獨的物件，常數 1 也可以被認為是 pytree
    "a",            # 一個單獨的物件，字元 a 也可以被認為是 pytree
    [1, 'a', object()],
    (1, (2, 3), ()),
    [1, {'k1': 2, 'k2': (3, 4)}, 5],
    {'a': 2, 'b': (2, 3)},
    jnp.array([1, 2, 3]),
]
for pytree in example_trees:
    leaves = jax.tree_leaves(pytree)        # 強制
    print(f"{pytree}      has {len(leaves)} leaves: {leaves}")
```

6.4 JAX 中的結構儲存方法 Pytrees

列印結果如圖 6.8 所示。

```
1           has 1 leaves: [1]
a           has 1 leaves: ['a']
[1, 'a', <object object at 0x7f008f889de0>]         has 3 leaves: [1, 'a', <object object at 0x7f008f889de0>]
(1, (2, 3), ())         has 3 leaves: [1, 2, 3]
[1, {'k1': 2, 'k2': (3, 4)}, 5]         has 5 leaves: [1, 2, 3, 4, 5]
{'a': 2, 'b': (2, 3)}         has 3 leaves: [2, 2, 3]
[1 2 3]         has 1 leaves: [DeviceArray([1, 2, 3], dtype=int32)]
```

▲ 圖 6.8 執行結果

從列印結果可以看到，pytree 所確定的物件並不僅限於陣列、字典和串列，一個單獨的字元或常數也被認可為 pytree。

◀ 注意

使用 pytree 的好處是，在機器學習的模型內部往往有大量的參數需要被操作，因此，JAX 需要一個統一的管理工具對模型內部所涉及的參數進行管理和調配。

6.4.2 常見的 pytree 函數

在前面我們使用的 tree_leaves 是一個對 pytree 操作的函數，除此之外，常用的 pytree 函數還包括 jax.tree_map 和 jax.tree_multimap，它們的使用方法與普通的 map 函數類似，但是使用目的有所區別。

需要對 pytree 內部的資料進行逐一操作時，我們可以使用 tree_map 函數，程式如下：

```
list_of_lists = [[1, 2, 3],[1, 2],[ 2, 3, 4,5]]
print(jax.tree_map(lambda x: x * 2, list_of_lists))
```

列印結果如下所示：

[[2, 4, 6], [2, 4], [4, 6, 8, 10]]

6-28

可以看到透過使用 tree_map 函數，函數本體內部的所有數值都被處理了。

而對於需要對多個串列的資料進行處理的情況，我們使用 jax.tree_multimap 函數對資料進行處理，程式如下：

```
#first_list 的維度和 second_list 維度必須相同
first_list = [[1, 2, 3],[1, 2, 3],[1, 2, 3]]
second_list = [[1,0, 1],[1, 1, 1],[0, 0, 0]]
print(jax.tree_multimap(lambda x, y: x + y, first_list, second_list))
```

列印結果請讀者自行驗證。

注意

函數計算的 first_list 的結構和 second_list 結構必須相同，在陣列和矩陣中是需要相同的維度，在字典中則需要相同的鍵（Key），否則會顯示出錯。

使用 tree_multimap 還可以利用其性質簡易地對字典內的內容進行計數，程式如下所示。

【程式 6-15】

```
import jax
def tree_transpose(list_of_trees):
    return jax.tree_multimap(lambda *xs: list(xs), *list_of_trees)
# 注意這裡使用 * 指示符號
episode_steps = [dict(t=1, obs=3), dict(t=2, obs=4)]
print(tree_transpose(episode_steps))
```

列印結果就是對字典內的數值進行歸併，如下所示：

{'obs': [3, 4], 't': [1, 2]}

6-29

6.4.3 深度學習模型參數的控制（線性模型）

下面介紹 Pytrees 應用在深度學習模型中對參數的控制問題。在深度學習中，參數的維度是一個非常重要的問題，我們可以根據 tree_map 將維度指定對應的參數名稱，程式如下：

```
import jax
import jax.numpy as jnp
key = jax.random.PRNGKey(17)
# 參數 weight 和 bias 是單獨生成的資料，注意 dict 中名稱的命名方式
params = dict(weight=jax.random.normal(key,(2,2)),biases=jax.random.normal(key+1,(2,)))
print(params)
print(jax.tree_map(lambda x: x.shape, params))
```

列印結果如圖 6.9 所示。

```
{'weight': DeviceArray([[-0.8458576,  2.296168 ],
        [ 1.8047465,  0.0198981]], dtype=float32), 'biases': DeviceArray([-0.3954054 ,  0.48485395], dtype=float32)}
{'biases': (2,), 'weight': (2, 2)}
```

▲ 圖 6.9 執行結果

可以看到，此時資料生成了一個新的對於資料進行維度的表示。下面透過一個簡單的線性回歸例子來演示 tree_multimap 的使用方法。

1. 資料的準備

我們使用 6.1.3 小節的例子生成若干資料，注意這裡使用的僅是獲取一個計算規則而非擬合 6.1.3 小節的公式。程式如下：

```
import jax
import jax.numpy as jnp
key = jax.random.PRNGKey(17)
# 注意，這裡和 6.1.3 小節中在資料生成上的維度有差異
```

```
xs = jax.random.normal(key,(1000,1))
a = 0.929
b = 0.214
ys = a * xs + b
```

2. 參數設計

在 6.1.3 小節中我們擬合了一個線性方程用於實現函數擬合，本例準備擬合一個非線性方程用於實現對數值的計算。

我們預期使用的是一個具有 2 個隱藏層的函數（見圖 6.10），維度結構如下：

```
1 -> 64 -> 128 -> 1
```

生成參數的程式如下：

```
import jax
import jax.numpy as jnp
layers_shape = [1, 64, 128, 1]
key = jax.random.PRNGKey(17)
def init_mlp_params(layers_shape):
    params = []
    for n_in, n_out in zip(layers_shape[:-1], layers_shape[1:]):
        weight = jax.random.normal(key,shape=(n_in,n_out))
        bias = jax.random.normal(key,shape=(n_out,))
        par_dict = dict(weight=weight,bias=bias)
        params.append(par_dict)
    return params
params = init_mlp_params(layers_shape)
print(jax.tree_map(lambda x: x.shape, params))
```

列印結果如下所示：

```
[{'bias': (64,), 'weight': (1, 64)}, {'bias': (128,), 'weight': (64, 128)}, {'bias': (1,), 'weight': (128, 1)}]
```

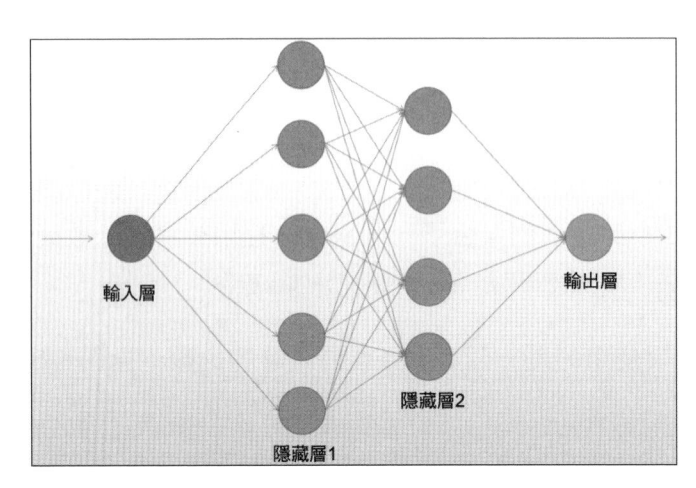

6.4 JAX 中的結構儲存方法 Pytrees

可以看到，我們設定了 3 個參數用來完成資料的擬合工作。

▲ 圖 6.10 2 個隱藏層的模型

3. 模型的撰寫（這是一個錯誤的模型範例）

下面就進行模型的程式撰寫工作，我們使用多個隱藏層對資料進行計算，程式如下：

```
# 多層計算函數
def forward(params, x):
    for par in params:
        x = jnp.matmul(x,par["weight"]) + par["bias"]
    return x
# 損失函數
def loss_fun(params,xs,y_true):
    y_pred = forward(params,xs)
    loss_value = jnp.square(jnp.multiply(y_true,y_pred))
    return jnp.mean(loss_value)
# 最佳化函數
def opt_sgd(params,xs,y_true,leran_rate = 1e-3):
    grad = jax.grad(loss_fun)(params,xs,y_true)
```

```
    params = params - leran_rate * grad
    return params
```

在正式撰寫模型之前,先對模型的各個元件進行驗證,可透過輸入資料查看可能的輸出結果是否符合預期,其數值和最佳化函數呼叫部分如下所示:

```
key = jax.random.PRNGKey(17)
xs = jax.random.normal(key,(1000,1))
a = 0.929
b = 0.214
ys = a * xs + b
grad_value = opt_sgd(params,xs,ys)
```

輸出結果如圖 6.11 所示。

```
[{'bias': (64,), 'weight': (1, 64)}, {'bias': (128,), 'weight': (64, 128)}, {'bias': (1,), 'weight': (128, 1)}]
Traceback (most recent call last):
  File "/mnt/c/Users/xiaohua/Desktop/JaxDemo/第六章/model_parameters.py", line 41, in <module>
    grad_value = opt_sgd(params,xs,ys)
  File "/mnt/c/Users/xiaohua/Desktop/JaxDemo/第六章/model_parameters.py", line 31, in opt_sgd
    params = params - leran_rate * grad
TypeError: can't multiply sequence by non-int of type 'float'
```

▲ 圖 6.11 顯示出錯提示

可以看到輸出會顯示出錯。此時換一種方式列印 grad 的值,將 grad 改寫成以下形式:

```
def opt_sgd(params,xs,y_true,leran_rate = 1e-3):
    grad = jax.grad(loss_fun)(params,xs,y_true)
    return grad
```

將 grad 列印出來,程式如下:

```
grad_value = opt_sgd(params,xs,ys)
for grd in grad_value:
```

6.4 JAX 中的結構儲存方法 Pytrees

```
print("-------------")
weight = jnp.array(grd["weight"])
bias = jnp.array(grd["bias"])
print(weight.shape)
print(bias.shape)
```

列印結果如圖 6.12 所示。

```
[{'bias': (64,), 'weight': (1, 64)}, {'bias': (128,), 'weight': (64, 128)}, {'bias': (1,), 'weight': (128, 1)}]
-------------
bias_shape: (1, 64)
weight_shape: (64,)
-------------
bias_shape: (64, 128)
weight_shape: (128,)
-------------
bias_shape: (128, 1)
weight_shape: (1,)
```

▲ 圖 6.12 列印結果

可以看到，grad 中的資料維度和 params 相同，其不同點在於 params 中的資料是以 dict 的形式進行儲存的，而 grad 的計算值是透過若干個 list 儲存的。因此，在直接進行計算時會顯示出錯。

解決辦法就是透過前文介紹的「剝甘藍」的方式，一層層地將資料剝離並計算新的參數結果。但是這樣做需要程式設計者有非常高的程式設計技巧以及非常細心的操作，具體實現形式如下：

```
# 可以使用但是不推薦這樣寫
def opt_sgd2(params,xs,ys,learn_rate = 1e-1):
    grads = jax.grad(loss_fun)(params,xs,ys)
    new_params = []
    for par,grd in zip(params,grads):
        new_weight = par["weight"]-learn_rate*grd["weight"]
        new_bias = par["bias"] - learn_rate*grd["bias"]
        par_dict = dict(weight=new_weight, bias=new_bias)
```

```
        new_params.append(par_dict)
    return new_params
```

這樣雖然也可以使程式執行,但是過於煩瑣,特別是當模型中有較多的參數時。筆者推薦另一種 sgd 的實現形式,程式如下:

```
# 推薦的最佳化函數
def opt_sgd(params,xs,ys,learn_rate = 1e-1):
    grads = jax.grad(loss_fun)(params,xs,ys)
    return jax.tree_multimap(lambda p, g: p - learn_rate * g, params, grads)
```

可以看到,使用 tree_multimap 可以很容易地對模型中的參數進行計算,建議讀者自行比較一下 6.1.3 小節中最佳化函數的寫法。

完整的函數擬合模型如下所示。

【程式 6-16】

```
import jax
import time
import jax.numpy as jnp
layers_shape = [1, 64, 128, 1]
key = jax.random.PRNGKey(17)
def init_mlp_params(layers_shape):
    params = []
    for n_in, n_out in zip(layers_shape[:-1], layers_shape[1:]):
        weight = jax.random.normal(key,shape=(n_in,n_out))/128.
        bias = jax.random.normal(key,shape=(n_out,))/128.
        par_dict = dict(weight=weight,bias=bias)
        params.append(par_dict)
    return params
params = init_mlp_params(layers_shape)
#print(jax.tree_map(lambda x:x.shape,params))
@jax.jit
```

6.4 JAX 中的結構儲存方法 Pytrees

```python
def forward(params, x):
    for par in params:
        x = jnp.matmul(x,par["weight"]) + par["bias"]
    return x
@jax.jit
def loss_fun(params,xs,y_true):
    y_pred = forward(params,xs)
    return jnp.mean((y_pred-y_true)**2)
@jax.jit
def opt_sgd(params,xs,ys,learn_rate = 1e-1):
    grads = jax.grad(loss_fun)(params,xs,ys)
    return jax.tree_multimap(lambda p, g: p - learn_rate * g,params,grads)
#
@jax.jit
def opt_sgd2(params,xs,ys,learn_rate = 1e-3):
    grads = jax.grad(loss_fun)(params,xs,ys)
    new_params = []
    for par,grd in zip(params,grads):
        new_weight = par["weight"]-learn_rate*grd["weight"]
        new_bias = par["bias"] - learn_rate*grd["bias"]
        par_dict = dict(weight=new_weight, bias=new_bias)
        new_params.append(par_dict)
    return new_params
key = jax.random.PRNGKey(17)
xs = jax.random.normal(key,(1000,1))
a = 0.929
b = 0.214
ys = a * xs + b
start = time.time()
for i in range(4000):
    params = opt_sgd2(params,xs,ys)
    if (i+1) %500 == 0:
        loss_value = loss_fun(params,xs,ys)
        end = time.time()
        print(" 迴圈執行時間:%.12f 秒 " % (end - start),f" 經過 i 輪:{i}，
現在的 loss 值為:{loss_value}")
```

```
        start = time.time()
xs_test = jnp.array([0.17])
print(" 真實的計算值：",a*xs_test+b)
print(" 模型擬合後的計算值：",forward(params,xs_test))
```

列印結果如圖 6.13 所示。

```
迴圈執行時間:0.576527595520秒 經過i輪:499, 現在的loss值為:4.063361043579912e-15
迴圈執行時間:0.329919338226秒 經過i輪:999, 現在的loss值為:3.507028109757393e-15
迴圈執行時間:0.334552764893秒 經過i輪:1499, 現在的loss值為:3.3948400782012186e-15
迴圈執行時間:0.357136726379秒 經過i輪:1999, 現在的loss值為:3.3921200436493482e-15
迴圈執行時間:0.340688705444秒 經過i輪:2499, 現在的loss值為:3.326172811233207e-15
迴圈執行時間:0.331792354584秒 經過i輪:2999, 現在的loss值為:3.379241542961057e-15
迴圈執行時間:0.328313827515秒 經過i輪:3499, 現在的loss值為:3.3696935758213697e-15
迴圈執行時間:0.326889276505秒 經過i輪:3999, 現在的loss值為:3.361644433481849e-15
真實的計算值：    [0.37193]
模型擬合後的計算值：  [0.37193]
```

▲ 圖 6.13 執行結果

從結果可以看到，經過擬合後的計算結果和使用公式的真實計算結果相同。

6.4.4 深度學習模型參數的控制（非線性模型）

上一小節透過線性模型擬合了計算公式，並獲得了正確的結果。對深度學習來說，遇到非線性模型的機率遠遠大於線性模型。下面就使用非線性模型進行擬合結果，新的模型主體如下所示：

```
@jax.jit
def forward(params, x):
    params_length = len(params)
    for i in range(params_length - 1):
        par = params[i]
        x = jnp.matmul(x, par["weight"]) + par["bias"]
        x = jax.nn.selu(x)
```

6.4 JAX 中的結構儲存方法 Pytrees

```
x = jnp.matmul(x, params[-1]["weight"]) + params[-1]["bias"]
return x
```

此時只需要替換 6.4.3 小節範例中的 forward 函數即可，此處請讀者自行完成。

6.4.5 自訂的 Pytree 節點

到目前為止，我們所看到的 Pytree 涉及字典、串列以及元組（單一矩陣無法作為 Pytree 物件，而僅作為一個 Pytree 的葉子），而對於自訂的節點類型卻沒有涉及。

在 Pytree 中，自訂的物件統一被作為葉子物件進行處理。首先自訂一個類別：

```
class MyContainer:
    # 類別中必須第一個參數為自訂類別的名稱，不能改變
    def __init__(self, name: str, a: int, b: int, c: int):
        self.name = name
        self.a = a
        self.b = b
        self.c = c
```

之後呼叫 tree_leaves 函數生成自訂的葉子節點，程式如下：

```
myContainer_leaves = jax.tree_leaves([
  MyContainer("xiaohua",1,2,3),
  MyContainer("xiaoming",3,2,1)
  ])
print(myContainer_leaves)
```

列印結果如下所示：

```
[<__main__.MyContainer object at 0x7f051ab091c0>, <__main__.MyContainer object at 0x7f051ac18880>]
```

可以看到，這裡使用 tree_leaves 函數後生成了 2 個記憶體位址。一般情況下我們知道記憶體位址是無法對資料操作的，這是由於 tree_leaves 函數在建立物件時不知道如何去組合和定義其展現形式。

因此，為了向 JAX 傳遞展示和計算自訂葉子節點的方法，需要分別實現 flatten 和 unflatten 函數，程式如下：

```
def flatten_MyContainer(container:MyContainer):
    flat_contents = [container.a, container.b, container.c]
    aux_data = container.name
    # 返回值的順序不能變化，是固定格式
    return flat_contents, aux_data
def unflatten_MyContainer(aux_data: str, flat_contents: list) -> MyContainer:
# 這裡使用了 python 自動拆箱方法
    return MyContainer(aux_data, flat_contents)
```

筆者將 MyContainer 類別拆成了 2 個部分，分別是其姓名以及其對應的數值部分，此時需要注意，對於 flatten 函數和 unflatten 函數的返回值的格式和順序都是固定的，必須按對應的名稱、資料依次返回。完整的程式如下所示。

◐【程式 6-17】

```
import jax
class MyContainer:
    def __init__(self, name, a, b, c):
        self.name = name
        self.a = a
        self.b = b
        self.c = c
def flatten_MyContainer(container:MyContainer):
    flat_contents = [container.a, container.b, container.c]
    aux_data = container.name
```

6.4 JAX 中的結構儲存方法 Pytrees

```
    return flat_contents, aux_data
def unflatten_MyContainer(aux_data: str, flat_contents: list) ->
MyContainer:
    return MyContainer(aux_data, flat_contents) # 這裡使用了python自動拆箱方法
jax.tree_util.register_pytree_node(MyContainer, flatten_MyContainer,
unflatten_MyContainer)
print(jax.tree_leaves([
    MyContainer('xiaohua', 1, 2, 3),
    MyContainer('xiaoming', 1, 2, 3)
]))
```

列印結果請讀者自行驗證。

6.4.6 JAX 數值計算的執行機制

在前面演示了深度學習程式的撰寫和執行，一般一個深度學習主要包括以下 3 個元件：

- 模型以及模型參數。
- 最佳化器方案。
- 狀態修正層。

透過演示的內容相信讀者已經比較熟悉模型和最佳化器了。狀態修正層一般指的是需要在深度學習模型中額外增加的一些能夠簡化程式擬合的層，例如 BatchNorm 和 LayerNorm。

一些 JAX 轉換，尤其是當使用 JIT 對函數進行編譯和快取時，需要對被轉化的物件函數施加約束，而且必須要求轉換物件函數沒有副作用，或說帶有副作用的函數在編譯後的內容不會被執行。

但是從之前的例子可以看到，在模型訓練的過程中，外部參數

paramas 不停地被 JAX 改變狀態，這明顯違背了 JAX 不能產生副作用的約定，但是如果不產生副作用，我們如何更新模型參數，如何使用最佳化器程式呢？

讓我們從一個簡單的計數器例子開始，程式如下所示。

◎【程式 6-18】

```
class Counter:
    def __init__(self):
        self.n = 0
    def count(self):
        self.n += 1
        return self.n
    def reset(self):
        self.n = 0
counter = Counter()
for _ in range(3):
    print(counter.count())
```

這是一個簡單的計算程式，類別結構中初始化定義了 n 的值為 0，之後依次呼叫函數 count 並修改其中 n 的參數值。下面使用 JAX 對 Counter 類別進行計算，執行以下程式：

```
counter = Counter()
fast_count = jax.jit(counter.count)
for _ in range(3):
    print(fast_count()) # 注意列印的是 0 還是 1
```

列印結果如下所示：

$$1$$
$$1$$
$$1$$

6.4 JAX 中的結構儲存方法 Pytrees

這個結果非常令人吃驚，JAX 為了杜絕副作用的影響，甚至可以遮罩在同一類中的參數修正。但是在遮罩副作用的同時，JAX 依舊按規則呼叫了 self.n += 1 一次，從而使得列印結果為 1 而非 0。

無論輸出是 1 還是 0，均不是我們想要的結果，造成這個問題的核心在於，JIT 編譯器將一個常數 1 計算之後，快取了這個僅被編譯了一次的參數。然而，實際上這不是一個常數而是一個可以被程式修改的「狀態」。修改程式如下：

```
class CounterV2:
    def __init__(self):
        pass
    def count(self,n):
        n += 1
        return n
counter = CounterV2()           # 實現類別的實例
n = 0                           # 初始化 n 值為 0
for i in range(3):
    n = counter.count(n)
    print(n)                    # 列印結果
```

列印結果如下所示：

1
2
3

在 CounterV2 中可以看到，將參數 n 移動到對應類別的外部，即每次都傳遞數值並計算，則可以獲取我們所需要的值。

下面比較 JIT 編譯的不同函數形式，結果如圖 6.14 所示。

```
{ lambda ; .         { lambda ; a.
  let                  let b = add a 1
  in (1,) }            in (b,) }
```

▲ 圖 6.14 左圖是 Counter 的編譯結果，右圖是 CounterV2 的編輯結果

從編譯的結果上可以看到，左側 Counter 直接快取的是一個常數 1，而右側快取的是 2 個參數，輸入 a 和輸出 b。

這就引申出了我們在 JAX 對需要快取的函數的一般策略，即避免在類別內部或函數本體內部定義參數，而是僅定義函數對應的計算規則。

下面回到程式中，我們需要實現一個簡單的線性回歸例子，程式如下所示。

◯【程式 6-19】

```
import jax
import jax.numpy as jnp
from typing import NamedTuple
#注意此處的參數生成方式
class Params(NamedTuple):
    weight: jnp.ndarray
    bias: jnp.ndarray
#模型主體
def model(params:Params,xs):
    pred = params.weight * xs + params.bias
    return pred
#參數初始化方法
def init(key):
    weight = jax.random.normal(key, (1,))
    bias = jax.random.normal(key + 1, (1,))
    return Params(weight, bias)
#損失函數計算
def loss(params:Params,xs,y_true):
    y_pred = model(params,xs)
    loss = (y_pred-y_true)**2
    return jnp.mean(loss)
#SGD 最佳化器
```

```
def opt_sgd(params,xs,y_true,learn_rate = 1e-3):
    grad = jax.grad(loss)(params,xs,y_true)
    params = jax.tree_multimap(lambda par,grd:par - learn_rate *grd,params,grad)
    return params
key = jax.random.PRNGKey(17)
xs = jax.random.normal(key,(1000,1))
a = 0.929
b = 0.214
ys = a * xs + b
params = init(key)
for i in range(4000):
    params = opt_sgd(params,xs,ys)
print(params)
```

> **注意**
>
> 上述程式中，參數的定義方法採用繼承 NamedTuple 的方法對參數名稱進行命名。

這個程式非常簡單，向讀者傳遞了在 JAX 中建構深度學習模型的一般方法和步驟，此時的參數也是非常簡單的。但如果我們想在很深（比如 1000 層）的深度學習模型中進行參數的初始化，那要怎麼處理呢？請讀者思考！

6.5 本章小結

本章以 JAX 細節講解為主，詳細介紹了 JAX 常用的元件和一些處理函數。本章內容都很重要，需要認真學習和掌握。

CHAPTER 07

JAX 中的卷積

卷積（Convolution）是一種積分變換的數學方法，表示兩個變數在一個特定的重疊範圍內相乘後求和的結果。如果將參加卷積的函數看作區間的指示函數，卷積還可以被看作是「滑動平均」的推廣。

卷積一開始是身為濾波，比如最簡單的高斯範本，就是把範本內像素乘以不同的權值然後加起來作為範本的中心像素值。如果範本設定值全為 1，就是滑動平均；如果範本設定值為高斯，就是加權滑動平均，權重是中間高、四周低，在頻率上理解就是低通濾波器；如果範本設定值為一些邊緣檢測的範本，結果就是範本左邊的像素減右邊的像素，或右邊的像素減左邊的像素，得到的就是影像梯度，方向不同代表不同方向的邊緣。

對於影像而言，卷積的計算過程就是範本翻轉，然後在原影像上滑動範本，把對應位置上的元素相乘後再相加，得到最終的結果。如果不考慮翻轉，那麼滑動→相乘→疊加的過程就是相關操作，如圖 7.1 所示。

▲ 圖 7.1 卷積模型

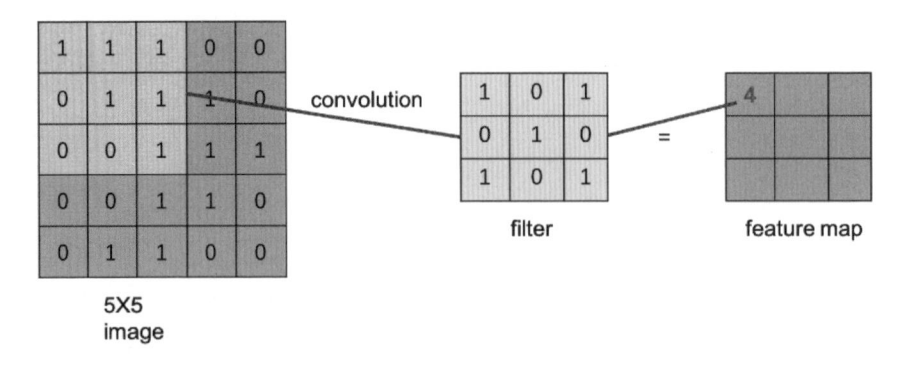

還有一種理解是投影，因為當前範本內部影像和範本的相乘累加操作就是影像局部和範本的內積操作，如果把影像局部和範本拉直，拉直的向量看成是向量空間中的向量，那麼這個過程就是影像局部在範本方向上的投影。

7.1 什麼是卷積

卷積是數位影像處理中的一種基本的處理方法，即線性濾波。它將待處理的二維數字看作一個大型矩陣，影像中的每個像素可以看作矩陣中的每個元素，像素的大小就是矩陣中的元素值。

而使用的濾波工具是另一個小型矩陣，這個矩陣被稱為卷積核心。卷積核心小於影像矩陣。具體的計算方式就是對大影像矩陣中的每個像素計算其周圍的像素和卷積核心對應位置的乘積，之後將結果相加，最終得到的值就是該像素的值，這樣就完成了一次卷積。最簡單的影像卷積運算方式如圖 7.2 所示。

▲ 圖 7.2 卷積運算

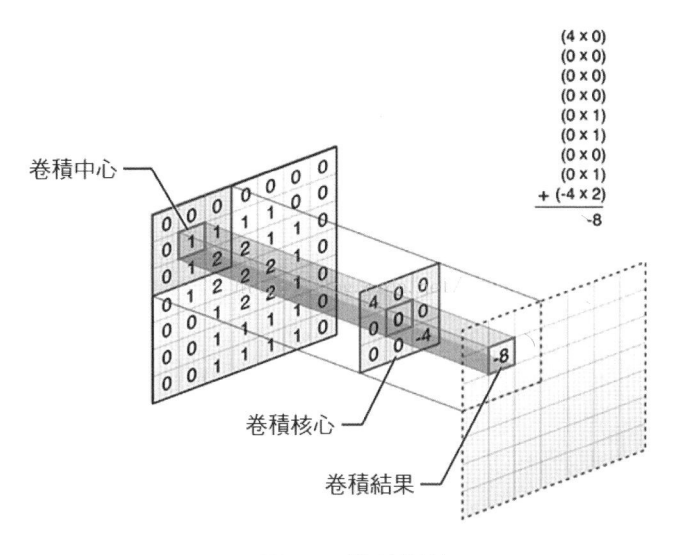

本節將詳細介紹卷積的定義和運算，以及一些細節的調整，這些都是卷積使用中必須掌握的內容。

7.1.1 卷積運算

前面已經說過了，卷積實際上是使用兩個大小不同的矩陣進行的一種數學運算。為了便於讀者理解，我們從一個例子開始講解。

對高速公路上的跑車進行位置追蹤（這也是卷積神經網路影像處理的非常重要的應用），攝影機接收到的訊號被計算為 x(t)，表示跑車在路上時刻 t 的位置。

但是往往實際上的處理沒那麼簡單，因為在自然界無時無刻不面臨著各種影響和攝影機感器的落後。因此，為了得到跑車位置的即時資料，採用的方法就是對測量結果進行平均值化處理。對於運動中目標，

7.1 什麼是卷積

採樣時間越長，定位的準確率越低（由於感器落後的原因），而採樣時間短則可以認為接近於真實值。因此可以對不同的時間段指定不同的權重，即透過一個權值定義來計算。這個可以表示為：

$$s(t) = \int x(a)\omega(t-a)\mathrm{d}a$$

這種運算方式稱為卷積運算。換個符號表示為：

$$s(t) = (x * \omega)(t)$$

在卷積公式中，第一個參數 x 稱為「輸入資料」，而第二個參數 ω 稱為「核心函數」，$s(t)$ 是輸出，即特徵映射。

首先對稀疏矩陣（見圖 7.3）來說，卷積網路具有稀疏性，即卷積核心的大小遠遠小於輸入資料矩陣的大小。例如當輸入一個圖片資訊時，資料的大小可能為上萬的結構，但是使用的卷積核心卻只有幾十，這樣能夠在計算後獲取更少的參數特徵，極大地減少了後續的計算量。

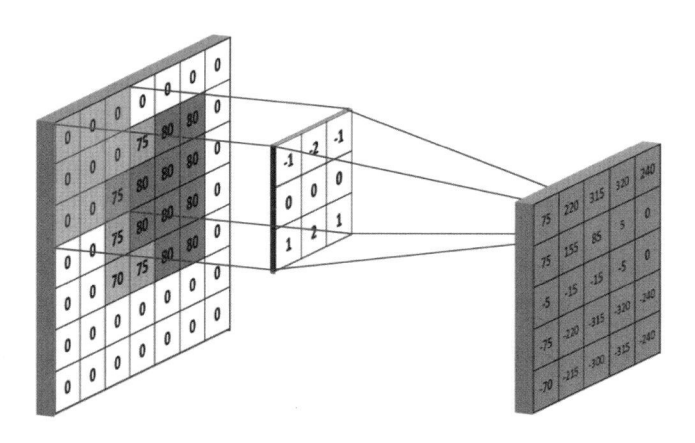

▲ 圖 7.3 稀疏矩陣

在傳統的神經網路中，每個權重只對其連接的輸入 / 輸出起作用，當其連接的輸入 / 輸出元素結束後就不會再用到。而參數共用指的是在卷積神經網路中核心的每一個元素都被用在輸入的每一個位置上，在過程中只需學習一個參數集合，就能把這個參數應用到所有的圖片元素中。

JAX 提供了大量的卷積函數供讀者使用，依次如下所示：

- jax.numpy.convolve()
- jax.scipy.signal.convolve()
- jax.scipy.signal.convolve2d()
- jax.lax.conv_general_dilated()

對一般的卷積操作來說，使用 jax.numpy 可以應付大多數情況，當然，如果讀者需要更為細緻和批次化的卷積計算，那麼使用 jax.lax 套件即可。

7.1.2 JAX 中的一維卷積與多維卷積的計算

對於普通的一維卷積我們一般使用 jax.numpy.convolve() 完成特定計算，其提供了 JAX 介面，一維卷積的使用方式如下所示。

◯【程式 7-1】

```
import jax
import jax.numpy as jnp
key = jax.random.PRNGKey(17)
xs = jnp.linspace(0,9,10)
print("xs:",xs)
kernel = jnp.ones(3)/10
print("kernel:",kernel)
y_smooth = jnp.convolve(xs, kernel, mode='same')
print("y_smooth:",y_smooth)
```

7.1 什麼是卷積

在例子中列印出相關的結果,如圖 7.4 所示。

```
xs: [0. 1. 2. 3. 4. 5. 6. 7. 8. 9.]
kernel: [0.1 0.1 0.1]
y_smooth: [0.1 0.3 0.6 0.9 1.2 1.5 1.8 2.1 2.4 1.7]
```

▲ 圖 7.4 列印結果

其中,xs 為需要被計算的一維序列,kernel 為卷積所使用的卷積核心,y_smooth 為一維序列被計算後的結果,其計算方式如圖 7.5 所示。

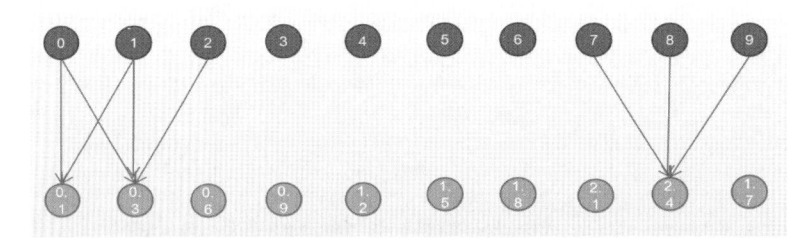

▲ 圖 7.5 計算方式

這裡使用卷積核心依次劃過對應的一維序列,之後根據求和的機制計算卷積對應的值。需要說明的是,在序列第一個和最後一個值上,由於沒有適合卷積核心大小的內容,因此在左右兩邊進行補 0 計算。這一步可以在 jnp.convolve 函數中透過設定 mode="same" 進行確認。此時如果使用預設的 mode 參數,即不在一維序列的左右進行「填充」處理,則需修改對應程式如下:

y_smooth = jnp.convolve(xs, kernel)

結果列印如圖 7.6 所示。

```
y_smooth: [0.         0.1        0.3        0.6        0.9        1.2
 1.5        1.8        2.1        2.4        1.7        0.90000004]
```

▲ 圖 7.6 列印結果

7-6

這實際上是沒有對一維序列中第一個和最後一個值進行計算的結果。

而對於多維卷積進行計算，可以使用以下函數：

```
import jax.scipy as jsp
img = jax.random.normal(key,shape=(128,128,3))
kernerl_2d = jnp.array([[[0,1,0],[1,0,1],[0,1,0]]])
smooth_image = jsp.signal.convolve(img, kernerl_2d, mode='same')
print(smooth_image)
```

上述程式使用 jax.scipy.convolve 作為卷積計算函數，此函數可以自動根據輸入的維度進行卷積計算。同樣透過設定參數 mode 來確定卷積函數的填充方式。

7.1.3 JAX.lax 中的一般卷積的計算與表示

對於一般的卷積計算方法，JAX 或 XLA 提供了多維卷積計算函數，如圖 7.7 所示。

```
def conv(lhs: Array, rhs: Array, window_strides: Sequence[int],
         padding: str, precision: PrecisionLike = None,
         preferred_element_type: Optional[DType] = None) -> Array:
```

▲ 圖 7.7　多維卷積計算函數

其中，lhs 參數是需要被計算卷積的序列，而我們認為 rhs 是卷積核心的序列。這裡需要特別說明的是，傳入到 lhs 中的參數必須遵循以下的維度：

```
lsh_shape = [batch_size,channel_size,high,width]
```

傳入的 kernel 的維度需要遵循以下要求：

```
rhs_shape = [out_channel,in_channel,high,width]
```

7.1 什麼是卷積

pad 參數是對填充進行設定的參數，需要在 "SAME" 或 "VALID" 值中選擇其一；window_strides 是步進的維度，需要傳入一個序列值。完整的程式如下所示。

◯【程式 7-2】

```
import jax
from jax import lax
import jax.numpy as jnp
kernel = jnp.zeros(shape=(10,3,3,3),dtype=jnp.float32)
img = jnp.zeros((1, 200, 198, 3), dtype=jnp.float32)
print("kernel shape:",kernel.shape)
print("img shape:",img.shape)
out = lax.conv(jnp.transpose(img,[0,3,1,2]),kernel,window_strides=[1,1],
padding="SAME")
print("out shape:",out.shape)
```

列印結果如圖 7.8 所示。

```
kernel shape: (10, 3, 3, 3)
img shape: (1, 200, 198, 3)
out shape: (1, 10, 200, 198)
```

▲ 圖 7.8 列印結果

可以看到最終生成了根據 kernel 維度計算後的輸出值，此時輸出維度按以下順序排列：

```
out_shape = [batch_size,channel_size,high,width]
```

再看一下 conv_general_dilated 函數的使用，原始程式如圖 7.9 所示。

從原始程式中可以看到，這裡常用的參數除了 lsh、rhs、strides 以及 padding 之外，還提供了 lhs_dilation 和 rhs_dilation 參數，這是設定在卷積計算過程中需要「跳過」的步驟，通常不需要進行額外設定，使用預設值 1 即可；dimension_numbers 是用來對不同維度的輸入和 kernel 進行設定的參數，同樣也是使用預設設定即可。

```
def conv_general_dilated(
  lhs: Array, rhs: Array, window_strides: Sequence[int],
  padding: Union[str, Sequence[Tuple[int, int]]],
  lhs_dilation: Optional[Sequence[int]] = None,
  rhs_dilation: Optional[Sequence[int]] = None,
  dimension_numbers: ConvGeneralDilatedDimensionNumbers = None,
  feature_group_count: int = 1, batch_group_count: int = 1,
  precision: PrecisionLike = None,
  preferred_element_type: Optional[DType] = None) -> Array:
  """General n-dimensional convolution operator, with optional dilation.
```

▲ 圖 7.9 conv_general_dilated 函數

conv_general_dilated 的使用如下所示：

```
import jax
from jax import lax
import jax.numpy as jnp
kernel = jnp.zeros(shape=(10,3,3,3),dtype=jnp.float32)
img = jnp.zeros((1, 200, 198, 3), dtype=jnp.float32)
out = lax.conv_general_dilated(jnp.transpose(img,[0,3,1,2]),kernel,
window_strides=[2,2],padding="SAME")
print("out shape:",out.shape)
```

列印結果如下所示：

```
out shape: (1, 10, 100, 99)
```

對比使用 lax.conv 函數生成的資料維度結果可以看到，這兩次得到的資料維度是相同的。

最後說一下 dimension_numbers 參數的用法，如果在計算時需要對不同的維度進行排列，即使用我們所習慣的維度進行資料的計算，就需要透過設定 dimension_numbers 進行。筆者預先定義了字母的含義：

- N：batsh_size
- H：height
- W：width
- C：channel_size
- I：kernel input size
- O：kernel output size

下面使用同樣的資料進行計算：

```
img = jnp.zeros((1, 200, 200, 3), dtype=jnp.float32)    #shape=[N,H,W,C]
kernel = jnp.zeros(shape=(3,3,3,10),dtype=jnp.float32)   #shape = [H,W,I,O]
dn = lax.conv_dimension_numbers(img.shape,          # 輸入的圖片維度
                    kernel.shape,                    # 輸出的圖片維度
                    ('NHWC', 'HWIO', 'NHWC'))  # 定義的輸入輸出維度
```

將 dn 列印出來，結果如下所示：

```
ConvDimensionNumbers(lhs_spec=(0, 3, 1, 2), rhs_spec=(3, 2, 0, 1), out_spec=(0, 3, 1, 2))
```

這裡展示的是根據 JAX 所定義的維度對輸入維度進行預調。請對比一下上面定義的 img 和 kernel 的維度進行學習。完整程式碼部分如下所示。

◯【程式 7-3】

```
img = jnp.zeros((1, 200, 200, 3), dtype=jnp.float32)  #shape=[N,H,W,C]
kernel = jnp.zeros(shape=(3,3,3,10),dtype=jnp.float32)   #shape = [H,W,I,O]
dn = lax.conv_dimension_numbers(img.shape,          # 輸入的圖片維度
                    kernel.shape,                    # 輸出的圖片維度
                    ('NHWC', 'HWIO', 'NHWC'))    # 定義的輸入 / 輸出維度
out = lax.conv_general_dilated(img,kernel,window_strides=[2,2]
,padding="SAME",dimension_numbers=dn)
print("dimension numbers out shape:",out.shape)
```

列印結果如下所示：

```
dimension numbers out shape: (1, 100, 100, 10)
```

這裡需要注意，此時生成的資料維度是按照 conv_dimension_numbers 函數中設定的方式生成，如果此時修改了其中的維度資訊，結果會很不一樣，例如改成以下形式：

```
dn = lax.conv_dimension_numbers(img.shape,        # 輸入的圖片維度
                                kernel.shape,      # 輸出的圖片維度
                                ('NHWC', 'HWIO', 'NCHW'))# 定義的輸入 / 輸出維度
```

具體結果請讀者自行驗證。

7.2 JAX 實戰──基於 VGG 架構的 MNIST 資料集分類

本節將使用卷積來完成 MNIST 資料集的分類任務，也就是說使用經典的 VGG 架構進行 MNIST 資料集分類。

7.2.1 深度學習 Visual Geometry Group（VGG）架構

深度學習 VGG 架構是 Oxford 的 Visual Geometry Group 提出的（這也是 VGG 名字的由來）。該網路是在 ILSVRC 2014 上的相關工作，證明了增加網路的深度能夠在一定程度上影響網路最終的性能，如圖 7.10 所示。VGG 有兩種結構，分別是 VGG16 和 VGG19，兩者並沒有本質上的區別，只是網路深度不一樣。

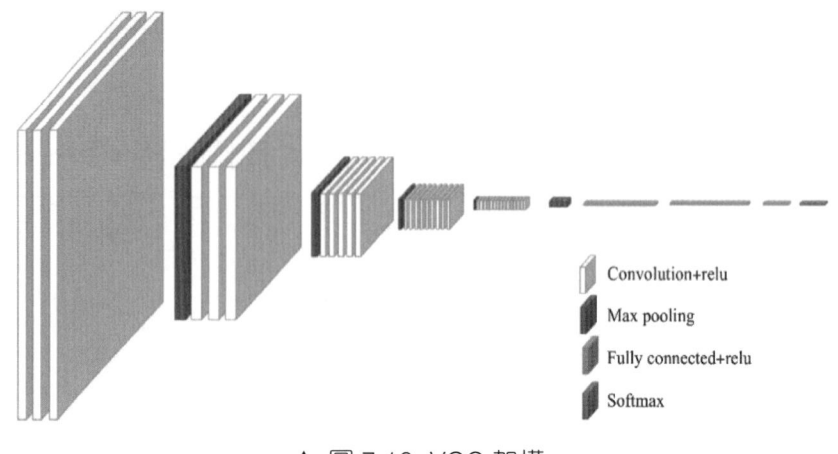

▲ 圖 7.10 VGG 架構

VGG 架構相比簡單的堆積卷積層來說，是有目的的採用連續的幾個 3×3 的卷積核心代替較大的卷積核心（11×11，7×7，5×5），如圖 7.11 所示。對於給定的接受域（與輸出有關的輸入圖片的局部大小），採用堆積的小卷積核心優於採用大的卷積核心，因為多層非線性層可以增加網路深度來保證學習更複雜的模式，而且代價還比較小（參數更少）。

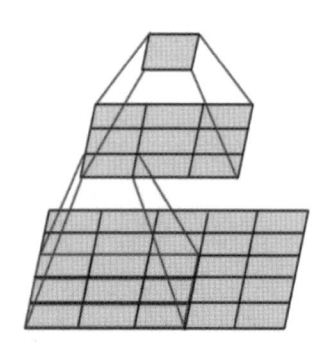

▲ 圖 7.11 接受域

簡單來說，在 VGG 中使用 3 個 3×3 卷積核心來代替大卷積核心（7×7），使用 2 個 3×3 卷積核心來代替 5×5 卷積核心，這樣做的主要目的是在保證具有相同接受域的條件下，提升了網路的深度，並在一定程度上提升了神經網路的效果。

比如，3 個步進值為 1 的 3×3 卷積核心的一層層疊加作用，可看成一個大小為 7 的接受域（其實就表示 3 個 3×3 連續卷積相當於一個 7×7 卷積），其參數總量為 $3×9×c^2$，如果直接使用 7×7 卷積核心，其參數總量為 $49×c^2$，這裡 c 指的是輸入和輸出的通道數。很明顯，$27×c^2$ 小於 $49×c^2$，即減少了參數；而且 3×3 卷積核心有利於更進一步地保持影像性質。

這裡解釋一下為什麼使用 2 個 3×3 卷積核心可以代替 5×5 卷積核心：5×5 卷積看作一個小的全連接網路在 5×5 區域滑動，可以先用一個 3×3 的卷積濾波器卷積，然後再用一個全連接層連接這個 3×3 卷積輸出，這個全連接層也可以看作一個 3×3 卷積層。這樣就可以用兩個 3×3 卷積串聯（疊加）起來代替一個 5×5 卷積了。

至於為什麼可以使用 3 個 3×3 卷積核心來代替 7×7 卷積核心，推導過程與上述類似，此處不再贅述。

7.2.2 VGG 中使用的元件介紹與實現

對於 VGG 架構中所使用的元件，我們以 VGG16 為例，詳細介紹各個元件及其相關實現，如圖 7.12 所示。

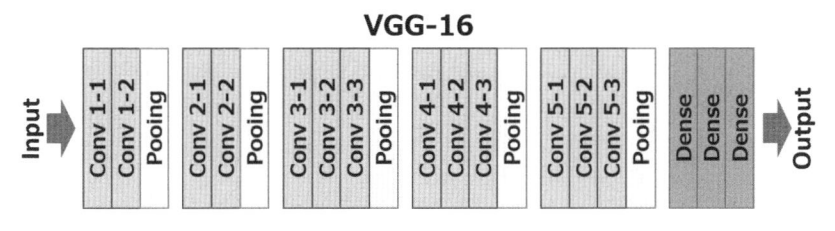

▲ 圖 7.12 VGG16

7.2 JAX 實戰—基於 VGG 架構的 MNIST 資料集分類

由圖 7.12 可以看到，VGG16 中包含了多個元件層，依次為「卷積層」、「池化層」以及「全連接層」，下面依次介紹。

1. 卷積運算

卷積運算在 7.1.1 小節中已經做了詳細介紹，卷積的作用是對輸入的資料進行特徵提取和計算，這裡不再過多贅述。

2. 池化運算

在透過卷積獲得了特徵之後，下一步希望利用這些特徵去做分類。理論上講，可以使用所有提取到的特徵去訓練分類器，例如 softmax 分類器，但這樣做面臨著計算量的挑戰。舉例來說，對於一個 96×96 像素的影像，假設已經獲得了 400 個定義在 8×8 輸入上的特徵，每一個特徵和影像卷積都會得到一個 (96-8+1)×(96-8+1)=7921 維的卷積特徵，由於有 400 個特徵，所以每個範例（example）都會得到一個 892×400=3168400 維的卷積特徵向量。學習一個擁有超過 300 萬特徵輸入的分類器十分不便，並且容易出現過擬合（over-fitting）。

這個問題的產生是因為卷積後的影像具有一種「靜態性」的屬性，這就表示在一個影像區域有用的特徵極有可能在另一個區域同樣適用。因此，為了描述大的影像，比較好的方法就是對不同位置的特徵進行聚合統計。

舉例來說，特徵提取可以計算影像一個區域上的某個特定特徵的平均值（或最大值），如圖 7.13 所示。這些概要統計特徵不僅具有較低的維度（相比使用所有提取得到的特徵），同時還會改善結果（不容易過擬合）。這種聚合的操作就叫作池化（pooling），有時也稱為平均池化或最大池化（取決於計算池化的方法）。

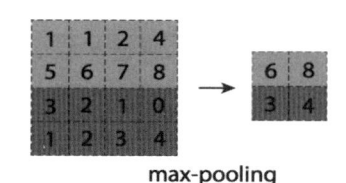

▲ 圖 7.13 max-pooling 後的圖片

如果選擇影像中的連續範圍作為池化區域，並且只是池化相同（重複）的隱藏單元產生的特徵，那麼，這些池化單元就具有平移不變性（translationinvariant）。這就表示即使影像經歷了一個小的平移之後，依然會產生相同的（池化的）特徵。在很多工中（例如物體檢測、聲音辨識），我們都更希望得到具有平移不變性的特徵，因為即使影像經過了平移，範例（影像）的標記仍然保持不變。

JAX 在單幅的二維圖片上進行池化運算的函數實現如下所示。

◯【程式 7-4】

```
# 注意，這裡實現的是在單幅圖片上進行池化運算的程式，並不適合在批次運算中使用
def pooling(feature_map, pool_size=pool_size, stride=stride):
    feature_map_shape = feature_map.shape
    height = feature_map_shape[0]
    width = feature_map_shape[1]
    padding_height = (round((height - pool_size + 1) / stride))
    padding_width = (round((width - pool_size + 1) / stride))
    pool_out = jnp.zeros((padding_height, padding_width))
    out_height = 0
    for r in jnp.arange(0, height, stride):
        out_width = 0
        for c in jnp.arange(0, width, stride):
            pool_out = pool_out.at[out_height, out_width].set(jnp.max(feature_map[r:r + pool_size, c:c + pool_size]))
            out_width = out_width + 1
        out_height = out_height + 1
    return pool_out
```

7.2 JAX 實戰—基於 VGG 架構的 MNIST 資料集分類

重要的參數如下：

- pool_size：池化視窗的大小，預設大小一般為 [2, 2]。
- stride：和卷積類似，視窗在每一個維度上滑動的步進值，預設大小一般為 [2,2]。

最終生成的影像大小為：

$$newheight = \frac{height - pool\_size}{stride} - 1$$

$$newwidth = \frac{width - pool\_size}{stride} - 1$$

池化的非常重要的作用就是能夠幫助輸入的資料表示近似不變性。而平移不變性指的是對輸入的資料進行少量平移時，經過池化後的輸出結果並不會發生改變。局部平移不變性是一個很有用的性質，尤其是在關心某個特徵是否出現而不關心它出現的具體位置時。

舉例來說，當判定一幅影像中是否包含人臉時，並不需要判定眼睛的位置，而是需要知道有一隻眼睛出現在臉部的左側，另外一隻出現在右側就可以了。

下面做一下測試，程式如下：

```
random_image = jax.random.normal(jax.random.PRNGKey(17), (10, 10))
print(pooling(random_image).shape)
```

列印結果如下所示：

(2, 5, 5)

需要注意的是，3 維結構一般是單一圖片的維度，而在後續的計算中並不會每次傳送一幅圖片到計算模型中，因此在對運算函數的設計上還需要使用 vmap 函數對其包裹，程式如下所示。

◯【程式 7-5】

```
def batch_pooling(feature_map, size=2, stride=2):
    assert feature_map.ndim == 4,print(" 輸入必須為 4 維 ")
    # einsum 使用了 jnp 附帶的維度變換
    feature_map = jnp.einsum("bhwc->bchw",feature_map)
    # 下面是實現的單一 pooling 層計算
    def pooling(feature_map, size=size, stride=stride):
        channel = feature_map.shape[0]
        height = feature_map.shape[1]
        width = feature_map.shape[2]
        padding_height = (round((height - size + 1) / stride))
        padding_width = (round((width - size + 1) / stride))
        pool_out = jnp.zeros((channel, padding_height, padding_width))
        for map_num in range(channel):
            out_height = 0
            for r in jnp.arange(0, height, stride):
                out_width = 0
                for c in jnp.arange(0, width, stride):
                    pool_out = pool_out.at[map_num, out_height, out_width].set(
                        jnp.max(feature_map[map_num, r:r + size, c:c +size]))
                    out_width = out_width + 1
                out_height = out_height + 1
        return pool_out
    batch_pooling = jax.vmap(pooling)
    batch_pooling_output = batch_pooling(feature_map)
    batch_pooling_output = jnp.einsum("bchw->bhwc", batch_pooling_output)
    return batch_pooling_output
```

3. Batch Normalization 實現

　　Batch Normalization 是批標準化，它和普通的資料標準化類似，可以將分散的資料統一規格，是最佳化神經網路的一種方法。統一規格的資料能讓機器學習更容易學習到資料之中的規律。

在神經網路中,資料分佈對訓練會產生影響。比如某個神經元 x 的值為 1,某個 Weights 的初值為 0.1,這樣後一層神經元計算結果就是 Wx=0.1,又或 x=20,這樣 Wx 的結果就為 2。

現在還不能看出什麼問題,但是當我們加上一層激勵函數來啟動這個 Wx 值的時候,問題就出現了。如果使用如 tanh 的激勵函數,Wx 的啟動值就變成了 ~0.1 和 ~1,接近於 1 的部分已經處在了激勵函數的飽和階段,也就是無論 x 再怎麼擴大,tanh 激勵函數輸出值也還是接近 1。

換句話說,神經網路在初始階段已經不對那些比較大的 x 特徵範圍敏感了。因此必須找到一種方法能夠重新對輸入的 x 值進行激發,使得神經網路在訓練的全程對資料變化保持一個敏感狀態。Batch Normalization 就是造成這個作用。

Batch Normalization 實現公式如圖 7.14 所示。

Input: Values of x over a mini-batch: $\mathcal{B} = \{x_{1...m}\}$;
Parameters to be learned: γ, β
Output: $\{y_i = \text{BN}_{\gamma,\beta}(x_i)\}$

$$\mu_{\mathcal{B}} \leftarrow \frac{1}{m}\sum_{i=1}^{m} x_i \qquad \text{// mini-batch mean}$$

$$\sigma_{\mathcal{B}}^2 \leftarrow \frac{1}{m}\sum_{i=1}^{m}(x_i - \mu_{\mathcal{B}})^2 \qquad \text{// mini-batch variance}$$

$$\widehat{x}_i \leftarrow \frac{x_i - \mu_{\mathcal{B}}}{\sqrt{\sigma_{\mathcal{B}}^2 + \epsilon}} \qquad \text{// normalize}$$

$$y_i \leftarrow \gamma \widehat{x}_i + \beta \equiv \text{BN}_{\gamma,\beta}(x_i) \qquad \text{// scale and shift}$$

▲ 圖 7.14 Batch Normalization 實現公式

實現的 Batch Normalization 程式如下:

```
def batch_normalization(x,gamma = 0.9,beta = 0.25,eps = 1e-9):
    u = x.mean(axis=0)
    std = jnp.sqrt(x.var(axis=0) + eps)
    y = (x - u) / std
    return gamma * y + beta
```

7.2.3 基於 VGG6 的 MNIST 資料集分類實戰

為了簡便起見，這裡僅實現一個 VGG6 的框架，有興趣的讀者可以嘗試設計和完成 VGG 的其他系列模型。

1. 第一步：資料的準備

我們使用第 1 章中的資料集進行資料處理，同時切分出測試集供訓練後進行測試，程式如下：

```
x_train = jnp.load("../第1章/mnist_train_x.npy")
y_train = jnp.load("../第1章/mnist_train_y.npy")
x_train = lax.expand_dims(x_train,[-1])/255.
def one_hot_nojit(x, k=10, dtype=jnp.float32):
    return jnp.array(x[:, None] == jnp.arange(k), dtype)
y_train = one_hot_nojit(y_train)
batch_size = 312
image_channel_dimension = 1
# 切分出測試集
x_test = x_train[-4096:]
y_test = y_train[-4096:]
# 將切分出的測試集從訓練集中剔除
x_train = x_train[:60000-4096]
y_train = y_train[:60000-4096]
```

2. 第二步：VGG6 計算模型的實現

在上一小節中詳細介紹並實現了 VGG 模型的一些元件，在這裡建構

7.2 JAX 實戰─基於 VGG 架構的 MNIST 資料集分類

VGG6 模型時可以直接使用這些元件，程式如下：

```
# 卷積層的實現
def conv(x,kernel_weight,window_strides = 1):
    input_shape = x.shape
    dn = lax.conv_dimension_numbers(input_shape, kernel_weight["kernel_weight"].shape, ('NHWC', 'HWIO', 'NHWC'))
    x = lax.conv_general_dilated(x, kernel_weight["kernel_weight"], window_strides=[window_strides, window_strides], padding="SAME", dimension_numbers=dn)
    x = jax.nn.selu(x)
    return x
```

首先第一個是卷積層的實現，筆者沿用了上文中卷積的計算方式並將其建構成一個 jax 函數：

```
@jax.jit
def forward(params, x):
    for i in range(len(params) - 2):
        x = conv(x, kernel_weight=params[i])
    x = conv_untils.batch_normalization(x) # 將池化層替換成 batch_normalization 層
    x = jnp.reshape(x, [-1, 50176])
    for i in range(len(params) - 2, len(params) - 1):
        x = jnp.matmul(x, params[i]["weight"]) + params[i]["bias"]
        x = jax.nn.selu(x)
    x = jnp.matmul(x, params[-1]["weight"]) + params[-1]["bias"]
    x = jax.nn.softmax(x, axis=-1)
    return x
```

3. 第三步：預測模型的組建與訓練

對於模型參數的初始化、損失函數以及最佳化函數的建立和撰寫方法，此處就不再過多贅述，完整的訓練模型如下所示。

【程式 7-6】

```
from jax import lax
import time
import jax
import jax.numpy as jnp
import conv_untils
x_train = jnp.load("../第 1 章/mnist_train_x.npy")
y_train = jnp.load("../第 1 章/mnist_train_y.npy")
x_train = lax.expand_dims(x_train,[-1])/255.
def one_hot_nojit(x, k=10, dtype=jnp.float32):
    return jnp.array(x[:, None] == jnp.arange(k), dtype)
y_train = one_hot_nojit(y_train)
batch_size = 312
image_channel_dimension = 1
x_test = x_train[-4096:]
y_test = y_train[-4096:]
x_train = x_train[:60000-4096]
y_train = y_train[:60000-4096]
img_shape = [1,28,28,image_channel_dimension]   # shape=[N,H,W,C]
kernel_shape = [3,3,image_channel_dimension,image_channel_dimension]
#shape = [H,W,I,O]
def init_mlp_params(kernel_shape_list):
    params = []
    key = jax.random.PRNGKey(17)
    #建立 12 層的 CNN 使用的 kernel
    for i in range(len(kernel_shape_list)-2):
        kernel_weight = jax.random.normal(key, shape=kernel_shape_list[i])/jnp.sqrt(784)
        par_dict = dict(kernel_weight=kernel_weight)
        params.append(par_dict)
    #建立 3 層的 Dense 使用的 kernel
    for i in range(len(kernel_shape_list) - 2,len(kernel_shape_list)):
```

7.2 JAX 實戰—基於 VGG 架構的 MNIST 資料集分類

```
        weight = jax.random.normal(key, shape=kernel_shape_list[i]) / jnp.sqrt(784)
        bias = jax.random.normal(key, shape=(kernel_shape_list[i][-1],)) / jnp.sqrt(784)
        par_dict = dict(weight=weight, bias=bias)
        params.append(par_dict)
    return params
kernel_shape_list = [
    [3,3,1,16],[3,3,16,32],
    [3,3,32,48],[3,3,48,64],
    [50176,128],[128,10]
]
params = init_mlp_params(kernel_shape_list)
@jax.jit
def conv(x,kernel_weight,window_strides = 1):
    input_shape = x.shape
    dn = lax.conv_dimension_numbers(input_shape, kernel_weight["kernel_weight"].shape, ('NHWC', 'HWIO', 'NHWC'))
    x = lax.conv_general_dilated(x, kernel_weight["kernel_weight"], window_strides=[window_strides, window_strides], padding="SAME", dimension_numbers=dn)
    x = jax.nn.selu(x)
    return x
@jax.jit
def forward(params, x):
    for i in range(len(params) - 2):
        x = conv(x, kernel_weight=params[i])
    x = conv_untils.batch_normalization(x)
    x = jnp.reshape(x, [-1, 50176])
    for i in range(len(params) - 2, len(params) - 1):
        x = jnp.matmul(x, params[i]["weight"]) + params[i]["bias"]
        x = jax.nn.selu(x)
    x = jnp.matmul(x, params[-1]["weight"]) + params[-1]["bias"]
```

7-22

```python
    x = jax.nn.softmax(x, axis=-1)
    return x
@jax.jit
def cross_entropy(y_true, y_pred):
    ce = -jnp.sum(y_true * jnp.log(jax.numpy.clip(y_pred, 1e-9, 0.999)) + (1 - y_true) * jnp.log(jax.numpy.clip(1 - y_pred, 1e-9, 0.999)), axis=1)
    return jnp.mean(ce)
@jax.jit
def loss_fun(params,xs,y_true):
    y_pred = forward(params,xs)
    return cross_entropy(y_true,y_pred)
@jax.jit
def opt_sgd(params,xs,ys,learn_rate = 1e-3):
    grads = jax.grad(loss_fun)(params,xs,ys)
    return jax.tree_multimap(lambda p, g: p - learn_rate * g, params, grads)
@jax.jit
def pred_check(params, inputs, targets):
    """ Correct predictions over a minibatch. """
    # 這裡做了修正,因為預測生成的結果是 [-1,10],所以輸入的 target 就改成了 [-1,10],
    # 這裡需要將 2 個 jnp.argmax 做一個轉換
    predict_result = forward(params, inputs)
    predicted_class = jnp.argmax(predict_result, axis=1)
    targets = jnp.argmax(targets, axis=1)
    return jnp.sum(predicted_class == targets)
start = time.time()
for i in range(20):
    batch_num = (60000 - 4096) // batch_size
    for j in range(batch_num):
        start = batch_size * (j)
        end = batch_size * (j + 1)
        x_batch = x_train[start:end]
```

```
            y_batch = y_train[start:end]
            params = opt_sgd(params, x_batch, y_batch)
        if (i+1) %5 == 0:
            loss_value = loss_fun(params,x_train,y_train)
            end = time.time()
            train_acc = (pred_check(params,x_test,y_test) / float(4096.))
            print(f"經過i輪:{i},現在的loss值為:{loss_value},
測試集準確率為：{train_acc}")
            start = time.time()
```

執行結果如下所示：

```
經過i輪:4,現在的loss值為:0.4104980528354645,測試集準確率為: 0.951171875
經過i輪:9,現在的loss值為:0.3051346242427826,測試集準確率為: 0.964599609375
```

可以看到，僅經過 10 個 epoch，模型的準確率就達到了一個較好的水準，相較於前期我們使用全連接層完成分類任務，結果有了一個極大地提升。

7.3 本章小結

本章介紹了 JAX 中的卷積計算部分，對深度學習來說，卷積是電腦視覺、部分自然語言處理，以及強化學習領域應用最廣泛的資料處理和提取模型。需要讀者掌握卷積處理方法。

VGG 是一個最為經典的卷積神經網路分類模型，至今在不少領域仍舊佔據主要的地位，本章完成了一個 VGG 模型的撰寫和訓練，這是我們第一個重要的模型，需要讀者掌握其原理。

CHAPTER 08

JAX 與 TensorFlow 的比較與互動

如果讀者參與過深度學習的專案，相信 TensorFlow 這個名字一定不會陌生。TensorFlow 是一個基於資料流程式設計（Dataflow Programming）的符號數學系統，被廣泛應用於各類機器學習演算法的程式設計實現，其前身是 Google 的神經網路演算法函數庫──DistBelief。

TensorFlow 擁有多層級結構，可部署於各類伺服器、PC 終端和網頁，並支持 GPU 和 TPU 高性能數值計算，被廣泛應用於 Google 內部的產品開發和各領域的科學研究。

TensorFlow 由 Google 人工智慧團隊 Google 大腦（Google Brain）開發和維護，擁有包括 TensorFlow Hub、TensorFlow Lite、TensorFlow Research Cloud 在內的多個專案以及各類應用程式介面（Application Programming Interface，API）。自 2015 年 11 月 9 日起，TensorFlow 依據阿帕契授權協定（Apache 2.0 Open Source License）開放原始程式。

本章將大概介紹一下 TensorFlow 的程式設計，實現一個簡單的 MNIST 資料集分類，目的是對比 JAX 的執行速度，以便讀者能夠對 JAX 執行有一個直觀的了解。之後會充分利用以前的知識實現一個使用 TensorFlow Datasets 資料集的 MNIST 分類程式。

8.1 基於 TensorFlow 的 MNIST 分類

在上一章中，我們使用 JAX 完成了 MNIST 資料集訓練，使用的是卷積模組。卷積是一種較為常用的對圖像資料進行處理的計算方法。本章使用 TensorFlow 完成 MNIST 資料集的分類任務。

TensorFlow 的使用在本章就不再詳細說明，有興趣的讀者可以參考筆者有關 TensorFlow 的專著。完整地使用 TensorFlow 進行 MNIST 分類的操作如下所示（讀者可以跳過程式部分直接看相關分析）。

1. 第一步：資料的準備

由於 TensorFlow 相對 JAX 來說是一個較為完整和應用範圍較廣的框架，其附帶的資料庫可以很簡單地被呼叫，我們使用 TensorFlow 中附帶的 MNIST 來完善資料的準備工作，程式如下所示。

◯【程式 8-1】

```
import tensorflow as tf
import numpy as np
# 第一次使用需要從網上下載對應的資料集，請保持網路暢通
(x_train, y_train), (x_test, y_test) = tf.keras.datasets.mnist.load_data()
# 修正資料維度
x_train = np.expand_dims(x_train,axis=3)
```

```
# 轉化成 one_hot 形式的標籤
y_train = tf.one_hot(y_train,depth=10)
# 將處理後的資料處理成 TensorFlow 標準資料
train_data = tf.data.Dataset.from_tensor_slices((x_train,y_train)).
shuffle(1024).batch(256)
```

其中 tf.data.Dataset 函數是 TensorFlow 資料處理函數，這裡將資料集包裹成 TensorFlow 所需的標準格式，並直接載入到記憶體中。

2. 第二步：模型與損失函數

這一步就是 TensorFlow 程式設計中的模型與損失函數的撰寫，為了與上一章的 JAX 進行對比，我們使用了同樣的 2 層卷積模型，並且設定卷積核心大小同樣為 [3,3]，步進 strides 為 1。程式如下所示。

◯【程式 8-2】

```
class MnistDemo(tf.keras.layers.Layer):
    def __init__(self):
        super(MnistDemo, self).__init__()
    def build(self, input_shape):
        self.conv_1 = tf.keras.layers.Conv2D(filters=1,kernel_size=3,activation=tf.nn.relu)
        self.bn_1 = tf.keras.layers.BatchNormalization()
        self.conv_2 = tf.keras.layers.Conv2D(filters=1,kernel_size=3,activation=tf.nn.relu)
        self.bn_2 = tf.keras.layers.BatchNormalization()
        self.dense = tf.keras.layers.Dense(10,activation=tf.nn.sigmoid)
        super(MnistDemo, self).build(input_shape)  # Be sure to call this at the end
    def call(self, inputs):
        embedding = inputs
        embedding = self.conv_1(embedding)
```

8.1 基於 TensorFlow 的 MNIST 分類

```
embedding = self.bn_1(embedding)
embedding = self.conv_2(embedding)
embedding = self.bn_2(embedding)
embedding = tf.keras.layers.Flatten()(embedding)
logits = self.dense(embedding)
return logits
```

3. 第三步：使用 GPU 模式執行 TensorFlow 程式

下面使用 TensorFlow 模型進行訓練，首先使用 GPU 模式對 TensorFlow 模型進行訓練，程式如下所示。

◯【程式 8-3】

```
import time
#載入with tf.device("/GPU:0") 就是要告訴 TensorFlow 使用 GPU 模型進行計算
with tf.device("/GPU:0"):
    img = tf.keras.Input(shape=(28, 28, 1))
    logits = MnistDemo()(img)
    model = tf.keras.Model(img, logits)
    for i in range(4):
        start = time.time()
        model.compile(optimizer=tf.keras.optimizers.SGD(1e-3),loss=
tf.keras.losses.categorical_crossentropy,metrics=["accuracy"])
        model.fit(train_data, epochs=50, validation_data=(test_
data),verbose=0)
        end = time.time()
        loss, accuracy = model.evaluate(test_data)
        print('test loss', loss)
        print('accuracy', accuracy)
        print(f" 開始第 {i} 個測試，迴圈執行時間 :%.12f 秒 " % (end - start))
```

最終結果列印如圖 8.1 所示。

```
40/40 [==============================] - 0s 3ms/step - loss: 0.3138 - accuracy: 0.9098
test loss 0.31384211778640747
accuracy 0.9097999930381775
開始第0個測試,迴圈執行時間:56.326052188873秒
40/40 [==============================] - 0s 3ms/step - loss: 0.2915 - accuracy: 0.9179
test loss 0.29153966903686523
accuracy 0.917900025844574
開始第1個測試,迴圈執行時間:51.980101585388秒
40/40 [==============================] - 0s 2ms/step - loss: 0.2826 - accuracy: 0.9202
test loss 0.28258609771728516
accuracy 0.920199990272522
開始第2個測試,迴圈執行時間:50.838623046875秒
40/40 [==============================] - 0s 3ms/step - loss: 0.2772 - accuracy: 0.9220
test loss 0.27724766731262207
accuracy 0.921999990940094
開始第3個測試,迴圈執行時間:50.586835384369秒
```

▲ 圖 8.1 列印結果

可以看到,同樣是經過 200 個 epoch 的訓練,模型耗費時間為 52~55 秒,這與我們在 JAX 中使用 CPU 進行計算時所花費的時間要少得多,但是此時是使用了 GPU 而非 CPU 計算,這一點請讀者注意。

4. 第四步:使用 CPU 模式執行 TensorFlow 程式

下面使用 CPU 模式呼叫 TensorFlow 對程式進行計算。在 TensorFlow 中採用何種模型只需要簡單提示 TensorFlow 所需要使用的模式類別,如下所示:

```
with tf.device("/CPU:0"):
...
```

修正方案請讀者自行完成,下面看一下執行所花費的時間,如圖 8.2 所示。

```
157/157 [==============================] - 0s 2ms/step - loss: 1.9803 - accuracy: 0.3598
test loss 1.9802918434143066
accuracy 0.3598000109195709
迴圈執行時間:86.332725048065秒
157/157 [==============================] - 0s 2ms/step - loss: 1.4123 - accuracy: 0.6093
test loss 1.4122586250305176
accuracy 0.6093000173568726
迴圈執行時間:86.256759166718秒
157/157 [==============================] - 0s 2ms/step - loss: 0.6217 - accuracy: 0.8150
test loss 0.6217241883277893
accuracy 0.8149999976158142
迴圈執行時間:86.376583337784秒
```

▲ 圖 8.2 執行時間

這裡我們僅測試了 3 輪，可以很明顯地看到，每 10 個 epoch 所花費的時間約為 86 秒，而這與 JAX 執行 50 個 epoch 所花費的時間相似，所以可以認為同樣在 CPU 模式下，JAX 所花費時間遠遠小於 TensorFlow 所花費的時間。

8.2 TensorFlow 與 JAX 的互動

在上面的例子中，我們使用 TensorFlow 完成了 MNIST 資料集的分類任務，相信讀者對使用 TensorFlow 進行深度學習的訓練和預測有了一個大概的了解。實際上作為頂級的深度學習應用框架，TensorFlow 至今都佔據著工業領域和科學研究領域主流深度學習應用框架的位置。

下面將聯合 JAX 與 TensorFlow 訓練一個基於全連接層的 MNIST 分類模型，我們使用第 8.1 節中的 TensorFlow datasets 函數載入對應的資料，並使用 vmap 函數擴充多維度資料的處理方法。

8.2.1 基於 JAX 的 TensorFlow Datasets 資料集分類實戰

下面開始使用 JAX 對 TensorFlow Datasets 資料集進行分類實戰。讀者可能不熟悉 TensorFlow Datasets 的使用情況，但是請先按步驟一步步地學下去，在 8.2.2 小節中筆者會詳細介紹 TensorFlow Datasets 的使用細節。

1. 第一步：資料的準備

下面需要使用 TensorFlow 資料集中的 MNIST 資料，並加以處理。程式如下所示。

◯【程式 8-4】

```
# 轉化 one_hot 標籤的函數
def one_hot(x, k, dtype=jnp.float32):
    """Create a one-hot encoding of x of size k."""
    return jnp.array(x[:, None] == jnp.arange(k), dtype)
# 直接從 tensorflow-dataset 資料集中載入資料
train_ds = tfds.load("mnist", split=tfds.Split.TRAIN, batch_size=-1)
train_ds = tfds.as_numpy(train_ds)
train_images, train_labels = train_ds["image"], train_ds["label"]
_,hight_size,width_size,channel_dimmision = train_images.shape
# 獲取資料維度
num_pixels = hight_size * width_size * channel_dimmision
# 設定分類的數目
output_dimisions = 10
# 修改輸入的資料維度
train_images = jnp.reshape(train_images,(-1,num_pixels))
# 轉化成 one-hot 形式
train_labels = one_hot(train_labels,k = output_dimisions)
```

8.2 TensorFlow 與 JAX 的互動

```python
test_ds = tfds.load("mnist", split=tfds.Split.TEST, batch_size=-1)
test_ds = tfds.as_numpy(test_ds)
test_images, test_labels = test_ds["image"], test_ds["label"]
test_images = jnp.reshape(test_images,(-1,num_pixels))
test_labels = one_hot(test_labels,k = output_dimisions)
```

2. 第二步：模型的設計

我們根據前期的設定使用 3 層全連接層作為資料集的預測模型，即一個輸入層、兩個隱藏層、一個輸出層的模型結構，程式如下所示。

【程式 8-5】

```python
# 資料初始化函數
def init_params(layer_dimisions = [num_pixels,512,256,output_dimisions]):
    key = jax.random.PRNGKey(17)
    params = []
    for i in range(1,(len(layer_dimisions))):
        weight = jax.random.normal(key,shape=(layer_dimisions[i - 1],layer_dimisions[i]))/jnp.sqrt(num_pixels)
        bias = jax.random.normal(key,shape=(layer_dimisions[i],)) /jnp.sqrt(num_pixels)
        par = {"weight":weight,"bias":bias}
        params.append(par)
    return params
# 預測模型函數
def forward(params,xs):
    for par in params[:-1]:
        weight = par["weight"]
        bias = par["bias"]
        xs = jnp.dot(xs, weight) + bias
        xs = relu(xs)
    output = jnp.dot(xs, params[-1]["weight"]) + params[-1]["bias"]
    print(output.shape)
```

```
output = jax.nn.softmax(output,axis=-1)
return output
```

模型的說明如下：

首先透過 init_params 函數設定模型每一層所使用的參數。而在前向計算函數 forward 中，輸入特徵依次經過矩陣計算和非線性啟動層對輸入特徵進行加權計算，並將結果作為下一層的輸入。模型的最後一層是一個具有 10 個神經元的 softmax 層，作用是對輸入的值進行機率計算，所有的 10 個機率之和為 1。

3. 第三步：模型的元件的建構

下面就是模型元件的建構，我們準備了模型訓練所需要的元件模組，程式如下所示。

◎【程式 8-6】

```
@jax.jit
def relu(x):                          # 啟動函數
    return jnp.maximum(0, x)
@jax.jit
def cross_entropy(y_true, y_pred):    # 交叉熵函數
    ce = -jnp.sum(y_true * jnp.log(jax.numpy.clip(y_pred, 1e-9, 0.999)) +
(1 - y_true) * jnp.log(jax.numpy.clip(1 - y_pred, 1e-9, 0.999)), axis=1)
    return jnp.mean(ce)
@jax.jit                              #計算損失函數
def loss_fun(params,xs,y_true):
    y_pred = forward(params,xs)
    return cross_entropy(y_true,y_pred)
@jax.jit                              #sgd 最佳化函數
def opt_sgd(params,xs,y_true,learn_rate = 1e-3):
    grads = jax.grad(loss_fun)(params,xs,y_true)
```

```
    params = jax.tree_multimap(lambda p,g:p - learn_rate*g ,params,grads )
    return params
@jax.jit                          # 準確率計算函數
def pred_check(params, inputs, targets):
    predict_result = forward(params, inputs)
    predicted_class = jnp.argmax(predict_result, axis=1)
    targets = jnp.argmax(targets, axis=1)
    return jnp.sum(predicted_class == targets)
```

4. 第四步：模型的執行

下面就是模型的執行程式，我們執行 500 次以後查看一下執行結果。

🔹【程式 8-7】

```
params = init_params()
start = time.time()
for i in range(500):
    params = opt_sgd(params,train_images,train_labels)
    if (i+1) %50 == 0:
        loss_value = loss_fun(params,test_images,test_labels)
        end = time.time()
        train_acc = (pred_check(params,test_images,test_labels) / float(10000.))
        print("迴圈執行時間:%.12f 秒 " % (end - start),f" 經過 i 輪:{i}，現在的 loss 值為 :{loss_value}, 測試集測試集準確率為 : {train_acc}")
        start = time.time()
```

最終結果列印如圖 8.3 所示。

這一部分是使用 TensorFlow Datasets 資料集中的測試集與驗證集進行計算的例子，可以看到透過訓練集對模型的訓練後，在測試集上也獲得了較好的成績。

JAX 與 TensorFlow 的比較與互動 **08**

```
迴圈執行時間16.662451472139秒 經過49輪:, 現在的loss值為:8.3864521345876,測試集測試集準確率為: 0.54791245678935
迴圈執行時間14.215464123133秒 經過99輪:, 現在的loss值為:1.3256148951223,測試集測試集準確率為: 0.84155664578984
迴圈執行時間15.478954612346秒 經過149輪:, 現在的loss值為:0.9856544664456,測試集測試集準確率為: 0.87956479124560
迴圈執行時間14.312419633492秒 經過199輪:, 現在的loss值為:0.5565645789134,測試集測試集準確率為: 0.89164213465546
迴圈執行時間15.156546421752秒 經過249輪:, 現在的loss值為:0.4745631456478,測試集測試集準確率為: 0.90791455687931
迴圈執行時間15.416713234561秒 經過299輪:, 現在的loss值為:0.4278944123457,測試集測試集準確率為: 0.91741323698412
迴圈執行時間16.456456132345秒 經過349輪:, 現在的loss值為:0.4154713567891,測試集測試集準確率為: 0.91912454656328
迴圈執行時間15.789564123314秒 經過399輪:, 現在的loss值為:0.4074136985212,測試集測試集準確率為: 0.92125456445679
迴圈執行時間14.896431214673秒 經過449輪:, 現在的loss值為:0.4014125694124,測試集測試集準確率為: 0.92156456579456
```

▲ 圖 8.3　列印結果

5. 補充內容：對模型的修正

下面我們需要對模型進行一次修正，請注意，在設計 forward 函數時，裡面的全連接層計算採用的是矩陣相乘的方式，即在 jnp.dot(xs, weight) 中要求 xs 和 weight 均是矩陣，雖然這樣也可以解決矩陣乘積的問題，但是實際上也可以採用 vmap 函數來解決這個序列與矩陣乘積的問題，程式修改如下：

```
# 這裡是為了突出對比僅使用了核心計算模組
def pred(w,xs):
    outputs = jnp.dot(w, xs)
    return outputs
```

此時讀者可以嘗試以下程式進行驗證：

```
#single_ random_flattened_images = random.normal(random.PRNGKey(17), (28 * 28,))
random_flattened_images = random.normal(random.PRNGKey(17), (10,28 * 28))
w = random.normal(random.PRNGKey(17), (256, 784))
def pred(w,xs):
    outputs = jnp.dot(w, xs)
    return outputs
pred(w,random_flattened_images)
```

8-11

不出所料的話，這一段程式實際上會顯示出錯，究其原因是因為我們在設定核心計算模組時使用的是單一序列計算的方式，而對於整合成 batch 的序列則無法進行計算，解決辦法如下所示：

```
jax.vmap(pred,[None,0])(w,random_flattened_images)
```

透過 vmap 包裹後的 pred 函數則可以完整地計算整個 batch 處理後的資料內容。

8.2.2　TensorFlow Datasets 資料集簡介

目前來說，已經有 85 個資料集可以透過 TensorFlow Datasets 加載，讀者可以透過列印的方式獲取到全部的資料集名稱（由於資料集仍在不停地增加中，顯示結果以列印為準），程式如下：

```
import tensorflow_datasets as tfds
print(tfds.list_builders())
```

結果如下所示：

```
['abstract_reasoning', 'bair_robot_pushing_small', 'bigearthnet',
'caltech101', 'cats_vs_dogs', 'celeb_a', 'celeb_a_hq', 'chexpert', 'cifar10',
'cifar100', 'cifar10_corrupted', 'clevr', 'cnn_dailymail', 'coco', 'coco2014',
'colorectal_histology', 'colorectal_histology_large', 'curated_breast_imaging_
ddsm', 'cycle_gan', 'definite_pronoun_resolution', 'diabetic_retinopathy_
detection', 'downsampled_imagenet', 'dsprites', 'dtd', 'dummy_dataset_
shared_generator', 'dummy_mnist','emnist', 'eurosat', 'fashion_mnist',
'flores', 'glue', 'groove', 'higgs', 'horses_or_humans', 'image_label_folder',
'imagenet2012', 'imagenet2012_corrupted', 'imdb_reviews', 'iris', 'kitti',
'kmnist', 'lm1b', 'lsun', 'mnist', 'mnist_corrupted', 'moving_mnist', 'multi_
nli', 'nsynth', 'omniglot', 'open_images_v4', 'oxford_flowers102', 'oxford_
iiit_pet', 'para_crawl', 'patch_camelyon', 'pet_finder', 'quickdraw_bitmap',
'resisc45', 'rock_paper_scissors', 'shapes3d', 'smallnorb', 'snli', 'so2sat',
```

'squad', 'starcraft_video', 'sun397', 'super_glue', 'svhn_cropped', 'ted_hrlr_translate', 'ted_multi_translate', 'tf_flowers', 'titanic', 'trivia_qa', 'uc_merced', 'ucf101', 'voc2007', 'wikipedia', 'wmt14_translate', 'wmt15_translate', 'wmt16_translate', 'wmt17_translate', 'wmt18_translate', 'wmt19_translate', 'wmt_t2t_translate', 'wmt_translate', 'xnli']

可能有讀者不熟悉這些資料集，但我們不建議一一去查看和測試這些資料集。表 8.1 列舉了 TensorFlow Datasets 較為常用的 6 種類型 29 個資料集，分別涉及音訊類、影像類、結構化資料集、文字類、翻譯類和視訊類資料。

表 8.1 TensorFlow Datasets 資料集

音頻類	nsynth
音訊類	cats_vs_dogs
	celeb_a
	celeb_a_hq
	cifar10
	cifar100
	coco2014
	colorectal_histology
	colorectal_histology_large
	diabetic_retinopathy_detection
	fashion_mnist
	image_label_folder
	imagenet2012
	lsun
	mnist
	omniglot
	open_images_v4

8.2 TensorFlow 與 JAX 的互動

影像類	quickdraw_bitmap
	svhn_cropped
	tf_flowers
結構化資料集	titanic
文字類	imdb_reviews
	lm1b
	squad
翻譯類	wmt_translate_ende
	wmt_translate_enfr
視訊類	bair_robot_pushing_small
	moving_mnist
	starcraft_video

一般而言，安裝好 TensorFlow 以後，TensorFlow Datasets 函數庫也被預設安裝。如果讀者沒有安裝 TensorFlow Datasets 函數庫，可以透過以下程式碼部分進行安裝：

```
pip install tensorflow_datasets
```

首先我們以 MNIST 資料集為例，介紹 Datasets 資料集的基本使用情況。MNIST 資料集展示程式如下：

```
import tensorflow as tf
import tensorflow_datasets as tfds
mnist_data = tfds.load("mnist")
mnist_train, mnist_test = mnist_data["train"], mnist_data["test"]
assert isinstance(mnist_train, tf.data.Dataset)
```

這裡首先匯入了 tensorflow_datasets 作為資料的獲取介面，之後呼叫 load 函數獲取 mnist 資料集的內容，再按照 train 和 test 資料的不同將其分割成訓練集和測試集。執行效果如圖 8.4 所示。

```
from ._conv import register_converters as _register_converters
Downloading and preparing dataset mnist (11.06 MiB) to C:\Users\xiaohua\tensorflow_datasets\mnist\1.0.0...
Dl Completed...: 0 url [00:00, ? url/s]
Dl Size...: 0 MiB [00:00, ? MiB/s]

Dl Completed...:   0%|          | 0/1 [00:00<?, ? url/s]
Dl Size...: 0 MiB [00:00, ? MiB/s]

Dl Completed...:   0%|          | 0/2 [00:00<?, ? url/s]
Dl Size...: 0 MiB [00:00, ? MiB/s]

Dl Completed...:   0%|          | 0/3 [00:00<?, ? url/s]
Dl Size...: 0 MiB [00:00, ? MiB/s]

Dl Completed...:   0%|          | 0/4 [00:00<?, ? url/s]
Dl Size...: 0 MiB [00:00, ? MiB/s]

Extraction completed...: 0 file [00:00, ? file/s]C:\Anaconda3\lib\site-packages\urllib3\connectionpool.py:858: Insecu
 InsecureRequestWarning)
```

▲ 圖 8.4 執行效果

由於是第一次下載，tfds 連接資料的下載點獲取資料的下載網址和內容，此時只需靜待資料下載完畢即可。下面程式列印了資料集的維度和一些說明：

```
import tensorflow_datasets as tfds
mnist_data = tfds.load("mnist")
mnist_train, mnist_test = mnist_data["train"], mnist_data["test"]
print(mnist_train)
print(mnist_test)
```

可以看到，根據下載的資料集的具體內容，資料集已經被調整成對應的維度和資料格式，顯示結果如圖 8.5 所示。

```
WARNING: Logging before flag parsing goes to stderr.
W1026 21:23:09.729100 15344 dataset_builder.py:439] Warning: Setting shuffle_files=True because split=TRAIN and shuffle_f
<_OptionsDataset shapes: {image: (28, 28, 1), label: ()}, types: {image: tf.uint8, label: tf.int64}>
<_OptionsDataset shapes: {image: (28, 28, 1), label: ()}, types: {image: tf.uint8, label: tf.int64}>
```

▲ 圖 8.5 資料集效果

可以看到，MNIST 資料集中的資料大小是 [28,28,1] 維度的圖片，資料型態是 unit8，而 label 類型為 int64。這裡有讀者可能會感覺奇怪，以

8.2 TensorFlow 與 JAX 的互動

前 MNIST 資料集的圖片資料很多，而這裡只顯示了一筆資料的類型，實際上當資料集輸出結果如圖 8.5 所示時，說明已經將資料集內容下載到本地了。

tfds.load 是一種簡便的方法，它是建構和載入 tf.data.Dataset 最快捷的方法。其獲取的是一個不同的字典類型的檔案，根據不同的 key 獲取不同的 value 值。

為了方便那些在程式中需要簡單 NumPy 陣列的使用者，可以使用 tfds.as_numpy 返回一個生成 NumPy 陣列記錄的生成器 ——tf.data.Dataset。允許使用 tf.data 介面建構高性能輸入管道。

```
import tensorflow as tf
import tensorflow_datasets as tfds
train_ds = tfds.load("mnist", split=tfds.Split.TRAIN)
train_ds = train_ds.shuffle(1024).batch(128).repeat(5).prefetch(10)
for example in tfds.as_numpy(train_ds):
    numpy_images, numpy_labels = example["image"], example["label"]
```

tfds.as_numpy 還可以結合使用 batch_size=-1，從返回的 tf.Tensor 物件中獲取 NumPy 陣列中的完整資料集：

```
train_ds = tfds.load("mnist", split=tfds.Split.TRAIN, batch_size=-1)
numpy_ds = tfds.as_numpy(train_ds)
numpy_images, numpy_labels = numpy_ds["image"], numpy_ds["label"]
```

● 注意

load 函數中還額外增加了一個 split 參數，可以將資料在傳入的時候直接進行分割，這裡按資料的類型分割成 "image" 和 "label" 值。

如果需要對資料集進行更細一步的劃分，可以按權重將其分成訓練集、驗證集和測試集，程式如下：

```
import tensorflow_datasets as tfds
splits = tfds.Split.TRAIN.subsplit(weighted=[2, 1, 1])
(raw_train, raw_validation, raw_test), metadata = tfds.load('mnist',
split=list(splits),with_info=True, as_supervised=True)
```

這裡 tfds.Split.TRAIN.subsplit 函數按傳入的權重將其分成訓練集佔 50%、驗證集佔 25%、測試集佔 25%。

metadata 屬性獲取了 MNIST 資料集的基本資訊，如圖 8.6 所示。這裡記錄了資料的種類、大小以及對應的格式，請讀者自行執行程式確定。

```
tfds.core.DatasetInfo(
    name='mnist',
    version=1.0.0,
    description='The MNIST database of handwritten digits.',
    urls=['https://storage.googleapis.com/cvdf-datasets/mnist/'],
    features=FeaturesDict({
        'image': Image(shape=(28, 28, 1), dtype=tf.uint8),
        'label': ClassLabel(shape=(), dtype=tf.int64, num_classes=10),
    }),
    total_num_examples=70000,
    splits={
        'test': 10000,
        'train': 60000,
    },
    supervised_keys=('image', 'label'),
    citation="""@article{lecun2010mnist,
      title={MNIST handwritten digit database},
      author={LeCun, Yann and Cortes, Corinna and Burges, CJ},
      journal={ATT Labs [Online]. Available: http://yann. lecun. com/exdb/mnist},
      volume={2},
      year={2010}
    }""",
    redistribution_info=,
)
```

▲ 圖 8.6 MNIST 資料集

8.3 本章小結

本章主要介紹了 JAX 使用 TensorFlow Datasets 進行模型訓練的方法。吳恩達老師説過，公共資料集為機器學習研究這枚火箭提供了動力，但將這些資料集放入機器學習管道就已經夠難的了。撰寫下載資料的一次性指令稿，準備那些原始檔案格式和複雜性不一的資料集，相信這種痛苦每個程式設計師都有過切身體會。

因此，JAX 可以很自由地借助於 TensorFlow Datasets 資料集進行無縫訓練，從而解決使用者尋找資料集的困難，這是一個很好的起步。

除此之外，本章還重新複習了前面章節的一些內容，特別是使用 vmap 對獨立函數進行包裹的方法，這是利用 JAX 特性的一種優雅的程式設計方法。

CHAPTER

09

遵循 JAX 函數基本規則下的自訂函數

前面章節演示了使用 JAX 進行神經網路訓練的完整過程，相信讀者能夠比較容易地寫出一個符合自己需求的神經網路模型。

本章將學習 JAX 本身建立函數的基本規則。JAX 本身的基本規則稱為「基本操作（primitives）」，基本操作一詞來自作業系統，指的是執行過程中不可被打斷的基本操作，可以把它理解為一段程式，這段程式在執行過程中不能被打斷，像原子一樣具有不可分割的特性，所以叫基本操作。讀者要了解的就是如何利用和遵循「基本操作」去設計自己的函數規則。

9.1 JAX 函數的基本規則

JAX 在內部透過「轉換」的方式，實現了一些較為複雜的計算，例如 jit、grad、vmap 或 pmap。這些都是使用了通用的 JAX 內部機制，將單一「維度」的函數轉換成所需要的「多維度」函數。

這些操作有一個非常重要的需求就是對資料的屬性進行檢查，即要求函數所使用的資料必須是可被「追蹤」的。這是由於 JAX 在對函數進行轉換時並不是對具體的參數或具體的某個值進行處理，而是呼叫參數物件的抽象值。JAX 捕捉值的類型和形狀（例如 ShapedArray(float32[2,2])），而非具體的資料值。

JAX 對於本身預先定義的函數，例如 add、matmul、sin 和 cos 等均附帶了具體的實現，而這些函數在實現時是嚴格遵循 JAX 的工作原理的，那麼透過組合這些函數可以使得我們自訂的函數同樣可以被包裹，從而快捷地完成一些較複雜的計算。

本節的目標是解釋 JAX 基本操作必須遵循的一些基本規則，以便 JAX 能夠執行其所有轉換。

9.1.1 使用已有的基本操作

定義新函數的最簡單方法就是使用 JAX 基本操作撰寫它們，或使用 JAX 基本操作撰寫其他函數，例如在 jax.Lax 模組中定義的函數。

◎【程式 9-1】

```
import jax
from jax import lax
```

```
from jax._src import api
def multiply_add_lax(x, y, z):
    # 使用了 jax.lax 中附帶的函數
    return lax.add(lax.mul(x, y), z)
def square_add_lax(a, b):
    # 使用了自訂的函數
    return multiply_add_lax(a, a, b)
    # 使用 grad 計算函數的微分
print("square_add_lax = ", square_add_lax(2., 10.))
print("grad(square_add_lax) = ", api.grad(square_add_lax, argnums= [0])
(2.0, 10.))
print("grad(square_add_lax) = ", jax.grad(square_add_lax, argnums=[0,1])
(2.0, 10.))
```

請讀者自行列印結果。

透過上述程式可以看到，如果需要自訂一個新的符合 JAX 程式規則的函數，最好的方法是使用現有的 JAX 基本操作。

◀) 注意

為了簡便起見，一般我們可以透過使用 jax.numpy 套件匯入包裝好的函數。

9.1.2 自訂的 JVP 以及反向 VJP

在前面章節介紹過，JAX 支援不同模式自動微分。grad() 預設採取反向模式自動微分。另外顯性指定模式的微分介面有 jax.jvp 和 jax.vjp。

- jax.jvp：前向模式自動微分，根據原始函數 f、輸入 x 和 dx 計算結果 y 和 dy。在函數輸入參數量少於或持平輸出參數量的情況

9.1 JAX 函數的基本規則

下,前向模式自動微分比反向模式更省記憶體,記憶體利用效率上更具優勢。

- jax.vjp:反向模式自動微分。根據原始函數 f、輸入 x 計算函數結果 y,並生成梯度函數。梯度函數中輸入是 dy,輸出是 dx。

1. JVP 的計算

下面我們舉一個簡單的例子。

【程式 9-2】

```
import jax
import jax.numpy as jnp
from jax import custom_jvp
def f(x, y):
    return x * y
print(f(2., 3.))
print(jax.grad(f)(2., 3.))
```

這裡是一個簡單的函數,首先計算了對應的函數值,之後計算求導後的函數值,相信讀者很容易求得後續答案。下面換一種寫法,透過計算好的自訂導數來看輸出結果,程式如下:

```
@custom_jvp            # 使用自訂的識別字顯性地提示當下函數需要自訂求導方法
def f(x, y):
    return x * y
@f.defjvp                           # 標識出自訂的求導結果和計算結果
def f_jvp(primals, tangents):
    x, y = primals                  # 輸入的 x 值和 y 值
    x_dot, y_dot = tangents         # 輸入的 x_dot 和 y_dot 值
    primal_out = f(x, y)            # 計算正向函數 f 的計算結果
    tangent_out = y_dot + x_dot     # 自訂需要對其求導的函數
    # 返回計算函數與自訂的求導函數,對其中的 primals 提供的參數進行求導
```

```
        return primal_out, tangent_out
y, y_dot = jax.jvp(f, (2., 3.), (2., 3.))
print(y)
print(y_dot)
```

列印結果如下所示：

$$6.0$$
$$5.0$$

透過列印結果可以看到，我們自訂了函數的正向計算和反向求導計算方法，f 是一個簡單的函數，對其求導：

$$\mathrm{d}f(x, y) = y + x$$

因此，透過我們自訂的結果即可顯性地展示求導後的值。下面列舉一個同樣的例子說明，為了標識重點我們直接重複使用上文程式，完整的計算程式如下：

```
@custom_jvp
def f(x, y):
    return x * y
@f.defjvp
def f_jvp(primals, tangents):
    x, y = primals
    x_dot, y_dot = tangents
    primal_out = f(x, y)
# 自訂需要對其求導的函數，JAX 附帶的 grad 函數對此結果求導
    tangent_out = y_dot + x_dot
    return primal_out, tangent_out
print(" 經過 JVP 自訂的 f 函數：",jax.grad(f,argnums=[0,1])(2., 3.))
print(" 原始 JAX 求導函數：",jax.grad(f,argnums=[0,1])(2., 3.))
```

程式對自訂的 f 函數進行求導，結果如下所示：

9.1 JAX 函數的基本規則

經過 JVP 自訂義的 f 函數：(DeviceArray(1., dtype=float32), DeviceArray(1., dtype=float32))
原始 JAX 求導函數：(DeviceArray(3., dtype=float32), DeviceArray(2., dtype=float32))

透過列印結果可以很清楚地看到，對於同一個函數，透過自訂 JVP 的求導結果和原始函數的求導結果並不一致。這是因為在我們自訂 JVP 求導方法後，此時的 grad 函數的計算規則有了變化，不是對 f 函數求導，而是對 f 函數的導函數求導，即：

$$dx(df(x,y)) = 1$$

$$dy(df(x,y)) = 1$$

這一點請讀者一定要注意。

2. VJP 的計算

VJP 的程式設計與 JVP 的類似，也是需要預先定義好輸入的導函數結果，程式如下所示。

◯【程式 9-3】

```
from jax import custom_vjp
import jax
@custom_vjp
def f(x, y):
    return x * y
def f_fwd(x, y):
    return f(x, y), (y, x)          # 定義正向計算函數以及每個參數的倒函數
def f_bwd(res,g):
    y, x = res                       # 定義求導結果
    return (y, x)
f.defvjp(f_fwd, f_bwd)               # 在自訂的函數中註冊正向求導和反向求導函數
print(jax.grad(f)(2., 3.))
print(jax.grad(f,[0,1])(2., 3.))
```

最終結果列印如下所示：

$$3.0$$
$$(3.0, 2.0)$$

JAX 中使用 JVP 的目的之一就是為了提高微分的數值穩定性。舉例來說，我們有一個函數想完成 $y = \log(1 + e^x)$ 的計算，使用 JAX 完成函數程式如下所示。

◯【程式 9-4】

```
import jax.numpy as jnp
from jax import jit, grad, vmap
def logxp(x):
    return jnp.log(1. + jnp.exp(x))
print(jit(logxp)(3.))
print(jit(grad(logxp))(3.))
print(vmap(jit(grad(logxp)))(jnp.arange(4.)))
```

列印結果請讀者自行驗證，此處不再介紹。下面不妨嘗試略為極限一點的資料：

```
print((grad(logxp))(99.))
```

此時的列印結果是 "nan"，明顯是不對的，究其原因是在計算導數時：

$$d(x) = \frac{e^x}{1 + e^x}$$

$$e^{100} = \inf$$

由於 e^x 在 x 值為 100 時，值是 inf，因此最終的計算結果是 nan。

為了解決這個問題，需要向 JAX 中傳遞我們自訂的求導規則和方法，程式如下：

```
from jax import custom_jvp
@custom_jvp
def logxp(x):
    return jnp.log(1. + jnp.exp(x))
@ logxp.defjvp
def log1pexp_jvp(primals, tangents):
    x, = primals
    x_dot, = tangents       # 自訂了求導值
    ans = logxp (x)
    ans_dot = (1 - 1/(1 + jnp.exp(x))) * x_dot
    return ans, ans_dot
```

結果請讀者自行驗證。

9.1.3 進階 jax.custom_jvp 和 jax.custom_vjp 函數用法

上一節介紹了 JVP 和 VJP 的基本使用方法，本小節將對它們做更細節的講解。

1. jax.custom_jvp 的基本使用

下面是一個使用 custom_jvp 的基本範例，我們希望使用 custom_jvp 定義一個前向函數，範例如下所示。

◯【程式 9-5】

```
import jax
import jax.numpy as jnp
from jax import custom_vjp,custom_jvp
from jax import jit, grad, vmap
@custom_jvp
def f(x):
```

```
    return (x)
def f_jvp(primals, tangents):
    x, = primals
    t, = tangents
    return f(x),t*x
f.defjvp(f_jvp)
```

其中,x, = primals 用於定義輸入的量,而 t, = tangents 用於標識自訂的目標求導函數:

```
from jax import jvp
print(f(3.))
print(jax.grad(f)(2.))
y, y_dot = jax.jvp(f, (3.,), (2.,))        # 下一行說明
print(y,y_dot)         # 輸出 f 函數的計算值與 f_jvp 函數中自訂的待求導的值 (t*x)
```

下面我們計算了 3 個列印結果:

$$3.0$$
$$2.0$$
$$3.0\ 6.0$$

其中,第 1 行值 3.0 為函數 f 的輸出值,第 2 行值為對自訂的待求導函數,也就是定義的 $(t*x)$ 求導後的值,如下所示:

$$\mathrm{d}(x) = \frac{\mathrm{d}(t*x)}{\mathrm{d}(x)} = t$$

$$\mathrm{d}(x) = t = 2.0$$

第 3 行值是 jax.jvp 直接輸出的自訂的函數以及自訂的求導函數的計算值。

換句話說,我們從一個原始函數 f 開始,透過 f_jvp 定義了需要求導的函數的形式,之後透過 defjvp 對其進行註冊,從而使得 JAX 能夠知道

9.1　JAX 函數的基本規則

原函數以及需要求導的函數的形式如何。當然，defjvp 也可以被用作修飾符號的形式：

```
@custom_jvp
def f(x):
    ...
def f_jvp(primals, tangents):
    ...
```

下面主要講一下 defjvp 修飾符號在 JAX 中的作用，程式如下所示。

◯【程式 9-6】

```
import jax
import jax.numpy as jnp
from jax import custom_vjp,custom_jvp
from jax import jit, grad, vmap
@custom_jvp
def f(x, y):
    return x * y
@f.defjvp
def f_jvp(primals, tangents):
    x, y = primals
    x_dot, y_dot = tangents
    primal_out = f(x, y)
    tangent_out = y * x_dot + x * y_dot
    return primal_out, tangent_out
print(grad(f)(2., 3.))      # 注意這裡還是僅只對 f 函數求導
```

列印結果如下所示：

$$3.0$$

defjvp 修飾符號同樣也支援匿名函數，程式如下：

```
@custom_jvp
def f(x):
    return 2 * x
f.defjvps(lambda primals, tangents ,t: primals )
print(grad(f)(3.))
```

此時需要注意,tangents 形式參數充當一個預留位置的作用,在此程式碼部分中沒有實際的意義。defjvps 函數呼叫 f 來計算原始輸出。在高階微分的上下文中,每個微分變換的應用都將使用自訂的 JVP 規則,當規則呼叫原始 f 函數時來計算原始輸出。

對於 Python 中的一些控制符號,同樣可以在 defjvp 中進行定義:

```
@custom_jvp
def f(x):
    return 2*x
@f.defjvp
def f_jvp(primals, tangents):
    x, = primals
    x_dot, = tangents
    if x >= 0:
        return f(x),x_dot
    else:
        return f(x),2 * x_dot
print(jax.grad(f)(1.))          # 這裡的列印結果是對 x_dot 求導
print(jax.grad(f)(-1.))         # 這裡的列印結果是對 2 * x_dot 求導
```

列印結果請讀者自行驗證。

2. jax.custom_vjp 的基本使用

雖然 jax.custom_jvp 可以控制 JAX 中自訂函數的前向計算以及反向求導的計算規則,但在某些情況下,我們可能希望直接控制 VJP 規則,即使用 jax.customvjp 來實現這一要求。

函數 f_fwd 是對正向求導的自訂，其返回值不僅是自訂的原始函數，還包括了手工計算後的自訂函數的求導結果。程式如下所示。

◯【程式 9-7】

```
import jax.numpy as jnp
from jax import custom_vjp, custom_jvp
from jax import jit, grad, vmap
from jax import custom_vjp
import jax.numpy as jnp
@custom_vjp
def f(x):
    return x**2        # 這裡是自訂的函數
def f_fwd(x):
    return f(x), 2*x   # 這裡返回的是原函數以及手工計算後的求導函數
```

除此之外，還需要定義一個 f_bwd 函數，其對應的是反向求導的自訂內容，程式如下所示：

```
def f_bwd(dot_x, y_bar):
    return (dot_x,)    # 其中的 dot_x 是輸入的值，y_bar 是輸入 dot_x 的微分
print((grad(f)(3.)))
```

列印結果請讀者自行驗證。

9.2 Jaxpr 解譯器的使用

JAX 提供了幾個可組合的函數轉換（jit、grad、vmap 等）可以撰寫簡潔、執行效率較高的程式。本節將展示如何透過撰寫自訂 Jaxpr 解譯器將自己的函數轉換增加到系統中。

9.2.1 Jaxpr tracer

JAX 為數值計算提供了一個類似 NumPy 的 API，可以按原樣使用，但 JAX 真正的功能來自可組合的函數轉換。以 jit 函數轉為例，它接受一個函數並返回一個語義相同的函數，之後使用 XLA 加速器編譯它。

◯【程式 9-8】

```
import jax
import jax.numpy as jnp
x = jax.random.normal(jax.random.PRNGKey(0), (5000, 5000))
def f(x):
    return x + 1
fast_f = jax.jit(f)
```

上面是一個簡單的例子，當我們呼叫 FAST_f 時，會發生什麼？ JAX 追蹤函數並建構 XLA 計算圖，然後對圖形進行 JIT 編譯和執行。其他轉換的工作方式類似，首先追蹤函數並以某種方式處理輸出追蹤。

JAX 中一個特別重要的追蹤器就是 Jaxpr 追蹤器，它將 OP 記錄到 Jaxpr（JAX 運算式）中。Jaxpr 是一種資料結構，可以像小型函數式程式語言那樣進行計算，因此 Jaxpr 是函數轉換中有用的中間表示形式。

首先，查看 Jaxprs 需要使用 make_jaxpr 轉換。make_jaxpr 本質上是一種「漂亮的列印」轉換：它將一個函數轉為給定的範例參數，生成計算的 Jaxpr 表示。雖然我們通常不能直接使用它所返回的 Jaxprs 敘述，但是這對於偵錯和觀察 JAX 函數很有用。使用它可以用來查看 Jaxprs 範例是如何建構的。

```
print(jax.make_jaxpr(f)(2.0)
```

9.2 Jaxpr 解譯器的使用

下面使用更詳細的檢測函數對 make_jaxpr 進行解析,程式如下:

```
def examine_jaxpr(closed_jaxpr):
    jaxpr = closed_jaxpr.jaxpr
    print("invars:", jaxpr.invars)          # invars 是需要注意的參數
    print("outvars:", jaxpr.outvars)        # outvars 是需要注意的參數
    print("constvars:", jaxpr.constvars)    # constvars 是需要注意的參數
    for eqn in jaxpr.eqns:                  # eqn 是需要注意的參數
        print("equation:", eqn.invars, eqn.primitive, eqn.outvars, eqn.params)
    print()
    print("jaxpr:", jaxpr)
```

我們先看一下檢測函數的使用方法:

```
print(examine_jaxpr(jax.make_jaxpr(f)(2.0)))
```

此時的列印結果如下所示(讀者先只看上部分):

```
invars: [a]
outvars: [b]
constvars: []
equation: [a, 2.0] add [b] {}

jaxpr: { lambda  ; a.
  let b = add a 2.0
  in (b,) }
None
```

在詳細分析這個結果之前,先了解一下相關參數的意義:

- jaxpr.invars:Jaxpr 的 invars 是 Jaxpr 的輸入變數串列,類似於 Python 函數中的參數。
- jaxpr.outvars:Jaxpr 的 outvars 是 Jaxpr 返回的變數。每個 Jaxpr 都有多個輸出。
- jaxpr.constvars:是一個變數串列,這些變數也是 Jaxpr 的輸入,但對應於追蹤中的常數。

- jaxpr.eqns：一系列內部計算的函數 list，這個 list 中的每個函數都有一個輸入和輸出，用於計算這個函數產生的輸出結果。

這些內容很簡單，讀者可以嘗試更多的函數並比對生成的 Jaxpr 程式。

Jaxprs 是易於轉換的簡單程式表示形式。由於 JAX 允許我們從 Python 函數中直接 Jaxpr，所以它提供了一種轉為 Python 撰寫的數值程式的方法。

對於函數的追蹤就有些複雜，不能直接使用 make_jaxpr，因為需要提取在追蹤過程中建立的常數以傳遞到 Jaxpr。但是，我們可以撰寫一個類似於 make_jaxpr 的函數，程式如下：

```
closed_jaxpr = jax.make_jaxpr(f)(1.0)
print(closed_jaxpr)
print(closed_jaxpr.literals)
```

此時的輸出結果如下，就是以序列的方式對函數內部參數進行追蹤的 Jaxpr 程式：

```
{ lambda  ; a.
  let b = add a 2.0
  in (b,) }
[]
```

9.2.2 自訂的可以被 Jaxpr 追蹤的函數

對於解譯器的使用，需要先將其註冊之後再遵循 JAX 基本操作的規則來使用。這裡直接提供了對 Jaxpr 進行包裹的函數，程式如下所示。

9.2 Jaxpr 解譯器的使用

【程式 9-9】

```python
import jax
import jax.numpy as jnp
from jax import lax
from functools import wraps
from jax import core
from jax._src.util import safe_map
# 確認需要被追蹤的函數
inverse_registry = {}
inverse_registry[lax.exp_p] = jnp.log
inverse_registry[lax.tanh_p] = jnp.arctanh
# 提供後向遍歷的方案
def inverse_jaxpr(jaxpr, consts, *args):
    env = {}
    def read(var):
        if type(var) is core.Literal:
            return var.val
        return env[var]
    def write(var, val):
        env[var] = val
    # 參數被寫入到 Jaxpr outvars
    write(core.unitvar, core.unit)
    safe_map(write, jaxpr.outvars, args)
    safe_map(write, jaxpr.constvars, consts)
    # 後向遍歷
    for eqn in jaxpr.eqns[::-1]:
        invals = safe_map(read, eqn.outvars)
        if eqn.primitive not in inverse_registry:
            raise NotImplementedError("{} does not have registered inverse.".format(
                eqn.primitive
            ))
```

```
            outval = inverse_registry[eqn.primitive](*invals)
            safe_map(write, eqn.invars, [outval])
    return safe_map(read, jaxpr.invars)
# 在程式中建立後向遍歷
def inverse(fun):
    @wraps(fun)
    def wrapped(*args, **kwargs):
        closed_jaxpr = jax.make_jaxpr(fun)(*args, **kwargs)
        out = inverse_jaxpr(closed_jaxpr.jaxpr, closed_jaxpr.literals, *args)
        return out[0]
    return wrapped
```

對應的被包裹的程式如下所示：

```
def f(x):
    return jnp.exp(jnp.tanh(x))
print(jax.make_jaxpr(f)(1.))
print("-----------------")
f_inv = inverse(f)
print(jax.make_jaxpr(inverse(f))(f(1.)))
```

列印結果如下所示：

```
{ lambda  ; a.
  let b = tanh a
      c = exp b
  in (c,) }
-----------------
{ lambda  ; a.
  let b = log a
      c = atanh b
  in (c,) }
```

可以看到，此時的函數分別為前向和後向的計算結果。

XLA 是 JAX 使用的編譯器,它使得 JAX 可以用於 TPU,並迅速用於所有裝置的編譯器,因此值得研究。但是,直接使用原始 C++ 介面處理 XLA 計算並不容易。JAX 透過 Python 包裝器公開底層的 XLA 計算生成器 API,並使與 XLA 計算模型的互動可存取,以便進行融合。

XLA 計算在被編譯後以計算圖的形式生成,然後降低到特定裝置中（CPU、GPU、TPU）,有興趣的讀者可查詢相關資料了解。

9.3 JAX 維度名稱的使用

本節將介紹 JAX 的特性,即對維度進行命名。對資料維度進行命名很有用,能夠幫助程式設計者了解如何使用命名軸來撰寫文件化函數,然後控制它們在硬體上執行。

9.3.1 JAX 的維度名稱

我們首先複習一下前面所學習的內容,在前面的章節實現了一個使用全連接層完成 MNIST 資料集分類任務,程式如下所示。

◯【程式 9-10】

```
import os
import jax.nn
import jax.numpy as jnp
from jax import lax
from jax.nn import one_hot, relu
def forward(w1,w2,images):
    hiddens_1 = relu(jnp.dot(images, w1))
```

```
    hiddens_2 = jnp.dot(hiddens_1, w2)
    logits = jax.nn.softmax(hiddens_2)
    return logits
def loss(w1, w2, images, labels):
    predictions = forward(w1, w2, images)
    targets = one_hot(labels, predictions.shape[-1])
    losses = jnp.sum(targets * predictions, axis=1)
    return -jnp.mean(losses, axis=0)
# 以下是建立使用的測試資料部分
w1 = jnp.zeros((784, 512))
w2 = jnp.zeros((512, 10))
images = jnp.zeros((128, 784))
labels = jnp.zeros(128, dtype=jnp.int32)
print(loss(w1, w2, images, labels))
```

上述程式僅是簡單地實現了前向預測部分與 loss 損失函數的計算。下面透過使用命名空間對這部分程式進行改寫，程式如下：

```
w1 = jnp.zeros((784, 512))                  # 定義的 W1 參數維度大小
w2 = jnp.zeros((512, 10))                   # 定義的 W2 參數維度大小
images = jnp.zeros((128, 784))              # 定義的輸入資料的維度大小
labels = jnp.zeros(128, dtype=jnp.int32)    # 定義的標籤維度大小
in_axes = [
    ['inputs', 'hidden_1'],                 # 定義的 W1 參數維度對應名稱
    ['hidden_1', 'classes'],                # 定義的 W2 參數維度對應名稱
    ['batch', 'inputs'],                    # 定義的輸入資料的維度名稱
    ['batch',...]]                          # 定義的標籤維度名稱
```

這裡根據輸入的資料建立了對應的維度名稱，其中每個維度都被我們人為地設定了一個特定的名稱，其使用如下：

```
# 下面的維度名稱用於對資料計算的操作
def named_predict(w1, w2, image):
```

9.3 JAX 維度名稱的使用

```
    hidden = relu(lax.pdot(image, w1, 'inputs'))
    logits = lax.pdot(hidden, w2, 'hidden')
    return logits - logsumexp(logits, 'classes')
# 下面的維度名稱用於對資料計算的操作
def named_loss(w1, w2, images, labels):
    predictions = named_predict(w1, w2, images)
    num_classes = lax.psum(1, 'classes')
    targets = one_hot(labels, num_classes, axis='classes')
    losses = lax.psum(targets * predictions, 'classes')
    return -lax.pmean(losses, 'batch')
# 使用 xmap 函數對命名的維度名稱進行註冊
loss = xmap(named_loss, in_axes=in_axes, out_axes=[...])
print(loss(w1, w2, images, labels))
```

這樣做的好處是用我們可以極佳地對神經網路的維度進行設定，而不至於在使用時弄錯了維度而造成計算錯誤。畢竟一個有意義的文字提示，明顯好於單純的以數字識別碼的維度位置。

9.3.2 自訂 JAX 中的向量 Tensor

NumPy（不是 jax.numpy）中的程式設計模型是基於 N 維陣列，而每一個 N 維陣列都涉及 2 部分：

- 陣列中的資料型態。
- 資料的維度。

在 JAX 中，這 2 個維度被統一成一個資料型態——dtype[shape_tuple]。舉例來說，一個 float32 的維度大小為 [3,17,21] 的資料被定義為 f32[(3,1 7, 21)]。下面是一個小範例，演示了形狀如何透過簡單的 NumPy 程式進行傳播：

```
x: f32[(2, 3)] = np.ones((2, 3), dtype=np.float32)
y: f32[(3, 5)] = np.ones((3, 5), dtype=np.float32)
z: f32[(2, 5)] = x.dot(y)
w: f32[(7, 1, 5)] = np.ones((7, 1, 5), dtype=np.float32)
q: f32[(7, 2, 5)] = z + w
```

下面說一下定義類 f32 的來歷。實際上，f32 是我們定義的能夠接受和返回任何資料型態的自訂類別，程式如下所示。

【程式 9-11】

```
class ArrayType:
    def __getitem__(self, idx):
        return Any
f32 = ArrayType()
```

此時這樣被自訂的類別可以和正常的陣列一樣被列印，並提供了一個對應的 shape 大小，具體請讀者自行執行下面敘述：

```
print(q)
print(q.shape)
```

9.4 本章小結

本章是對 JAX 進階內容的一些介紹，熟練掌握這些內容可以讓讀者在後續的程式設計中，更有能力建立符合 JAX 規則的程式。本章所有範例建議讀者上機測試。

9.4 本章小結

CHAPTER

10

JAX 中的高級套件

在第 1 章中我們簡單實現了一個 MNIST 資料集的分類任務，讀者可以回過頭去看一下，在分類程式中呼叫了大量的基於 JAX 的原生 API，也就是直接使用 JAX 官方所包含的套件（package）建立分類所需要的深度學習模型。

本章將介紹 JAX 中的套件，重點介紹 jax.experimental 以及 jax.nn 套件。jax.experimental 套件目前仍處於測試階段，但是包含了建立深度學習模型所必須的一些基本函數。jax.nn 包含了另外一些常用的已經實現好的深度學習函數。這些都是我們在後續的學習中最常用到的函數。

10.1 JAX 中的套件

為了更進一步地管理多個模組原始檔案，Python 提供了套件的概念。那麼什麼是套件呢？從物理上看，套件就是一個資料夾，在該資料夾下包含了一個 __init__.py 檔案，該資料夾可用於包含多個模組原始檔案；從邏輯上看，套件的本質依然是模組。從大類上來分，JAX 中的套件參見表 10.1。

表 10.1 JAX 中的套件

名 稱	作 用
jax.numpy	用於數學計算
jax.scipy	用於統計分析類別
jax.experimental	一些實驗形式的內容
jax.image	用於影像處理類別
jax.lax	一個基元操作函數庫，它是函數庫的基礎
jax.nn	單獨的用於神經網路類別的計算函數庫
jax.ops	用於提供函數操作運算子
jax.random	產生隨機數供 JAX 使用
jax.tree_util	使用類似樹的容器資料結構的實用函數庫套件
jax.flatten_util	用於儲存串列類別資料型態的函數庫套件
jax.dlpack	用於深度學習一些專用的函數庫套件
jax.profiler	對 JAX 中資料進行追蹤的函數庫套件
jax.lib	用於在 JAX 的 Python 前端和 XLA 後端之間連接的函數庫套件

可以説 JAX 函數庫中的套件多種多樣，雖然本書撰寫時部分函數庫套件還只有一個想法，例如 dlpack 和 flatten_util，同時還有函數庫套件需要進一步完善，但是這並不影響我們的學習。下面針對幾個常用的函數庫套件進行詳細説明。

10.1.1 jax.numpy 的使用

JAX 一開始的目的就是取代 NumPy 成為數字計算的通用函數庫套件，但是相對於傳統的 NumPy 還是有一些區別的。

由於 JAX 陣列是不可變的，所以不能在 JAX 中實現改變陣列的 NumPy API。然而，JAX 能夠提供一個純功能的替代 API。舉例來說，JAX 提供了一個替代的純索引更新函數，而非直接的陣列更新（x[i]=y），因此，一些 NumPy 函數在可能的情況下會返回陣列的視圖，例如 numpy.transpose() 和 numpy.regpe()，而這類函數的 JAX 版本將返回副本，儘管在使用 jax.jit() 編譯操作序列時，這些副本通常可以由 XLA 最佳化。

jax.numpy 中提供的函數很多，如圖 10.1 所示，限於篇幅在這裡就不再闡述了，有興趣的讀者可以參考 JAX 官方文件進行學習。

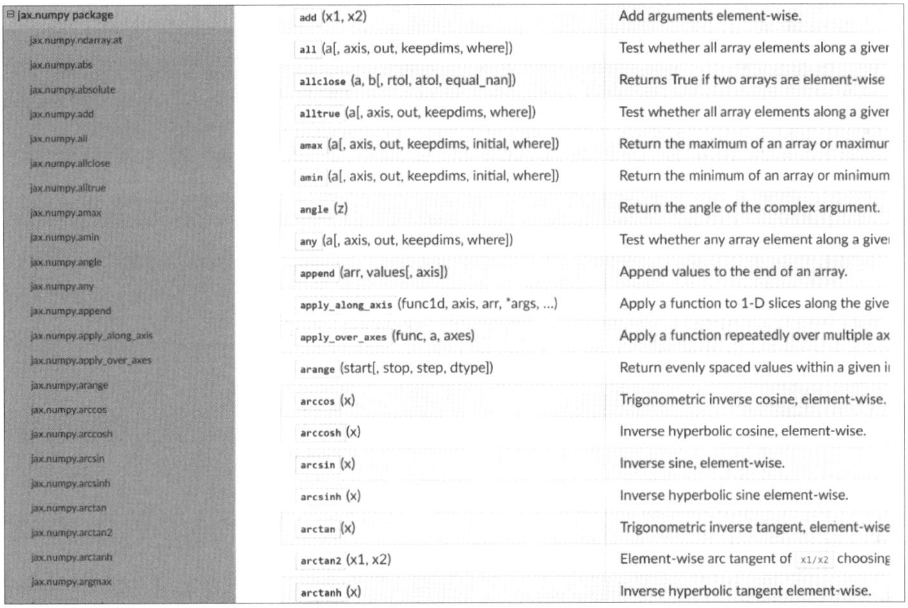

▲ 圖 10.1 jax.numpy 中的函數

10.1 JAX 中的套件

大多數的函數讀者可以自行查閱其使用方法和適用範圍，這裡主要詳細說明一下對於 JAX 陣列的處理和背後的處理機制，參見表 10.2。

表 10.2 基本串列

JAX 中的陣列處理	NumPy 中陣列處理
x = x.at[idx].set(y)	x[idx] = y
x = x.at[idx].add(y)	x[idx] += y
x = x.at[idx].multiply(y)	x[idx] *= y
x = x.at[idx].divide(y)	x[idx] /= y
x = x.at[idx].power(y)	x[idx] **= y
x = x.at[idx].min(y)	x[idx] = minimum(x[idx], y)
x = x.at[idx].max(y)	x[idx] = maximum(x[idx], y)
x = x.at[idx].get()	x = x[idx]

所有的 x.at 運算式都不會修改原來的 x，相反，它們會返回一個修改過的 x 副本。但是，在 jit() 編譯函數中，如 x=x.at[idx].set(Y) 這樣的運算式肯定會被廣泛使用。

與 NumPy 就地操作（如 x[idx]+=y）不同，如果多個索引引用同一個位置，則將應用所有更新（NumPy 只應用最後一個更新，而非應用所有更新）。其應用的次序是根據設定的規則使用，或根據分散式平台的併發性進行處理。

下面舉一個簡單的例子，程式如下所示。

▼【程式 10-1】

```
import jax.numpy as jnp
jax_array = jnp.arange(10)
print(jax_array)
print(jax_array[17])
```

列印結果如下：

[0 1 2 3 4 5 6 7 8 9]
9

這裡有一個令人詫異的結果，原本我們設計的陣列長度為 10，而當想要列印第 17 個數時，會列印出陣列中最後一個數。這是由於 JAX 支援為超出範圍的索引存取提供更精確的語義，採用了一種新的模式對陣列進行處理。但是這樣又可能會帶來一些新的問題，即對陣列的計算會給使用者帶來一些意料之外的結果，請讀者一定要注意。

其他一些函數的使用方法請讀者自行學習。

10.1.2 jax.nn 的使用

jax.nn 套件提供了大量的已經完成的神經網路計算函數，函數主要包括如圖 10.2 所示的內容。

relu (x)	Rectified linear unit activation function.
relu6 (x)	Rectified Linear Unit 6 activation function.
sigmoid (x)	Sigmoid activation function.
softplus (x)	Softplus activation function.
soft_sign (x)	Soft-sign activation function.
silu (x)	SiLU activation function.
swish (x)	SiLU activation function.
log_sigmoid (x)	Log-sigmoid activation function.
leaky_relu (x[, negative_slope])	Leaky rectified linear unit activation function.
hard_sigmoid (x)	Hard Sigmoid activation function.
hard_silu (x)	Hard SiLU activation function
hard_swish (x)	Hard SiLU activation function
hard_tanh (x)	Hard tanh activation function.
elu (x[, alpha])	Exponential linear unit activation function.
celu (x[, alpha])	Continuously-differentiable exponential linear unit activation.
selu (x)	Scaled exponential linear unit activation.
gelu (x[, approximate])	Gaussian error linear unit activation function.
glu (x[, axis])	Gated linear unit activation function.

▲ 圖 10.2 jax.nn 套件

我們在前面自訂和實現所用到的 softmax 函數以及 one_hot 函數，這個包中都直接提供了，如圖 10.3 所示。

softmax (x[, axis])	Softmax function.
log_softmax (x[, axis])	Log-Softmax function.
logsumexp (a[, axis, b, keepdims, return_sign])	Compute the log of the sum of exponentials of in|
normalize (x[, axis, mean, variance, epsilon])	Normalizes an array by subtracting mean and divi|
one_hot (x, num_classes, *[, dtype, axis])	One-hot encodes the given indicies.

▲ 圖 10.3 自訂的函數及實現的函數

至於它們的用法請讀者自行驗證。

10.2 jax.experimental 套件和 jax.example_libraries 的使用

本節將介紹 jax.experimental 套件和 jax.example_libraries 的使用。實際上，experimental 中有很多不同作用的模組，如圖 10.4 所示。本節將主要講解 jax.experimental.stax、jax.experimental.sparse 以及 jax.experimental.optimizers 這幾個模組的作用。

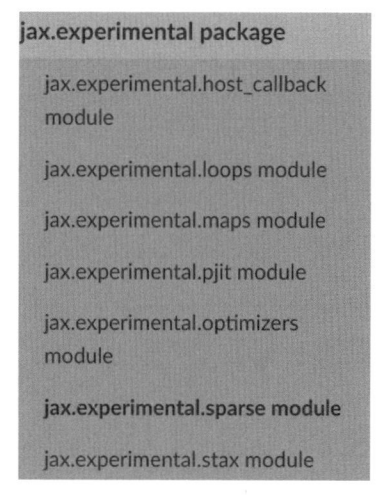

jax.experimental package

jax.experimental.host_callback module

jax.experimental.loops module

jax.experimental.maps module

jax.experimental.pjit module

jax.experimental.optimizers module

jax.experimental.sparse module

jax.experimental.stax module

▲ 圖 10.4 jax.experimental 套件

> **注意**
>
> 本書在撰寫過程中模組仍舊在調整,原先在 jax.experimental 中的 stax 和 optimizers 模組被調整到 example_libraries 中,因此對使用不同版本的讀者來說,在使用的時候需要注意一下。同時為了統一,本書後部分繼續預設 stax 和 optimizers 模組歸屬於 jax.experimental 套件。

10.2.1 jax.experimental.sparse 的使用

jax.experimental.sparse 模組的作用是對稀疏化資料進行處理,其主要使用了 BCOO(batched coordinate sparse array,批組合稀疏陣列)來進行,並提供與 jax 函數相容的壓縮儲存格式。下面是一個使用稀疏處理的例子。

◯【程式 10-2】

```
from jax.experimental import sparse
import jax.numpy as jnp
import numpy as np
array = jnp.array([[0., 1., 0., 2.],
                   [3., 0., 0., 0.],
                   [0., 0., 4., 0.]])
sparsed_array = sparse.BCOO.fromdense(array) # 將一般矩陣轉化成稀疏序列
print(sparsed_array)
```

列印的結果如下所示:

BCOO(float32[3, 4], nse=4)

而將稀疏化後的資料轉化成普通的矩陣,程式如下:

```
sparsed_array.todense()
```

10.2 jax.experimental 套件和 jax.example_libraries 的使用

BCOO 格式是標準稀疏格式的稍作修改的版本，在資料和索引屬性中可以看到原始矩陣的表示形式。

sparsed_array.data 的作用是列印出原始矩陣中所有出現的數值，並以由低到高的順序排列。

```
# 列印結果 [ 1.  2.  3.  4.]，這是所有出現的數值，讀者可在原始矩陣中更換
sparsed_array.data
```

而 sparsed_array.indices 的作用是列印出原始矩陣中不為 0 的數值的位置，例如：

```
print(sparsed_array.indices)
for i,j in zip(sparsed_array.indices[0],sparsed_array.indices[1]):
    print(array[i,j])              # 這裡是對原始矩陣進行列印
```

列印結果如圖 10.5 所示。

```
[[0 0 1 2]
 [1 3 0 2]]
1.0
2.0
3.0
4.0
```

▲ 圖 10.5 列印結果

其他還有一些較常用的屬性，列印程式如下：

```
print(sparsed_array.ndim)          # 原始矩陣的維度個數
print(sparsed_array.shape)         # 原始矩陣的維度大小
print(sparsed_array.dtype)         # 原始矩陣的資料型態
print(sparsed_array.nse)           # 原始矩陣中不為 0 的資料個數
```

此外，BCOO 物件還實現了許多類似陣列的方法，允許我們在 JAX 程式中直接使用它們。舉例來說，下面演示了轉置矩陣向量積，請讀者自行執行驗證。

◯【程式 10-3】

```
dot_array = jnp.array([[1.],[2.],[2.]])
print(sparsed_array.T)                    #T 是對稀疏序列進行轉置
print(sparsed_array.T@dot_array)          #@ 是新的計算符號，對矩陣計算
# 使用 jnp 計算需要先將矩陣轉化成普通矩陣
print((jnp.dot(sparsed_array.T.todense(),dot_array)))
```

對於前面提到的 jax.jit()、jax.vmap()、jax.grad() 函數，稀疏矩陣也可以直接計算，程式如下：

```
from jax import grad, jit
@jit
def f(dot_array):
    return (sparsed_array.T @ dot_array).sum()
dot_array = jnp.array([[1.],[2.],[2.]])
print(grad(f)(dot_array))
```

雖然在大多數條件下，jax.numpy 和 jax.lax 計算函數並不完全知道如何解析和處理稀疏矩陣，但是 JAX 還是提供了一種轉化的方法，可以使用 sparse.sparsify 函數的原函數進行「包裹」處理，程式如下：

```
def f(sparsed_array,dot_array):
    return (jnp.dot(sparsed_array.T,dot_array))
dot_array = jnp.array([[1.],[2.],[2.]])
#(f(sparsed_array,dot_array))      # 讀者可以嘗試使用沒有使用包裹處理的原函數
f_sp = sparse.sparsify(f)
print(f_sp(sparsed_array,dot_array))
```

10.2 jax.experimental 套件和 jax.example_libraries 的使用

現階段大部分 jax.numpy 函數都能夠使用 sparse.sparsify 進行包裹處理，例如 dot、transpose、add、mul、abs、neg、reduce_sum 以及條件陳述式。

在真實場景中的建模往往會遇到大量值為 0 的特徵矩陣，因此，在進行模型建模和處理的過程中，一個最好的方法就是採用本小節使用的稀疏函數處理方法。下面以一個簡單的例子演示使用稀疏建模的方法對資料進行擬合。

1. 第一步：資料的準備

為了簡單起見，我們採用 one_hot 的方式生成若干筆資料，並希望模型計算的結果對輸入的 one_hot 資料進行恢復。

```
import jax
import jax.numpy as jnp
from jax.experimental import sparse
key = jax.random.PRNGKey(17)
num_classes = 10                                    # 設定 10 種類別
classes_list = jnp.arange(num_classes)              # 生成類別序列
x_list = []
y_list = []
for i in range(1024):
    x = jax.random.choice((key + i),classes_list,shape=(1,))[0]
# 隨機生成資料
    x_onehot = jax.nn.one_hot(x,num_classes=num_classes)
# 轉化成 one_hot 形式
    x_list.append(x_onehot)
    y_list.append(x)
params = [jax.random.normal(key,shape=(num_classes,1)),jax.random.normal
(key,shape=(1,))]     # 生成模型參數
sparsed_x = sparse.BCOO.fromdense(jnp.array(x_list))   # 將資料轉化成稀疏矩陣
y_list = jnp.array(y_list)
```

2. 第二步：模型的準備訓練

我們使用的是一個簡單的邏輯回歸模型對資料進行擬合，完整的邏輯回歸模型如下所示：

```
# 建立 sigmoid 函數
def sigmoid(x):
    return 0.5 * (jnp.tanh(x / 2) + 1)
# 建立預測模型
def y_model(params, X):
    output = (jnp.dot(X, (params[0])) + params[1])
    return sigmoid(output)
# 建立損失函數
def loss(params, sparsed_x, y):
    sparsed_y_model = sparse.sparsify(y_model)
    y_hat = sparsed_y_model(params, sparsed_x)
    return -jnp.mean(y * jnp.log(y_hat) + (1 - y) * jnp.log(1 - y_hat))
learning_rate = 1e-3
# 列印未開始訓練時的損失值
print(loss(params,sparsed_x,y_list))
for i in range(100):
    params_grad = jax.grad(loss)(params,sparsed_x,y_list)
    params = [(p - g * learning_rate) for p, g in zip(params, params_grad)]
# 列印訓練結束後的損失值
print(loss(params,sparsed_x,y_list))
```

為演示而使用了一個較簡單的邏輯回歸函數對資料進行分類，而對其更具體的應用還需要讀者在實際中繼續深入掌握。

10.2.2 jax.experimental.optimizers 模組的使用

下面介紹 jax.experimental.optimizers 模組的使用。

10.2 jax.experimental 套件和 jax.example_libraries 的使用

在第 1 章中演示第一個深度學習程式時用到了 jax.experimental.optimizers 模組,這個模組就是對 JAX 的最佳化器(Optimizers)。該模組包含一些方便的最佳化器定義,特別是初始化和更新函數,可以與 ndarray 或任意巢狀結構的 jax.numpy 函數和資料型態一起使用。

下面是我們在第 1 章 MNIST 模型中使用過的函數:

```
init_fun, update_fun, get_params = optimizers.adam(step_size = 2e-4)
```

將上述函數換成標準的最佳化器返回形式,如下所示:

```
opt_init, opt_update, get_params = optimizers.adam(step_size = 2e-4)
```

定義最佳化器返回了 3 個函數,即 init_fun、update_fun 和 get_params 函數。下面逐一講解。

(1) init_fun(params):對最佳化器中資料(params)的初始化設定,主要是對封裝後的模型進行參數的初始化。

(2) update_fun(step, grads, opt_state):其中包括 3 個參數,說明如下:
- step:表示步驟索引的整數。
- grads:表示需要求導的函數。
- opt_state:既是最佳化器輸入值也是輸出值,表示的是要更新的最佳化器參數的狀態。

(3) get_params:返回最佳化器中的參數。

下面是一個 jax.experimental.optimizers 模組的基本使用流程,如下所示:

```
# 獲取最佳化器
opt_init, opt_update, get_params = optimizers.adam(step_size = 2e-4)
_, init_params = init_random_params(rng, input_shape) # 對參數初始化
```

10-12

```
opt_state = opt_init(init_params)              # 初始化參數
...
# 使用最佳化器對資料進行最佳化並保持對參數的更新
opt_state = opt_update(_,grad(loss)(get_params(opt_state),(data, targets)),
opt_state)
```

jax.experimental.optimizers 模組中提供了多種最佳化函數,它包括以下部分最佳化函數:

- jax.experimental.optimizers.adagrad
- jax.experimental.optimizers.adam
- jax.experimental.optimizers.adamax
- jax.experimental.optimizers.clip_grads
- jax.experimental.optimizers.constant
- jax.experimental.optimizers.exponential_decay
- jax.experimental.optimizers.inverse_time_decay
- jax.experimental.optimizers.l2_norm
- jax.experimental.optimizers.make_schedule
- jax.experimental.optimizers.momentum
- jax.experimental.optimizers.nesterov

有興趣的讀者可以自行學習。

10.2.3 jax.experimental.stax 的使用

jax.experimental.stax 包含目前神經網路計算所需要的絕大部分計算函數,並且 jax.experimental.stax.serial 函數的作用是將不同的套件封裝起來,成為一個可以用於神經網路訓練的組合模型。

一個最簡單的用法如下所示：

```
init_random_params, predict = stax.serial(
stax.Dense(1024),
stax.Relu,
stax.Dense(1024),
stax.Relu,
stax.Dense(10),
stax.Logsoftmax)
```

這是使用 stax 模型實現了一個封裝好的神經網路模型。其中實現了全連接層以及多個啟動層，具體的內容讀者可以參考第 1 章的 MNIST 深度學習實踐進行學習。

10.3 本章小結

本章主要介紹了 JAX 中多個套件的使用情況，著重介紹了將來在深度學習領域較常用且重要的 jax. experimental 套件，這個套件所包含的 optimizers 模組和 stax 模組是 JAX 內建的可用性較高的、最基礎的一種高級 API，借用它們可以讓使用者在較少涉及底層函數撰寫的情況下較好地完成深度學習模型，從而減少程式撰寫的困難。

相對來說，使用 JAX 所提供的附頻內容可以更有效率地實現模型的訓練，從而快速完成專案任務。本章是重點內容，需要讀者認真掌握。

CHAPTER 11

JAX 實戰──使用 ResNet 完成 CIFAR100 資料集分類

前面在講解卷積神經網路時介紹了 VGG 模型,隨著 VGG 網路模型的成功,更深、更寬、更複雜的網路似乎已經成為卷積神經網路架設的主流。卷積神經網路能夠用來提取所偵測物件的低、中、高的特徵,網路的層數越多,就表示能夠提取到不同層的特徵越豐富。同時,透過還原鏡像可以發現越深的網路提取的特徵越抽象,越具有語義資訊。

這也產生了一個非常大的疑問,是否可以單純地透過增加神經網路模型的深度和寬度,即增加更多的隱藏層和每個層之中的神經元去獲得更好的結果呢?

答案是不可能。根據實驗發現,隨著卷積神經網路層數的加深,出現了另外一個問題,即在訓練集上,準確率難以達到 100% 正確,甚至產生了下降。

這似乎不能簡單地解釋為卷積神經網路的性能下降,因為卷積神經網路加深的基礎理論就是越深越好。如果強行解釋為產生了「過擬合」,

似乎也不能夠解釋準確率下降的問題，因為如果產生了過擬合，那麼在訓練集上卷積神經網路應該表現得更好才對。

這個問題被稱為「神經網路退化」。

神經網路退化問題的產生說明了卷積神經網路不能夠被簡單地使用堆積層數的方法進行最佳化！

2015 年，152 層深的 ResNet 從天而降，取得當年 ImageNet 競賽冠軍，相關論文在 CVPR 2016 斬獲最佳論文獎。ResNet 成為視覺乃至整個 AI 界的經典。ResNet 使得訓練深達數百甚至數千層的網路成為可能，而且性能仍然優異。

本章將主要介紹 ResNet 以及其變種。後面章節介紹的 Attention 模組也是基於 ResNet 模型的擴充，因此本章內容非常重要。

讓我們站在巨人的肩膀上，從冠軍開始！

◀》注意

ResNet 非常簡單。

11.1 ResNet 基礎原理與程式設計基礎

ResNet 的出現徹底改變了 VGG 系列所帶來的固定思維，破天荒地提出了採用模組化的思維來替代整體的卷積層，透過一個個模組的堆疊來替代不斷增加的卷積層。對 ResNet 的研究和不斷改進就成為過去幾年中電腦視覺和深度學習領域最具突破性的工作。並且由於其表徵能力強，ResNet 在影像分類任務以外的許多電腦視覺應用上也獲得了巨大的性能提升，例如物件辨識和人臉辨識。

11.1.1 ResNet 誕生的背景

卷積神經網路的實質就是無限擬合一個符合對應目標的函數。而根據泛逼近定理（universal approximation theorem），如果給定足夠的容量，一個單層的前饋網路就足以表示任何函數。但是，這個層可能非常大，而且網路容易過擬合資料。因此，學術界有一個共同的認識，就是網路架構需要更深。

但是，研究發現只是簡單地將層堆疊在一起，增加網路的深度並不會起太大的作用。這是由於梯度消失（vanishing gradient）導致深層的網路很難訓練。因為梯度反向傳播到前一層，重複相乘可能使梯度無限小，結果就是，隨著網路的層數更深，其性能趨於飽和，甚至開始迅速下降，如圖 11.1 所示。

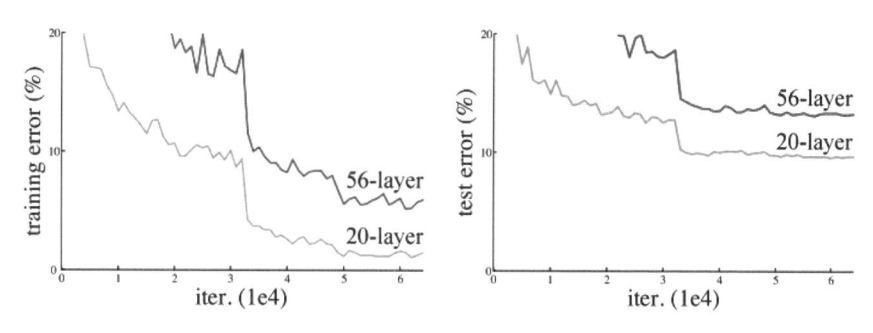

▲ 圖 11.1 隨著網路的層數更深，其性能趨於飽和，甚至開始迅速下降

在 ResNet 之前，已經出現好幾種處理梯度消失問題的方法，但是沒有一個方法能夠真正解決這個問題。何愷明等人於 2015 年發表的論文「用於影像辨識的深度殘差學習」（Deep Residual Learning for Image Recognition）中認為，堆疊的層不應該降低網路的性能，可以簡單地在當前網路上堆疊映射層（不處理任何事情的層），並且所得到的架構性能不變。

11.1 ResNet 基礎原理與程式設計基礎

$$f'(x) = \begin{cases} x \\ fx + x \end{cases}$$

即當 $f(x)$ 為 0 時，$f'(x)$ 等於 x；而當 $f(x)$ 不為 0 時，所獲得的 $f'(x)$ 性能要優於單純地輸入 x。公式表明，較深的模型所產生的訓練誤差不應比較淺的模型的誤差更高。假設讓堆疊的層擬合一個殘差映射（residual mapping），要比讓它們直接擬合所需的底層映射更容易。

從圖 11.2 可以看到，殘差映射與傳統的直接相連的卷積網路相比，最大的變化就是加入了一個恒等映射層 $y = x$ 層。其主要作用是使得網路隨著深度的增加而不會產生權重衰減、梯度衰減或消失這些問題。

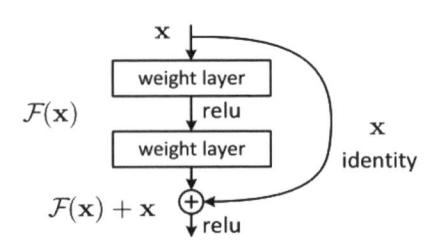

▲ 圖 11.2 殘差框架模組

圖中 $F(x)$ 表示的是殘差，$F(x)+x$ 是最終的映射輸出，因此可以得到網路的最終輸出為 $H(x)=F(x)+x$。由於網路框架中有 2 個卷積層和 2 個 reLU 函數，因此最終的輸出結果可以表示為：

$$H_1(x) = \text{relu}_1(w_1 \times x)$$
$$H_2(x) = \text{relu}_2(w_2 \times h_1(x))$$
$$H(x) = H_2(x) + x$$

其中 H_1 是第一層的輸出，而 H_2 是第二層的輸出。這樣在輸入與輸出有相同維度時，可以使用直接輸入的形式將資料直接傳遞到框架的輸出層。

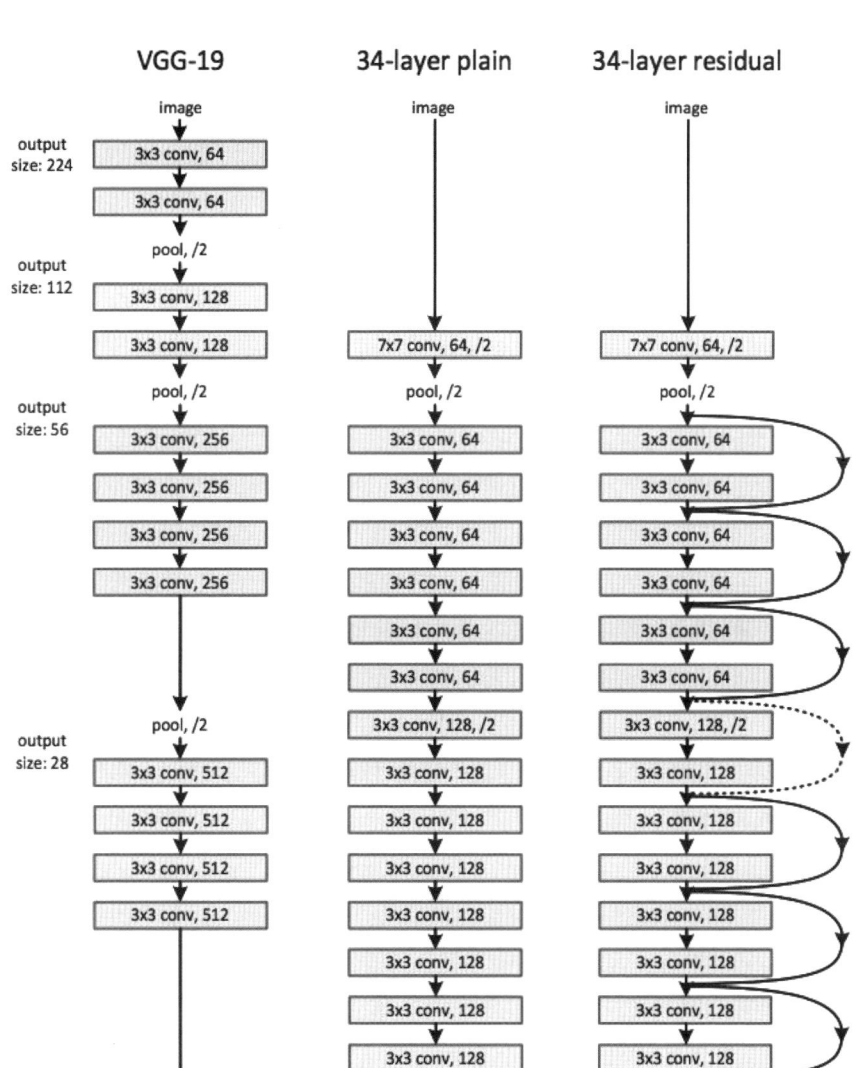

ResNet 整體結構圖及與 VGGNet 的比較如圖 11.3 所示。

▲ 圖 11.3 ResNet 模型結構及比較

圖 11.3 是 VGGNet19 以及一個 34 層的普通結構神經網路和一個 34 層的 ResNet 網路的對比圖。透過驗證可以知道，在使用了 ResNet 的

11.1 ResNet 基礎原理與程式設計基礎

結構後發現，層數不斷加深導致的訓練集上誤差增大的現象被消除了，ResNet 網路的訓練誤差會隨著層數增大而逐漸減小，並且在測試集上的表現也會變好。

但是，除了用於講解的二層殘差學習單元，實際上更多的是使用 [1,1] 結構的三層殘差學習單元，如圖 11.4 所示。

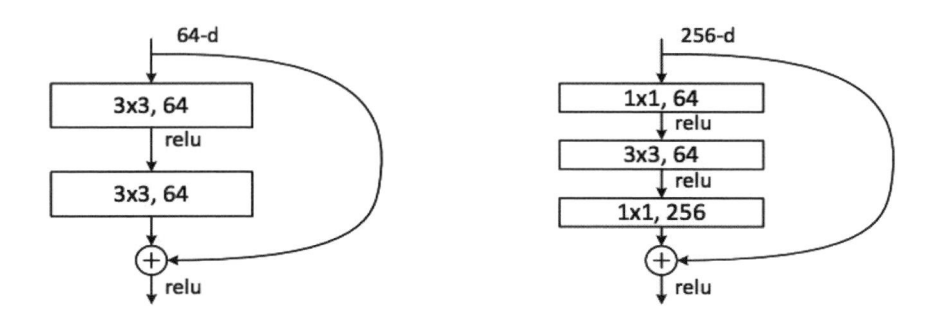

▲ 圖 11.4 二層（左）以及三層（右）殘差單元的比較

這是參考了 NIN 模型的思想，在二層殘差單元中包含 1 個 [3,3] 卷積層的基礎上，更包含了 2 個 [1,1] 大小的卷積，放在 [3,3] 卷積層的前後，執行先降維再升維的操作。

無論採用哪種連接方式，ResNet 的核心是引入一個「身份捷徑連接」（identity shortcut connection），直接跳過一層或多層將輸入層與輸出層進行了連接。實際上，ResNet 並不是第一個利用 shortcut connection 的方法，較早期就有相關研究人員在卷積神經網路中引入了「門控短路電路」，即參數化的門控系統允許各種資訊透過網路通道，如圖 11.5 所示。

但並不是所有加入了 "shortcut" 的卷積神經網路都會提高傳輸效果。在後續的研究中，有不少研究人員對殘差塊進行了改進，但是很遺憾，它並不能獲得性能上的提高。

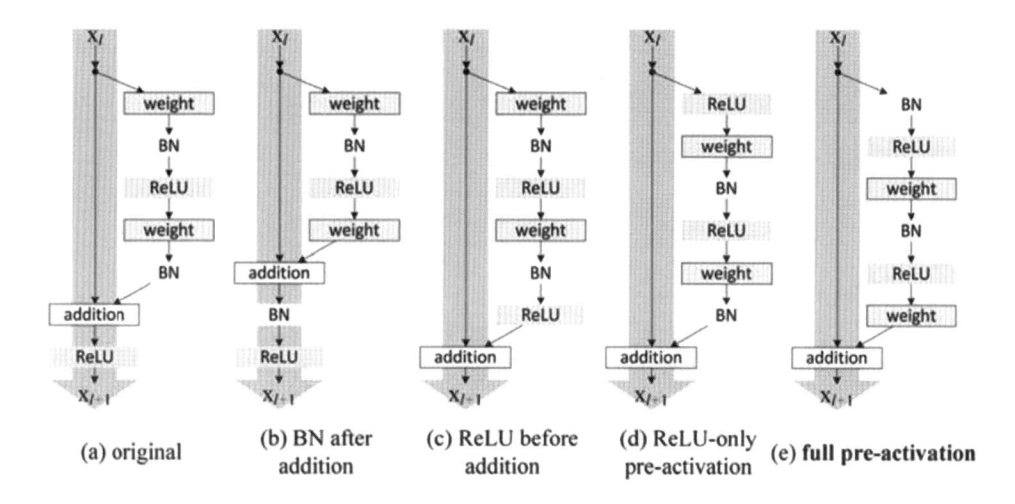

▲ 圖 11.5 門控短路電路

> **注意**
>
> 目前圖 11.5 中 (a) 圖性能最好。

11.1.2 使用 JAX 中實現的部件──不要重複造輪子

我們現在都急不可待地想要自訂自己的殘差網路。所謂「工欲善其事，必先利其器」，在建構自己的殘差網路之前，需要準備好相關的程式設計工具。這裡的工具是指那些已經設計好結構並可以直接使用的程式。

首先最重要的是卷積核心的建立方法。從模型上看，需要更改的內容很少，即卷積核心的大小、輸出通道數以及所定義的卷積層的名稱，JAX 提供的卷積函數如下：

```
jax.experimental.stax.Conv
```

此外，還有一個非常重要的方法是獲取資料的 BatchNormalization，這是使用批次正則化對資料進行處理，程式如下：

11.1 ResNet 基礎原理與程式設計基礎

```
jax.experimental.stax.BatchNorm
```

其他的還有最大池化層，程式如下：

```
jax.experimental.stax.MaxPool
```

平均池化層，程式如下：

```
jax.experimental.stax.AvgPool
```

這些是在模型單元中所需要使用的基本工具，有了這些工具，就可以直接建構 ResNet 模型單元。下面我們對部分實現函數進行詳細介紹。

1. jax.experimental.stax.Conv 簡介

jax.experimental.stax.Conv 的作用是實現卷積計算，其呼叫原始程式如下所示。

◎【程式 11-1】

```python
#Conv 實現的主函數
def GeneralConv(dimension_numbers, out_chan, filter_shape,
                strides=None, padding='VALID', W_init=None,
                b_init=normal(1e-6)):
    ...
    return init_fun, apply_fun
# 對主函數進行的包裝部分
# 對 Conv 主函數包裝
Conv = functools.partial(GeneralConv, ('NHWC', 'HWIO', 'NHWC'))
```

這裡需要說明，卷積 convolution 的實現在 JAX 中是透過 2 個步驟完成的，即首先定義卷積主函數，也就是普通函數的卷積，之後對主函數進行格式化包裝，生成符合計算需求的函數計算主體部分。

下面利用一個簡單的例子說明 jax.experimental.stax.Conv 的使用方法：

```
from jax.experimental.stax import Conv
filter_num = 64          # 卷積核心數目，處理後生成的資料維度
filter_size = (3,3)      # 卷積核心大小
strides = (2,2)          # 步進 strides 大小
Conv(filter_num, filter_size, strides)
Conv(filter_num, filter_size, strides, padding='SAME')
```

請讀者自行修改並嘗試運行。

2. BatchNormalization 簡介

BatchNormalization 是目前最常用的資料標準化方法，也是批次標準化方法。輸入資料經過處理之後能夠顯著加速訓練速度，並且減少過擬合出現的可能性。如下所示：

```
def BatchNorm(axis=(0, 1, 2), epsilon=1e-5, center=True, scale=True,
beta_init=zeros,gamma_init=ones):
    ...
    return init_fun, apply_fun
```

BatchNorm 在 jax.experimental.stax 中的呼叫較為簡單，直接初始化類別即可。

3. dense 簡介

dense 是全連接層，其在使用時需要輸入分類的類別數，如下所示：

```
def Dense(out_dim, W_init=glorot_normal(), b_init=normal()):
    ...
    return init_fun, apply_fun
```

其中的 out_dim 需要在類別被初始化的時候定義：

11-9

11.1 ResNet 基礎原理與程式設計基礎

```
# 這裡被定義了 10 個類
def Dense(out_dim = 10, W_init=glorot_normal(), b_init=normal()):
    ...
    return init_fun, apply_fun
```

請讀者自行修改並嘗試運行。

4. pooling 簡介

pooling 即池化。stax 模組提供了多個池化方法，這幾個池化方法都是類似的，包括 jax.experimental.stax.MaxPool、jax.experimental.stax.SumPool、jax.experimental.stax.AvgPool，分別代表最大、求和和平均池化方法。這裡以常用的 jax.experimental.stax.AvgPool 為例進行講解。

```
jax.experimental.stax.AvgPool(window_shape, strides=None, padding='VALID', spec=None)
...
return init_fun, apply_fun
```

可以看到，這個方法需要輸入 3 個參數，分別是池化視窗大小 window_shape、池化步進距離 strides 以及填充方式 padding。

```
window_shape = (3,3)          # 池化視窗大小
strides = (2,2)               # 步進 strides 大小
jax.experimental.stax.AvgPool(filter_size,strides)
```

JAX 中除了筆者演示的以上可以使用的類別，實際上還有其他組成神經網路的類別，有興趣的讀者可以自行嘗試。

> **注意**
> 對於不同版本的 JAX，其套件和類別的位置仍然會發生變化，請遵循我們第 1 章對 JAX 的版本說明進行設定。

11.1.3 一些 stax 模組中特有的類別

下面介紹 jax.experimental.stax 中的一些特有的類別。

1. FanOut 簡介

這個類別的全稱為 jax.experimental.stax.FanOut，其原始程式形式為：

```
def FanOut(num):
    """Layer construction function for a fan-out layer."""
    init_fun = lambda rng, input_shape: ([input_shape] * num, ())
    apply_fun = lambda params, inputs, **kwargs: [inputs] * num
    return init_fun, apply_fun
```

從原始程式上可以看到，這個類別的形式是對輸入的資料進行複製，接受一個參數 num，代表複製的份數。

```
FanOut(num = 2)
```

2. FanInSum 簡介

這個類別的全稱為 jax.experimental.stax. FanInSum，其原始程式形式為：

```
def FanInSum():
    """Layer construction function for a fan-in sum layer."""
    init_fun = lambda rng, input_shape: (input_shape[0], ())
    apply_fun = lambda params, inputs, **kwargs: sum(inputs)
    return init_fun, apply_fun
FanInSum = FanInSum()
```

從原始程式上來看，這個類別的形式是對輸入的資料進行求和，無論多少份資料都全部將其進行結果的相加處理。

3. FanInConcat 簡介

這個類別的全稱為 jax.experimental.stax. FanInConcat(axis=-1)，其原始程式形式為：

```
def FanInConcat(axis=-1):
    """Layer construction function for a fan-in concatenation layer."""
    def init_fun(rng, input_shape):
        ax = axis % len(input_shape[0])
        concat_size = sum(shape[ax] for shape in input_shape)
        out_shape = input_shape[0][:ax] + (concat_size,) + input_shape[0][ax+1:]
        return out_shape, ()
    def apply_fun(params, inputs, **kwargs):
        return jnp.concatenate(inputs, axis)
    return init_fun, apply_fun
```

其作用是對輸入的資料在最後一個維度進行 Concat，從而形成一個新的資料內容。

4. Identity 簡介

這個類別的全稱為 jax.experimental.stax. Identity，其原始程式形式為：

```
def Identity():
    """Layer construction function for an identity layer."""
    init_fun = lambda rng, input_shape: (input_shape, ())
    apply_fun = lambda params, inputs, **kwargs: inputs
    return init_fun, apply_fun
Identity = Identity()
```

其作用是對輸入的資料進行完整的輸出。

以上這些類別的結構和用法都是 JAX 中特有的，具體使用在下面的實戰中進行演示。

11.2 ResNet 實戰──CIFAR100 資料集分類

本節將使用 ResNet 實現 CIFAR100 資料集的分類。

11.2.1 CIFAR100 資料集簡介

　　CIFAR100 資料集共有 60000 幅彩色影像（見圖 11.6），這些影像是 32×32 像素，分為 100 個類，每類 600 幅圖。這裡面有 50000 幅用於訓練，組成了 5 個訓練批，每一批 10000 幅圖；另外 10000 幅圖用於測試，單獨組成一批。測試批的資料裡，取自 100 類中的每一類，每一類隨機取 1000 幅。取出剩下的就隨機排列組成了訓練批。注意，一個訓練批中的各類影像的數量並不一定相同，總的來看訓練批，每一類都有 5000 幅圖。

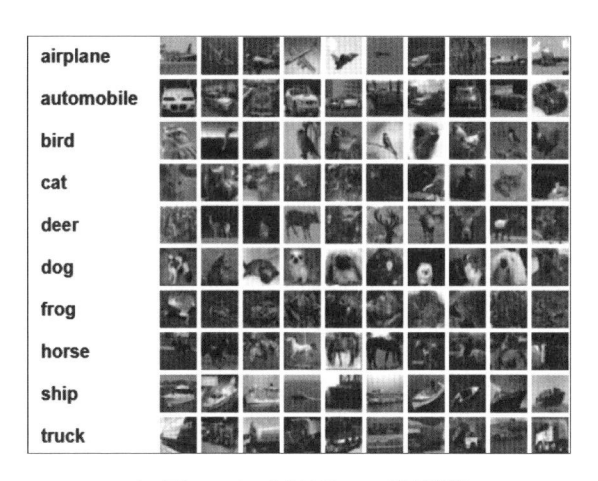

▲ 圖 11.6 CIFAR100 資料集

　　CIFAR100 資料集下載網址為 http://www.cs.toronto.edu/~kriz/cifar.html，進入下載頁面後，選擇下載方式，如圖 11.7 所示。

11.2 ResNet 實戰—CIFAR100 資料集分類

Version	Size	md5sum
CIFAR-100 python version	161 MB	eb9058c3a382ffc7106e4002c42a8d85
CIFAR-100 Matlab version	175 MB	6a4bfa1dcd5c9453dda6bb54194911f4
CIFAR-100 binary version (suitable for C programs)	161 MB	03b5dce01913d631647c71ecec9e9cb8

▲ 圖 11.7　下載的方式

由於 TensorFlow 採用的是 Python 語言程式設計，因此選擇 python version 版本下載。下載之後解壓縮，得到如圖 11.8 所示的幾個檔案。

batches.meta	2009/3/31/周二 …	META 文件	1 KB
data_batch_1	2009/3/31/周二 …	文件	30,309 KB
data_batch_2	2009/3/31/周二 …	文件	30,308 KB
data_batch_3	2009/3/31/周二 …	文件	30,309 KB
data_batch_4	2009/3/31/周二 …	文件	30,309 KB
data_batch_5	2009/3/31/周二 …	文件	30,309 KB
readme.html	2009/6/5/周五 4:…	Firefox HTML D…	1 KB
test_batch	2009/3/31/周二 …	文件	30,309 KB

▲ 圖 11.8　解壓後的檔案

data_batch_1~data_batch_5 是劃分好的訓練資料，每個檔案中包含 10000 幅圖片，test_batch 是測試集資料，也包含 10000 幅圖片。

讀取資料的程式碼部分如下：

```
import pickle
def load_file(filename):
    with open(filename, 'rb') as fo:
        data = pickle.load(fo, encoding='latin1')
    return data
```

首先定義讀取資料的函數，這幾個檔案都是透過 pickle 產生的，所以在讀取的時候也要用到這個套件。返回的 data 是一個字典，先看看這個字典裡面有哪些鍵：

```
data = load_file('data_batch_1')
print(data.keys())
```

輸出結果如下：

```
dict_keys(['batch_label', 'labels', 'data', 'filenames'])
```

具體說明如下：

- batch_label：對應的值是一個字串，用來表示當前檔案的一些基本資訊。
- labels：對應的值是一個長度為 10000 的串列，每個數字設定值範圍為 0~9，代表當前圖片所屬類別。
- data：10000×3072 的二維陣列，每一行代表一幅圖片的像素值。
- filenames：長度為 10000 的串列，裡面每一項是代表圖片檔案名稱的字串。

完整的資料讀取函數如下。

【程式 11-2】

```python
import pickle
import numpy as np
import os
def get_cifar100_train_data_and_label(root = ""):
    def load_file(filename):
        with open(filename, 'rb') as fo:
            data = pickle.load(fo, encoding='latin1')
        return data
    data_batch_1 = load_file(os.path.join(root, 'data_batch_1'))
    data_batch_2 = load_file(os.path.join(root, 'data_batch_2'))
    data_batch_3 = load_file(os.path.join(root, 'data_batch_3'))
    data_batch_4 = load_file(os.path.join(root, 'data_batch_4'))
    data_batch_5 = load_file(os.path.join(root, 'data_batch_5'))
    dataset = []
    labelset = []
    for data in [data_batch_1,data_batch_2,data_batch_3,data_batch_4,
```

11.2 ResNet 實戰─CIFAR100 資料集分類

```
data_batch_5]:
        img_data = (data["data"])/255.
        img_label = (data["labels"])
        dataset.append(img_data)
        labelset.append(img_label)
    dataset = np.concatenate(dataset)
    labelset = np.concatenate(labelset)
    return dataset,labelset
def get_cifar100_test_data_and_label(root = ""):
    def load_file(filename):
        with open(filename, 'rb') as fo:
            data = pickle.load(fo, encoding='latin1')
        return data
    data_batch_1 = load_file(os.path.join(root, 'test_batch'))
    dataset = []
    labelset = []
    for data in [data_batch_1]:
        img_data = (data["data"])
        img_label = (data["labels"])
        dataset.append(img_data)
        labelset.append(img_label)
    dataset = np.concatenate(dataset)
    labelset = np.concatenate(labelset)
    return dataset,labelset
def get_CIFAR100_dataset(root = ""):
    train_dataset,label_dataset = get_cifar100_train_data_and_
label (root=root)
    test_dataset,test_label_dataset = get_cifar100_train_data_and_
label (root=root)
    return  train_dataset,label_dataset,test_dataset,test_label_dataset
if __name__ == "__main__":
    get_CIFAR100_dataset(root="../cifar-10-batches-py/")
```

其中的 root 函數是下載資料解壓後的根目錄，os.join 函數將其組合成資料檔案的位置。最終返回訓練檔案和測試檔案及它們對應的 label。

11.2.2 ResNet 殘差模組的實現

ResNet 網路結構已經在上文做了介紹，它突破性地使用「模組化」思維去對網路進行疊加，從而實現了資料在模組內部特徵的傳遞不會產生遺失。

從圖 11.9 可以看到，模組的內部實際上是 3 個卷積通道相互疊加，形成了一種瓶頸設計。對於每個殘差模組，使用 3 層卷積。這三層分別是 1×1、3×3 和 1×1 的卷積層，其中 1×1 層負責先減少後增加（恢復）尺寸，使 3×3 層具有較小的輸入/輸出尺寸瓶頸。

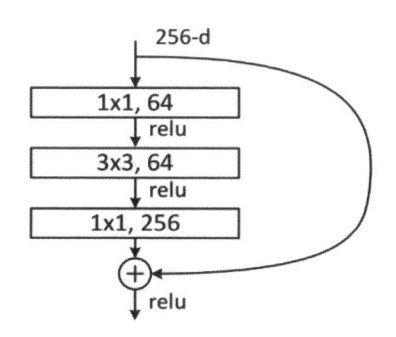

▲ 圖 11.9 模組的內部

實現三層卷積結構的程式碼部分如下：

```
def IdentityBlock(kernel_size, filters):
    ks = kernel_size
    filters1, filters2 = filters
    # 先生成一個主路徑，這裡筆者演示了使用動態自配輸入維度的方式對維度進行調整
    def make_main(input_shape):
        return stax.serial(
            Conv(filters1, (1, 1), padding='SAME'), BatchNorm(), Relu,
            Conv(filters2, (ks, ks), padding='SAME'), BatchNorm(), Relu,
            # 可以輸入維度動態的調整維度大小
```

11.2 ResNet 實戰—CIFAR100 資料集分類

```
            Conv(input_shape[3], (1, 1), padding='SAME'), BatchNorm())
    # 顯性的傳遞模型需要動態設定輸入維度大小
    Main = stax.shape_dependent(make_main)
    # 下面是將不同的計算通路進行組合的方法，函數在下文有詳細的介紹
    return stax.serial(FanOut(2), stax.parallel(Main, Identity), FanInSum, Relu)
```

程式中輸入的資料首先經過 conv2d 卷積層計算，輸出的為四分之一的輸出維度，這是為了降低輸入資料的整個資料量，為進行下一層的 [3,3] 的計算打下基礎。BatchNorm 和 Relu 分別為批次處理層和啟動層。

筆者使用了 3 個前面沒有提及的類別，首先需要知道的是，這些類別的目的是將不同的計算通路進行一個組合。FanOut(2) 對資料進行了複製，stax.parallel(Main, Identity) 將主通路計算結果與 Identity 通路結果進行同時並聯處理，FanInSum 對並聯處理的資料進行合併。

在資料傳遞的過程中，ResNet 模組使用了名為 "shortcut" 的「資訊公路」。shortcut 連接相當於簡單執行了同等映射，不會產生額外的參數，也不會增加計算複雜度，如圖 11.10 所示。而且，整個網路依舊可以通過點對點的反向傳播訓練。程式如下：

```
def ConvBlock(kernel_size, filters, strides=(1, 1)):
    ks = kernel_size
    filters1, filters2, filters3 = filters  # 對 3 個層中的卷積核心數目進行設定
        # 先生成一個主路徑
    Main = stax.serial(
        Conv(filters1, (1, 1), strides, padding='SAME'), BatchNorm(), Relu,
        Conv(filters2, (ks, ks), padding='SAME'), BatchNorm(), Relu,
        Conv(filters3, (1, 1), padding='SAME'), BatchNorm())
    Shortcut = stax.serial(Conv(filters3, (1, 1), strides, padding='SAME'), BatchNorm())
    return stax.serial(FanOut(2), stax.parallel(Main, Shortcut), FanInSum, Relu)
```

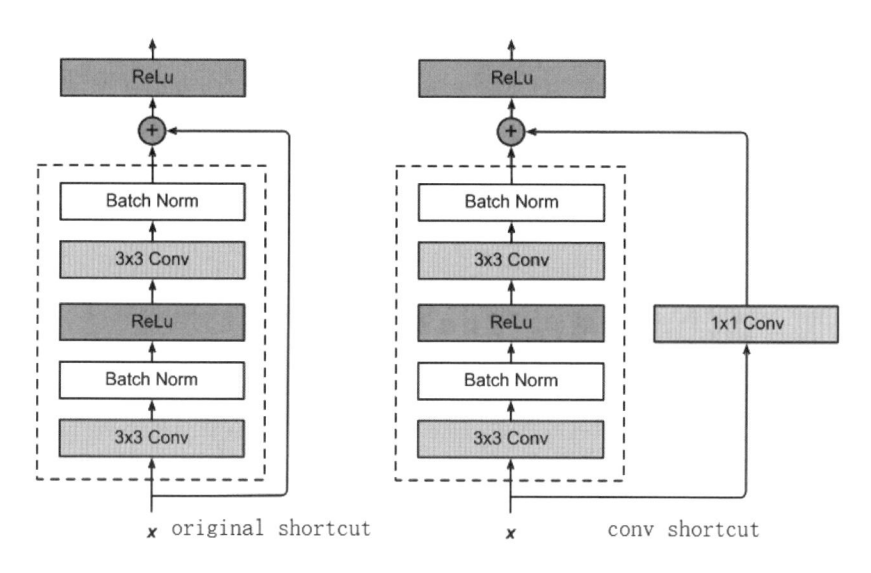

▲ 圖 11.10 shortcut 連接

有的時候，除了判定是否對輸入資料進行處理外，由於 ResNet 在實現過程中對資料的維度做了改變，因此，當輸入的維度和要求模型輸出的維度不相同（即 input_channel 不等於 out_dim）時，需要對輸入資料的維度進行 padding 操作。

> **注意**
>
> padding 操作就是補全資料，透過設定 pad 參數用來對資料進行補全。

11.2.3 ResNet 網路的實現

ResNet 的結構如圖 11.11 所示。

圖中一共提出了 5 種深度的 ResNet，分別是 18、34、50、101 和 152，其中所有的網路都分成 5 部分，分別是 conv1、conv2_x、conv3_x、conv4_x 和 conv5_x。

11.2 ResNet 實戰—CIFAR100 資料集分類

layer name	output size	18-layer	34-layer	50-layer	101-layer	152-layer
conv1	112×112	\multicolumn{5}{c}{7×7, 64, stride 2}
conv2_x	56×56	\multicolumn{5}{c}{3×3 max pool, stride 2}
		$\begin{bmatrix}3\times3, 64\\3\times3, 64\end{bmatrix}\times2$	$\begin{bmatrix}3\times3, 64\\3\times3, 64\end{bmatrix}\times3$	$\begin{bmatrix}1\times1, 64\\3\times3, 64\\1\times1, 256\end{bmatrix}\times3$	$\begin{bmatrix}1\times1, 64\\3\times3, 64\\1\times1, 256\end{bmatrix}\times3$	$\begin{bmatrix}1\times1, 64\\3\times3, 64\\1\times1, 256\end{bmatrix}\times3$
conv3_x	28×28	$\begin{bmatrix}3\times3, 128\\3\times3, 128\end{bmatrix}\times2$	$\begin{bmatrix}3\times3, 128\\3\times3, 128\end{bmatrix}\times4$	$\begin{bmatrix}1\times1, 128\\3\times3, 128\\1\times1, 512\end{bmatrix}\times4$	$\begin{bmatrix}1\times1, 128\\3\times3, 128\\1\times1, 512\end{bmatrix}\times4$	$\begin{bmatrix}1\times1, 128\\3\times3, 128\\1\times1, 512\end{bmatrix}\times8$
conv4_x	14×14	$\begin{bmatrix}3\times3, 256\\3\times3, 256\end{bmatrix}\times2$	$\begin{bmatrix}3\times3, 256\\3\times3, 256\end{bmatrix}\times6$	$\begin{bmatrix}1\times1, 256\\3\times3, 256\\1\times1, 1024\end{bmatrix}\times6$	$\begin{bmatrix}1\times1, 256\\3\times3, 256\\1\times1, 1024\end{bmatrix}\times23$	$\begin{bmatrix}1\times1, 256\\3\times3, 256\\1\times1, 1024\end{bmatrix}\times36$
conv5_x	7×7	$\begin{bmatrix}3\times3, 512\\3\times3, 512\end{bmatrix}\times2$	$\begin{bmatrix}3\times3, 512\\3\times3, 512\end{bmatrix}\times3$	$\begin{bmatrix}1\times1, 512\\3\times3, 512\\1\times1, 2048\end{bmatrix}\times3$	$\begin{bmatrix}1\times1, 512\\3\times3, 512\\1\times1, 2048\end{bmatrix}\times3$	$\begin{bmatrix}1\times1, 512\\3\times3, 512\\1\times1, 2048\end{bmatrix}\times3$
	1×1	\multicolumn{5}{c}{average pool, 1000-d fc, softmax}
FLOPs		1.8×10^9	3.6×10^9	3.8×10^9	7.6×10^9	11.3×10^9

▲ 圖 11.11 ResNet 的結構

下面我們將對其進行實現。需要說明的是，ResNet 完整的實現需要較高性能的顯示卡，因此我們對其做了修改，去掉了 pooling 層，並降低了每次 filter 的數目和每層的層數，這一點請讀者務必注意。

完整實現的 Resnet50 的程式如下：

```
def ResNet50(num_classes):
    return stax.serial(
        Conv(64, (3, 3), padding='SAME'),
        BatchNorm(), Relu,
        #MaxPool((3, 3), strides=(2, 2)),
        ConvBlock(3, [64, 64, 256]),
        IdentityBlock(3, [64, 64]),
        IdentityBlock(3, [64, 64]),
        ConvBlock(3, [128, 128, 512]),
        IdentityBlock(3, [128, 128]),
        IdentityBlock(3, [128, 128]),
        IdentityBlock(3, [128, 128]),
        ConvBlock(3, [256, 256, 1024]),
        IdentityBlock(3, [256, 256]),
```

```
        IdentityBlock(3, [256, 256]),
        IdentityBlock(3, [256, 256]),
        IdentityBlock(3, [256, 256]),
        IdentityBlock(3, [256, 256]),
        ConvBlock(3, [512, 512, 2048]),
        IdentityBlock(3, [512, 512]),
        IdentityBlock(3, [512, 512]),
        #AvgPool((7, 7)),
        Flatten, Dense(num_classes),
        Logsoftmax
    )
```

11.2.4 使用 ResNet 對 CIFAR100 資料集進行分類

前面介紹了 TensorFlow 附帶 CIFAR100 資料集的下載。本節將使用 TensorFlow 附帶的資料集對 CIFAR100 進行分類。

1. 第一步：資料集的獲取

CIFAR100 資料集下載下來後，可以放在本地電腦中。需要提醒的是，對於不同的資料集，其維度的結構會有區別。此外，資料集列印的維度為 (60000,3,32,32)，並不符合傳統使用的 (60000,32,32,3) 的普通維度格式，因此需要對其進行調整。程式如下：

```
train_dataset, label_dataset, test_dataset, test_label_dataset =
get_data.get_CIFAR100_dataset(root="./cifar-10-batches-py/")
train_dataset = jnp.reshape(train_dataset,[-1,3,32,32])
x_train = jnp.transpose(train_dataset,[0,2,3,1])
y_train = jax.nn.one_hot(label_dataset,num_classes=100)
test_dataset = jnp.reshape(test_dataset,[-1,3,32,32])
x_test = jnp.transpose(test_dataset,[0,2,3,1])
y_test = jax.nn.one_hot(test_label_dataset,num_classes=100)
```

11.2 ResNet 實戰—CIFAR100 資料集分類

2. 第二步：模型的元件設計

這一步就是撰寫模型並設定最佳化器和損失函數，程式如下：

```
# 匯入確定好的模型，這裡對於 CPU 計算速度過慢的讀者可以減少 Resnet 的層數
init_random_params, predict = resnet.ResNet50(100)
# 計算準確率函數
def pred_check(params, batch):
    """ Correct predictions over a minibatch. """
    # 所以這裡需要使用 2 個 jnp.argmax 做一個轉換
    inputs, targets = batch
    predict_result = predict(params, inputs)
    predicted_class = jnp.argmax(predict_result, axis=1)
    targets = jnp.argmax(targets, axis=1)
    return jnp.sum(predicted_class == targets)
# 計算損失函數
def loss(params, batch):
    inputs, targets = batch
    return jnp.mean(jnp.sum(-targets * predict(params, inputs), axis=1))
# 更新模型參數
def update(i, opt_state, batch):
    """ Single optimization step over a minibatch. """
    params = get_params(opt_state)
    return opt_update(i, grad(loss)(params, batch), opt_state)
```

3. 第三步：模型的計算

全部程式如下所示。

○【程式 11-3】

```
import os
import jax.nn
import jax.numpy as jnp
from cifar100 import get_data,resnet
from jax import jit, grad, random
from jax.experimental import optimizers
```

```python
import tensorflow as tf
import tensorflow_datasets as tfds
train_dataset, label_dataset, test_dataset, test_label_dataset = get_data.
get_CIFAR100_dataset(root="./cifar-10-batches-py/")
train_dataset = jnp.reshape(train_dataset,[-1,3,32,32])
x_train = jnp.transpose(train_dataset,[0,2,3,1])
y_train = jax.nn.one_hot(label_dataset,num_classes=100)
test_dataset = jnp.reshape(test_dataset,[-1,3,32,32])
x_test = jnp.transpose(test_dataset,[0,2,3,1])
y_test = jax.nn.one_hot(test_label_dataset,num_classes=100)
init_random_params, predict = resnet.ResNet50(100)
def pred_check(params, batch):
    inputs, targets = batch
    predict_result = predict(params, inputs)
    predicted_class = jnp.argmax(predict_result, axis=1)
    targets = jnp.argmax(targets, axis=1)
    return jnp.sum(predicted_class == targets)
def loss(params, batch):
    inputs, targets = batch
    return jnp.mean(jnp.sum(-targets * predict(params, inputs), axis=1))
def update(i, opt_state, batch):
    """ Single optimization step over a minibatch. """
    params = get_params(opt_state)
    return opt_update(i, grad(loss)(params, batch), opt_state)
key = jax.random.PRNGKey(17)
input_shape = [-1,32,32,3]
#這裡的 step_size 就是學習率
opt_init, opt_update, get_params = optimizers.adam(step_size = 2e-4)
_, init_params = init_random_params(key, input_shape)
opt_state = opt_init(init_params)
batch_size = 128        # 這裡讀者根據硬體技術自由設定 batch_size
total_num = 12800 # 這裡讀者根據硬體技術自由設定全部的訓練資料，總量為 50000
for _ in range(17):
    epoch_num = int(total_num//batch_size)
    print(" 訓練開始 ")
    for i in range(epoch_num):
```

```
        start = i * batch_size
        end = (i + 1) * batch_size
        data = x_train[start:end]
        targets = y_train[start:end]
        opt_state = update((i), opt_state, (data, targets))
        if (i + 1)%20 == 0:
            params = get_params(opt_state)
            loss_value = loss(params,(data, targets))
            print(f"loss:{loss_value}")
    params = get_params(opt_state)
    print(" 訓練結束 ")
    train_acc = []
    correct_preds = 0.0
    for i in range(epoch_num):
        start = i * batch_size
        end = (i + 1) * batch_size
        data = x_test[start:end]
        targets = y_test[start:end]
        correct_preds += pred_check(params, (data, targets))
    train_acc.append(correct_preds / float(total_num))
    print(f"Training set accuracy: {(train_acc)}")
```

根據不同的硬體裝置，模型的參數和訓練集的 batch_size 都需要作出調整，讀者可以根據具體硬體條件和訓練目標進行設定。

請讀者自行執行測試。

11.3 本章小結

本章使用 JAX 官方提供的函數庫套件和模組實現了 ResNet50，這是一個經典的深度學習模型，透過這個模型的設計，希望能夠拋磚引玉，引導讀者掌握並獨立完成使用 JAX 進行深度學習模型的撰寫。

CHAPTER 12

JAX 實戰──
有趣的詞嵌入

詞嵌入（Word Embedding，也稱為詞向量）是什麼？為什麼要進行詞嵌入？在深入了解這個概念之前，先看幾個例子：

在購買商品或入住酒店後，會邀請顧客填寫相關的評價來表明對服務的滿意程度。

- 使用幾個詞在搜尋引擎上搜一下。
- 有些部落格網站會在部落格下面標記一些相關的 tag 標籤。
- 實際上這是文字處理後的應用，目的是用這些文字去做情緒分析、同義字聚類、文章分類和打標籤。

大家在讀文章或評論文章的時候，可以準確地說出這個文章大致講了什麼、評論的傾向如何，但是電腦是怎麼做到的呢？電腦可以匹配字串，然後告訴我們是否與輸入的字串相同，但是怎麼能讓電腦在我們搜尋「梅西」的時候，告訴我們有關足球或皮耶羅的事情呢？

詞嵌入由此誕生，它就是對文字的數字表示。透過其表示和計算可以很容易地使電腦得到以下的公式：

梅西 → 阿根廷 + 義大利 = 皮耶羅

本章將著重介紹詞嵌入的相關內容，首先透過多種計算詞嵌入的方式，循序漸進地講解如何獲取對應的詞嵌入，之後再介紹一個使用詞嵌入進行文字分類的實戰案例。

12.1 文字資料處理

無論是使用深度學習還是傳統的自然語言處理方式，一個非常重要的內容就是將自然語言轉換成電腦可以辨識的特徵向量。文字的前置處理就是如此，透過文本分詞→詞嵌入訓練→特徵詞取出這幾個主要步驟處理後，組建能夠代表文字內容的矩陣向量。

12.1.1 資料集和資料清洗

新聞分類資料集 AG 是由學術社區 ComeToMyHead 提供的，是從 2000 多不同的新聞來源搜集的超過一百萬篇的新聞文章，用於研究分類、聚類、資訊獲取（rank、搜尋）等非商業活動。在此基礎上有研究者為了研究需要，從中提取了 127600 個樣本，其中的 120000 個樣本作為訓練集、7600 個樣本作為測試集。按以下 4 類進行區分：

- World
- Sports

- Business
- Sci/Tec

資料集採用 csv 檔案格式進行儲存，打開後如圖 12.1 所示。

```
3 Wall St. Bears Claw Back Into the Black (Reuters)        Reuters - Short-sellers, Wall Street's dwindling\band of ultra-cynics, are see
3 Carlyle Looks Toward Commercial Aerospace (Reuters)      Reuters - Private investment firm Carlyle Group,\which has a reputation for ma
3 Oil and Economy Cloud Stocks' Outlook (Reuters)          Reuters - Soaring crude prices plus worries\about the economy and the outlook
3 Iraq Halts Oil Exports from Main Southern Pipeline (     Reuters - Authorities have halted oil export\flows from the main pipeline in s
3 Oil prices soar to all-time record, posing new menac     AFP - Tearaway world oil prices, toppling records and straining wallets, pres
3 Stocks End Up, But Near Year Lows (Reuters)              Reuters - Stocks ended slightly higher on Friday\but stayed near lows for the
3 Money Funds Fell in Latest Week (AP)                     AP - Assets of the nation's retail money market mutual funds fell by  #36,1.17
3 Fed minutes show dissent over inflation (USATODAY.co     USATODAY.com - Retail sales bounced back a bit in July, and new claims for job
3 Safety Net (Forbes.com)                                  Forbes.com - After earning a PH.D. in Sociology, Danny Bazil Riley started to
3 Wall St. Bears Claw Back Into the Black                  NEW YORK (Reuters) - Short-sellers, Wall Street's dwindling  band of ultra-cy
3 Oil and Economy Cloud Stocks' Outlook                    NEW YORK (Reuters) - Soaring crude prices plus worries  about the economy and
3 No Need for OPEC to Pump More-Iran Gov                   TEHRAN (Reuters) - OPEC can do nothing to douse scorching  oil prices when ma
3 Non-OPEC Nations Should Up Output-Purnomo                JAKARTA (Reuters) - Non-OPEC oil exporters should consider  increasing output
3 Google IPO Auction Off to Rocky Start                    WASHINGTON/NEW YORK (Reuters) - The auction for Google  Inc.'s highly anticip
3 Dollar Falls Broadly on Record Trade Gap                 NEW YORK (Reuters) - The dollar tumbled broadly on Friday  after data showing
3 Rescuing an Old Saver                                    If you think you may need to help your elderly relatives with their finances,
```

▲ 圖 12.1 Ag_news 資料集

第 1 列是新聞分類，第 2 列是新聞標題，第 3 列是新聞的正文部分，使用 "," 和 "." 作為斷句的符號。

由於拿到的資料集是由社區自動化儲存和收集的，因此不可避免地存在大量的資料雜質：

```
Reuters - Was absenteeism a little high\on Tuesday among the guys at the
office? EA Sports would like\to think it was because "Madden NFL 2005" came out
that day,\and some fans of the football simulation are rabid enough to\take
a sick day to play it.
Reuters - A group of technology companies\including Texas Instruments Inc.
(TXN.N), STMicroelectronics\(STM.PA) and Broadcom Corp. (BRCM.O), on
Thursday
said they\will propose a new wireless networking standard up to 10 times\the
speed of the current generation.
```

1. 資料的讀取與儲存

資料集的儲存格式為 csv，需要按佇列資料進行讀取，程式如下：

12-3

12.1 文字資料處理

● 【程式 12-1】

```
import csv
agnews_train = csv.reader(open("./dataset/train.csv","r"))
for line in agnews_train:
    print(line)
```

輸入結果如圖 12.2 所示。

```
['2', 'Sharapova wins in fine style', 'Maria Sharapova and Amelie Mauresmo opened their challenges at the WTA Champ
['2', 'Leeds deny Sainsbury deal extension', 'Leeds chairman Gerald Krasner has laughed off suggestions that he has
['2', 'Rangers ride wave of optimism', 'IT IS doubtful whether Alex McLeish had much time eight weeks ago to dwell
['2', 'Washington-Bound Expos Hire Ticket Agency', 'WASHINGTON Nov 12, 2004 - The Expos cleared another logistical
['2', 'NHL #39;s losses not as bad as they say: Forbes mag', 'NEW YORK - Forbes magazine says the NHL #39;s financi
['1', 'Resistance Rages to Lift Pressure Off Fallujah', 'BAGHDAD, November 12 (IslamOnline.net  amp; News Agencies)
```

▲ 圖 12.2 Ag_news 中的資料形式

讀取的 train 中的每行資料內容預設以逗點分隔，按列依次儲存在序列不同的位置中。為了分類方便，可以使用不同的陣列將資料按類別進行儲存。當然，也可以根據需要使用 Pandas 處理。為了後續操作和運算速度，這裡主要使用 Python 原生函數和 NumPy 函數進行計算。

● 【程式 12-2】

```
import csv
agnews_label = []
agnews_title = []
agnews_text = []
agnews_train = csv.reader(open("./dataset/train.csv","r"))
for line in agnews_train:
    agnews_label.append(line[0])
    agnews_title.append(line[1].lower())
    agnews_text.append(line[2].lower())
```

可以看到，不同的內容被儲存在不同的陣列之中，為了統一，將所有的字母統一轉換成小寫以便於後續計算。

2. 文字的清洗

文字中除了常用的標點符號外，還包含大量的特殊字元，因此需要對文字進行清洗。

文字清洗的方法一般是使用正規表示法，可以匹配小寫 "a" 至 "z"、大寫 "A" 至 "Z" 或數字 "0" 到 "9" 的範圍之外的所有字元，並用空格代替。這個方法無須指定所有標點符號，程式如下：

```
import re
text = re.sub(r"[^a-z0-9]"," ",text)
```

這裡 re 是 Python 中對應正規表示法的 Python 套件，字串 "^" 的意義是求反，即只保留要求的字元而替換非要求保留的字元。透過更進一步的分析可以知道，文字清洗中除了將不需要的符號使用空格替換外，還產生了一個問題，即空格數目過多和在文字的首尾有空格殘留，這同樣影響文字的讀取，因此還需要對替換符號後的文字進行二次處理。

◯【程式 12-3】

```
import re
def text_clear(text):
    text = text.lower()                      # 將文字轉化成小寫
    text = re.sub(r"[^a-z0-9]"," ",text)     # 替換非標準字元，^ 是求反操作
    text = re.sub(r" +", " ", text)          # 替換多重空格
    text = text.strip()                      # 取出首尾空格
    text = text.split(" ")                   # 對句子按空格分隔
    return text
```

12.1 文字資料處理

由於載入了新的資料清洗工具，因此在讀取資料時可以使用自訂的函數，將文字資訊處理後再儲存。

◯【程式 12-4】

```
import csv
import tools
import numpy as np
agnews_label = []
agnews_title = []
agnews_text = []
agnews_train = csv.reader(open("./dataset/train.csv","r"))
for line in agnews_train:
    agnews_label.append(np.float32(line[0]))
    agnews_title.append(tools.text_clear(line[1]))
    agnews_text.append(tools.text_clear(line[2]))
```

這裡使用了額外的套件和 NumPy 函數對資料進行處理，因此可以獲得處理後較乾淨的資料，如圖 12.3 所示。

```
pilots union at united makes pension deal
quot us economy growth to slow down next year quot
microsoft moves against spyware with giant acquisition
aussies pile on runs
manning ready to face ravens 39 aggressive defense
gambhir dravid hit tons as india score 334 for two night lead
croatians vote in presidential elections mesic expected to win second term afp
nba wrap heat tame bobcats to extend winning streak
historic turkey eu deal welcomed
```

▲ 圖 12.3 清理後的 Ag_news 資料

12.1.2 停用詞的使用

觀察分好詞的文字集，每組文字中除了能夠表達含義的名詞和動詞外，還有大量沒有意義的副詞，例如 "is"、"are"、"the" 等。這些詞的存在並不會給句子增加太多含義，反而會由於頻率非常多而影響後續的詞嵌入分析。為了減少要處理的詞彙量、降低後續程式的複雜度，需要清除停用詞。清除停用詞一般使用 NLTK 工具套件，安裝程式如下：

```
conda install nltk
```

除了安裝 NLTK 外，還有一個非常重要的內容——僅依靠安裝 NLTK 並不能夠清除停用詞，需要額外下載 NLTK 停用詞套件，建議透過控制端進入 NLTK，之後執行如圖 12.4 所示的程式，打開 NLTK 的主控台（見圖 12.5）。

▲ 圖 12.4 安裝 NLTK 並打開主控台

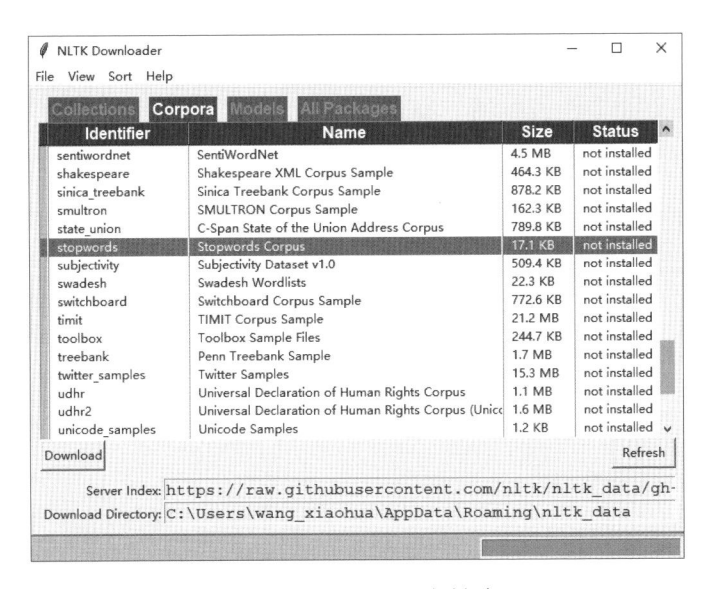

▲ 圖 12.5 NLTK 主控台

12.1 文字資料處理

在 Corpora 標籤下選擇 "stopwords"，點擊 "Download" 按鈕下載資料。下載後的驗證方法如下：

```
stoplist = stopwords.words('english')
print(stoplist)
```

stoplist 將停用詞獲取到一個陣列串列中，列印結果如圖 12.6 所示。

```
['i', 'me', 'my', 'myself', 'we', 'our', 'ours', 'ourselves', 'you', "you're", "you've", "you'll", "you'd", 'your', 'yours',
'yourself', 'yourselves', 'he', 'him', 'his', 'himself', 'she', "she's", 'her', 'hers', 'herself', 'it', "it's", 'its', 'itself', 'they',
'them', 'their', 'theirs', 'themselves', 'what', 'which', 'who', 'whom', 'this', 'that', "that'll", 'these', 'those', 'am',
'is', 'are', 'was', 'were', 'be', 'been', 'being', 'have', 'has', 'had', 'having', 'do', 'does', 'did', 'doing', 'a', 'an', 'the',
'and', 'but', 'if', 'or', 'because', 'as', 'until', 'while', 'of', 'at', 'by', 'for', 'with', 'about', 'against', 'between', 'into',
'through', 'during', 'before', 'after', 'above', 'below', 'to', 'from', 'up', 'down', 'in', 'out', 'on', 'off', 'over', 'under',
'again', 'further', 'then', 'once', 'here', 'there', 'when', 'where', 'why', 'how', 'all', 'any', 'both', 'each', 'few',
'more', 'most', 'other', 'some', 'such', 'no', 'nor', 'not', 'only', 'own', 'same', 'so', 'than', 'too', 'very', 's', 't', 'can',
'will', 'just', 'don', "don't", 'should', "should've", 'now', 'd', 'll', 'm', 'o', 're', 've', 'y', 'ain', 'aren', "aren't", 'couldn',
"couldn't", 'didn', "didn't", 'doesn', "doesn't", 'hadn', "hadn't", 'hasn', "hasn't", 'haven', "haven't", 'isn', "isn't",
'ma', 'mightn', "mightn't", 'mustn', "mustn't", 'needn', "needn't", 'shan', "shan't", 'shouldn', "shouldn't",
'wasn', "wasn't", 'weren', "weren't", 'won', "won't", 'wouldn', "wouldn't"]
```

▲ 圖 12.6 停用詞資料

接下來就是將停用詞資料載入到文字清潔器中。除此之外，由於英文文字的特殊性，單字會具有不同的變形，例如尾碼 "ing" 和 "ed" 可以捨棄、"ies" 可以用 "y" 替換等。這樣可能會變成不是完整詞的詞根，只要將這個詞的所有形式都還原成同一個詞根即可。NLTK 中對這部分詞根還原的處理使用的函數為：

```
PorterStemmer().stem(word)
```

整體程式如下。

【程式 12-5】

```python
def text_clear(text):
    text = text.lower()                          # 將文字轉化成小寫
    text = re.sub(r"[^a-z0-9]"," ",text)         # 替換非標準字元，^ 是求反操作
```

```
text = re.sub(r" +", " ", text)              # 替換多重空格
text = text.strip()                          # 取出首尾空格
text = text.split(" ")
text = [word for word in text if word not in stoplist]  # 清除停用詞
text = [PorterStemmer().stem(word) for word in text]    # 還原詞根部分
text.append("eos")                           # 增加結束符號
text = ["bos"] + text                        # 增加開始符號
return text
```

這樣生成的最終結果如圖 12.7 所示。

```
['baghdad', 'reuters', 'daily', 'struggle', 'dodge', 'bullets', 'bombings', 'enough', 'many', 'iraqis', 'face', 'freezing'
['abuja', 'reuters', 'african', 'union', 'said', 'saturday', 'sudan', 'started', 'withdrawing', 'troops', 'darfur', 'ahead
['beirut', 'reuters', 'syria', 'intense', 'pressure', 'quit', 'lebanon', 'pulled', 'security', 'forces', 'three', 'key',
['karachi', 'reuters', 'pakistani', 'president', 'pervez', 'musharraf', 'said', 'stay', 'army', 'chief', 'reneging', 'pled
['red', 'sox', 'general', 'manager', 'theo', 'epstein', 'acknowledged', 'edgar', 'renteria', 'luxury', '2005', 'red', 'sox
['miami', 'dolphins', 'put', 'courtship', 'lsu', 'coach', 'nick', 'saban', 'hold', 'comply', 'nfl', 'hiring', 'policy', 'i
```

▲ 圖 12.7 生成的資料

相對於未處理過的文字，獲取的是一個相對乾淨的文字資料。文字的清潔處理步驟複習 如下：

- Tokenization：對句子進行拆分，以單一詞或字元的形式儲存。在文字清潔函數中，text.split 函數執行的就是這個操作。
- Normalization：將詞語正則化，lower 函數和 PorterStemmer 函數做了此方面的工作，將字母轉為小寫和還原詞根。
- Rare word replacement：對於稀疏性較低的詞，將其進行替換，一般將詞頻小於 5 的替換成一個特殊的 Token <UNK>。此法降噪並能減少字典的大小。本文由於訓練集和測試集中的詞語較為集中而沒有使用這個步驟。
- Add <BOS> <EOS>：增加每個句子的開始和結束識別字。
- Long Sentence Cut-Off or short Sentence Padding：對過長的句子進行截取，對過短的句子進行補全。

由於模型的需要，我們在處理的時候並沒有完整地使用以上多個處理步驟。在不同性質的專案中讀者可以自行斟酌使用。

12.1.3 詞向量訓練模型 word2vec 的使用

word2vec（見圖 12.8）是 Google 在 2013 年推出的 NLP 工具，特點是將所有的詞向量化，這樣詞與詞之間就可以定量地去度量它們之間的關係，以及挖掘詞之間的聯繫。

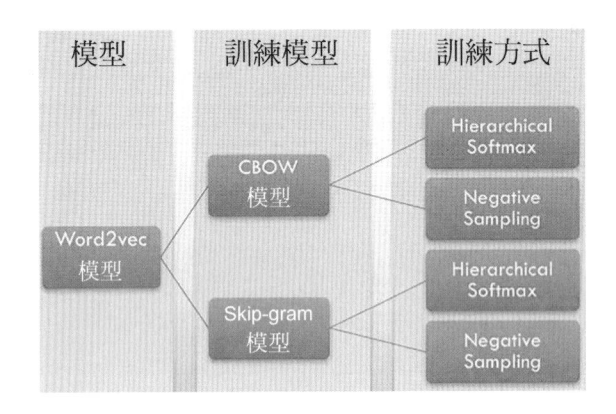

▲ 圖 12.8　word2vec 模型

用詞向量來表示詞並不是 word2vec 的首創，其在很久之前就出現了。最早的詞嵌入是很冗長的，維度大小為整個詞彙表的大小，對每個具體的詞彙表中的詞，將對應的位置置為 1。舉例來說，由 5 個片語成的詞彙表，詞 "Queen" 的序號為 2，那麼它的詞向量就是 (0,1,0,0,0)(0,1,0,0,0)。同理，詞 "Woman" 的詞向量就是 (0,0,0,1,0)(0,0,0,1,0)。這種詞向量的編碼方式一般叫作 1-of-N representation 或 one hot。

用獨熱編碼（One-Hot Encoding）來表示詞向量非常簡單，但是有很多問題，最大的問題是詞彙表一般都非常大，比如達到百萬等級，這樣每個詞都用百萬維的向量來表示基本是不可能的。這樣的向量除了一個位置是 1、其餘的位置全部都是 0，表達的效率不高。將其使用在卷積神經網路中會使網路難以收斂。

word2vec 是一種可以解決獨熱編碼問題的方法，想法是透過訓練將每個詞都映射到一個較短的詞向量上。所有的這些詞向量就組成了向量空間，進而可以用普通的統計學的方法來研究詞與詞之間的關係。

1. word2vec 的具體訓練方法

word2vec 的具體訓練方法主要有 2 個部分：CBOW（Continuous Bag-of-Word Model）和 Skip-gram 模型。

（1）CBOW 模型：又稱連續詞袋模型，是一個三層神經網路。該模型的特點是輸入已知上下文，輸出對當前單字的預測，如圖 12.9 所示。

（2）Skip-gram 模型：與 CBOW 模型正好相反，是由當前詞預測上下文詞，如圖 12.10 所示。

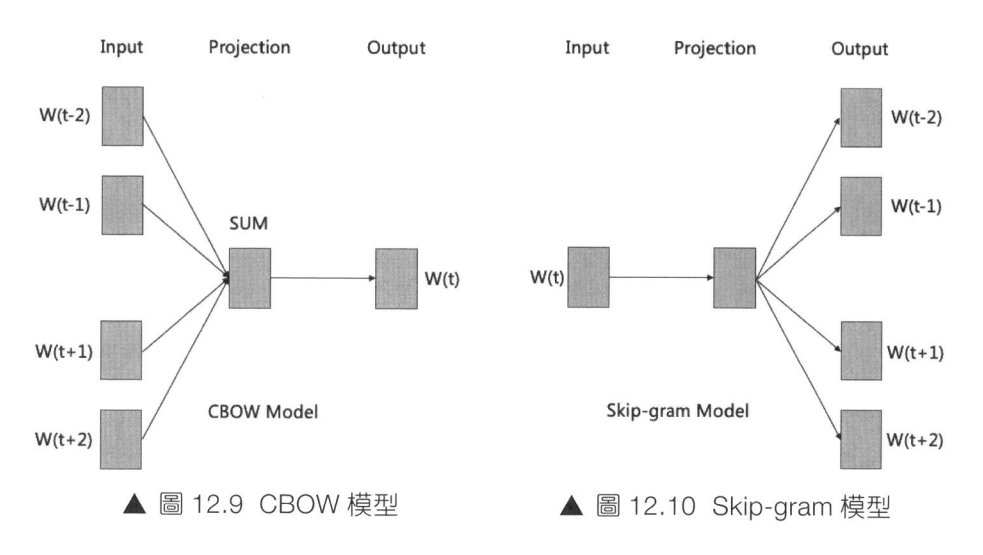

▲ 圖 12.9 CBOW 模型　　▲ 圖 12.10 Skip-gram 模型

對於 word2vec 更細節的訓練模型和訓練方式，這裡不做討論。這裡主要介紹如何訓練一個可以獲得和使用的 word2vec 向量。

2. 使用 gensim 套件對資料進行訓練

對於詞向量的模型訓練有很多種方法，最簡單的是使用 Python 工具套件中的 gensim 套件對資料進行訓練。

（1）訓練 word2vec 模型

第一步是對詞模型進行訓練，程式非常簡單：

```
from gensim.models import word2vec        # 匯入 gensim 套件
# 設定訓練參數
model = word2vec.Word2Vec(agnews_text,size=64, min_count = 0,window = 5)
model_name = "corpusWord2Vec.bin"         # 模型儲存名
model.save(model_name)                    # 儲存訓練好的模型
```

首先在程式中匯入 gensim 套件，之後用 Word2Vec 函數根據設定的參數對 word2vce 模型進行訓練。這裡稍微解釋一下主要參數：

```
Word2Vec(sentences, workers=num_workers, size=num_features, min_count = min_word_count, window = context, sample = downsampling,iter = 5)
```

其中，sentences 是輸入資料，workers 是平行執行的執行緒數，size 是詞向量的維數，min_count 是最小的詞頻，window 是上下文視窗大小，sample 是對頻繁詞彙進行採樣的設定，iter 是迴圈的次數。如果沒有特殊要求，按預設值設定即可。

save 函數用於將生成的模型進行儲存，以供後續使用。

（2）word2vec 模型的使用

模型的使用非常簡單，程式如下：

```
text = "Prediction Unit Helps Forecast Wildfires"
text = tools.text_clear(text)
print(model[text].shape)
```

其中，text 是需要轉換的文字，同樣呼叫 text_clear 函數對文字進行清洗。之後使用已訓練好的模型對文字進行轉換。轉換後的文字內容如下：

```
['bos', 'predict', 'unit', 'help', 'forecast', 'wildfir', 'eos']
```

計算後的 word2vec 文字向量實際上是一個 [7,64] 大小的矩陣，部分資料如圖 12.11 所示。

```
[[-2.30043262e-01  9.95051086e-01 -5.99774718e-01 -2.18779755e+00
  -2.42732501e+00  1.42853677e+00  4.19419765e-01  1.01147270e+00
   3.12305957e-01  9.40802813e-01 -1.26786101e+00  1.90110123e+00
  -1.00584543e+00  5.89528739e-01  6.55723274e-01 -1.54996490e+00
  -1.46146846e+00 -6.19645091e-03  1.97032082e+00  1.67241061e+00
   1.04563618e+00  3.28550845e-01  6.12566888e-01  1.49095607e+00
   7.72413433e-01 -8.21017563e-01 -1.71305871e+00  1.74249041e+00
   6.58117175e-01 -2.38789499e-01 -1.29177213e-01  1.35001493e+00
```

▲ 圖 12.11　word2vec 文字向量

（3）對已有模型進行補充訓練

模型訓練完畢後，可以將其儲存，但是隨著需要訓練文件的增加，gensim 同樣也提供了持續性訓練模型的方法，程式如下：

```
from gensim.models import word2vec                        # 匯入 gensim 套件
model = word2vec.Word2Vec.load('./corpusWord2Vec.bin')    # 載入儲存的模型
model.train(agnews_title, epochs=model.epochs, total_examples= model.
corpus_count) # 繼續模型訓練
```

word2vec 提供了載入儲存模型的函數。之後 train 函數將繼續對模型進行訓練，在最初的訓練集中，agnews_text 作為初始的訓練文件，而

12.1 文字資料處理

agnews_title 是後續的訓練部分,這樣可以合在一起作為更多的訓練檔案進行訓練。完整程式如下。

◯【程式 12-6】

```
import csv
import tools
import numpy as np
agnews_label = []
agnews_title = []
agnews_text = []
agnews_train = csv.reader(open("./dataset/train.csv","r"))
for line in agnews_train:
    agnews_label.append(np.float32(line[0]))
    agnews_title.append(tools.text_clear(line[1]))
    agnews_text.append(tools.text_clear(line[2]))
print("開始訓練模型")
from gensim.models import word2vec
model = word2vec.Word2Vec(agnews_text,size=64, min_count = 0,window = 5,
iter=128)
model_name = "corpusWord2Vec.bin"
model.save(model_name)
from gensim.models import word2vec
model = word2vec.Word2Vec.load('./corpusWord2Vec.bin')
model.train(agnews_title, epochs=model.epochs, total_examples=model.
corpus_count)
```

對於需要訓練和測試的資料集,一般建議讀者在使用的時候也一起訓練,這樣才能夠獲得最好的語義標注。在現實專案中,對資料的訓練往往都有很大的訓練樣本,文字容量能夠達到幾十甚至上百吉位元組,不會產生詞語缺失的問題,所以只需要在訓練集上對文字進行訓練即可。

12.1.4 文字主題的提取：基於 TF-IDF

使用卷積神經網路對文字分類時，文字主題提取並不是必需的。

一般來說，文字的提取主要涉及以下兩種：

- 基於 TF-IDF 的文字關鍵字提取。
- 基於 TextRank 的文字關鍵字提取。

除此之外，還有很多模型和方法能夠用於文字提取，特別是對於大文字內容。本書由於篇幅關係並不展開這方面的內容，有興趣的讀者可以參考相關教學。本小節先介紹基於 TF-IDF 的文字關鍵字提取，下一小節再介紹基於 TextRank 的文字關鍵字提取。

1. TF-IDF 簡介

目標文字經過文字清洗和停用詞的去除後，一般可以認為剩下的均為有著目標含義的詞。如果需要對其特徵進行更進一步的提取，那麼提取的應該是那些能代表文章的元素，包括詞、子句、句子、標點以及其他資訊的詞。從詞的角度考慮，需要提取對文章表達貢獻度大的詞。IF-IDF 公式定義如圖 12.12 所示。

TFIDF

For a term i in document j:

$$w_{i,j} = tf_{i,j} \times \log\left(\frac{N}{df_i}\right)$$

$tf_{i,j}$ = number of occurrences of i in j
df_i = number of documents containing i
N = total number of documents

▲ 圖 12.12 TF-IDF 簡介

12.1 文字資料處理

TF-IDF 是一種用於資訊檢索與勘測的常用加權技術,也是一種統計方法,可用來衡量一個詞對一個檔案集的重要程度。字詞的重要性與其在檔案中出現的次數成正比,而與其在檔案集中出現的次數成反比。該演算法在資料探勘、文字處理和資訊檢索等領域獲得了廣泛的應用,最常見的應用是從一個文章中提取關鍵字。

TF-IDF 的主要思想是:如果某個詞或子句在一篇文章中出現的頻率 TF(Term Frequency)高,並且在其他文章中很少出現,則認為此詞或子句具有很好的類別區分能力,適合用來分類。其中,TF 表示詞條在文章中出現的頻率。

$$詞頻(TF) = \frac{某個詞在單個文字中出現的次數}{某個詞在整個語料庫中出現的次數}$$

IDF(Inverse Document Frequency)的主要思想是包含某個詞的文件越少,這個詞的區分度就越大,也就是 IDF 越大。

$$逆檔案頻率(IDF) = \log\left(\frac{語料庫的文字總數}{語料庫中包含該詞的文字數 + 1}\right)$$

TF-IDF 的計算實際上就是 TF×IDF。

$$TF\text{-}IDF = 詞頻 \times 逆文件頻率 = TF \times IDF$$

2. TF-IDF 的實現

首先是 IDF 的計算,程式如下:

```
import math
def idf(corpus):     # corpus 為輸入的全部語料文字庫檔案
    idfs = {}
    d = 0.0
    # 統計詞出現次數
```

JAX 實戰 — 有趣的詞嵌入

```
    for doc in corpus:
        d += 1
        counted = []
        for word in doc:
            if not word in counted:
                counted.append(word)
                if word in idfs:
                    idfs[word] += 1
                else:
                    idfs[word] = 1
    # 計算每個詞的逆文件值
    for word in idfs:
        idfs[word] = math.log(d/float(idfs[word]))
    return idfs
```

下一步是使用計算好的 IDF 計算每個文件的 TF-IDF 值：

```
idfs = idf(agnews_text)              # 獲取計算好的文字中每個詞的 IDF
for text in agnews_text:             # 獲取文件集中的每個文件
    word_tfidf = {}
    for word in text:                # 依次獲取每個文件中的每個詞
        if word in word_tfidf:       # 計算每個詞的詞頻
            word_tfidf[word] += 1
        else:
            word_tfidf[word] = 1
    for word in word_tfidf:
        word_tfidf[word] *= idfs[word] # 計算每個詞的 TF-IDF 值
```

計算 TF-IDF 的完整程式如下：

◯【程式 12-7】

```
import math
def idf(corpus):
```

12.1 文字資料處理

```
        idfs = {}
        d = 0.0
        # 統計詞出現次數
        for doc in corpus:
            d += 1
            counted = []
            for word in doc:
                if not word in counted:
                    counted.append(word)
                    if word in idfs:
                        idfs[word] += 1
                    else:
                        idfs[word] = 1
        # 計算每個詞的逆文件值
        for word in idfs:
            idfs[word] = math.log(d/float(idfs[word]))
        return idfs
# 獲取計算好的文字中每個詞的 IDF，其中 agnews_text 是經過處理後的語料庫文件，
# 在資料清洗一節中有詳細介紹
idfs = idf(agnews_text)
for text in agnews_text:            # 獲取文件集中的每個文件
    word_tfidf = {}
    for word in text:               # 依次獲取每個文件中的每個詞
        if word in word_idf:        # 計算每個詞的詞頻
            word_tfidf[word] += 1
        else:
            word_tfidf[word] = 1
    for word in word_tfidf:
# word_tfidf 為計算後的每個詞的 TF-IDF 值
        word_tfidf[word] *= idfs[word]
    values_list = sorted(word_tfidf.items(), key=lambda item: item[1],
reverse=True) # 按 value 排序
    values_list = [value[0] for value in values_list] # 生成排序後的單一文件
```

12-18

3. 建立詞矩陣

將重排的文件根據訓練好的 word2vec 向量建立一個有限量的詞矩陣，請讀者自行完成。

4. 將 TF-IDF 單獨定義為一個類別

將 TF-IDF 的計算函數單獨整合到一個類別中，以便後續使用，程式如下。

◯【程式 12-8】

```
class TFIDF_score:
    def __init__(self,corpus,model = None):
        self.corpus = corpus
        self.model = model
        self.idfs = self.__idf()
    def __idf(self):
        idfs = {}
        d = 0.0
        # 統計詞出現次數
        for doc in self.corpus:
            d += 1
            counted = []
            for word in doc:
                if not word in counted:
                    counted.append(word)
                    if word in idfs:
                        idfs[word] += 1
                    else:
                        idfs[word] = 1
        # 計算每個詞的逆文件值
        for word in idfs:
            idfs[word] = math.log(d / float(idfs[word]))
```

12.1 文字資料處理

```
        return idfs
    def __get_TFIDF_score(self, text):
        word_tfidf = {}
        for word in text:                    # 依次獲取每個文件中的每個詞
            if word in word_tfidf:           # 計算每個詞的詞頻
                word_tfidf[word] += 1
            else:
                word_tfidf[word] = 1
        for word in word_tfidf:
            word_tfidf[word] *= self.idfs[word]    # 計算每個詞的 TF-IDF 值
        values_list = sorted(word_tfidf.items(), key=lambda word_tfidf: word_tfidf[1], reverse=True)    # 將 TF-IDF 資料按重要程度從大到小排序
        return values_list
    def get_TFIDF_result(self,text):
        values_list = self.__get_TFIDF_score(text)
        value_list = []
        for value in values_list:
            value_list.append(value[0])
        return (value_list)
```

使用方法如下:

```
tfidf = TFIDF_score(agnews_text)    #agnews_text 為獲取的資料集
for line in agnews_text:
value_list = tfidf.get_TFIDF_result(line)
print(value_list)
print(model[value_list])
```

其中,agnews_text 為從文件中獲取的正文資料集,可以使用標題或文件進行處理。

12.1.5 文字主題的提取：基於 TextRank

TextRank 演算法的核心思想來自著名的網頁排名演算法 PageRank（見圖 12.13）。PageRank 是 Sergey Brin 與 Larry Page 於 1998 年在 WWW7 會議上提出來的，用來解決連結分析中網頁排名的問題。

▲ 圖 12.13 PageRank 演算法

在衡量一個網頁的排名時，可以認為：

- 當一個網頁被越多網頁所連結時，其排名會越靠前。
- 排名高的網頁應具有更大的表決權，即當一個網頁被排名高的網頁所連結時，其重要性也應提高。

TextRank 演算法（見圖 12.14）與 PageRank 類似，其將文字拆分成最小組成單元（詞彙），作為網路節點，組成詞彙網路圖模型。TextRank 在迭代計算詞彙權重時與 PageRank 一樣，理論上是需要計算邊權的。為了簡化計算，通常會預設相同的初始權重，以及在分配相鄰詞彙權重時進行均分。

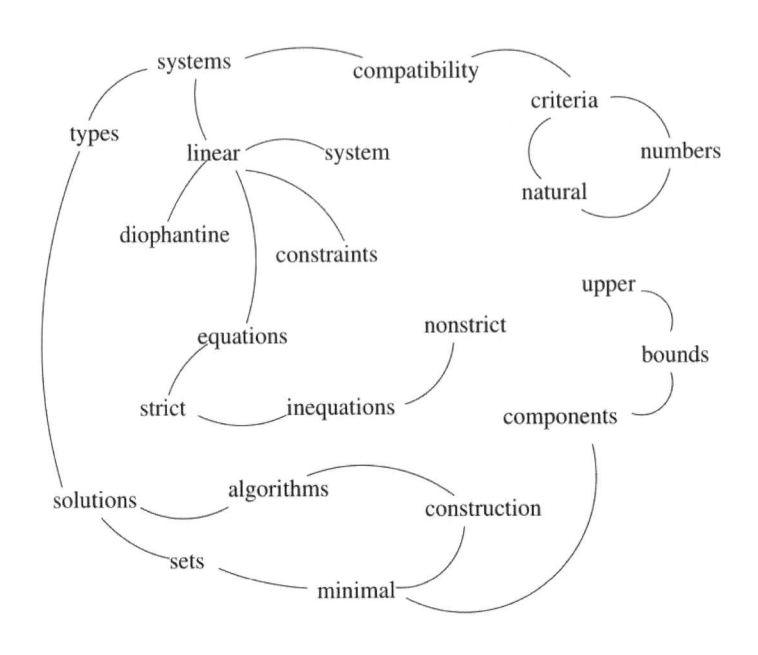

▲ 圖 12.14 TextRank 演算法

1. TextRank 前置介紹

TextRank 用於對文字關鍵字進行提取,步驟如下:

(1) 把給定的文字 T 按照完整的句子進行分割。
(2) 對每個句子進行分詞和詞性標注處理,並過濾掉停用詞,只保留指定詞性的單字,如名詞、動詞、形容詞等。
(3) 建構候選關鍵字圖 G = (V, E),其中 V 為節點集,由每個詞之間的相似度作為連接的邊值。
(4) 根據下面的公式迭代傳播各節點的權重,直到收斂:

$$\text{WS}(V_i) = (1-d) + d \times \sum_{V_j \in \text{In}(V_i)} \frac{w_{ji}}{\sum_{V_k \in \text{Out}(V_j)} w_{jk}} \text{WS}(V_j)$$

對節點權重進行倒序排序,作為按重要程度排列的關鍵字。

2. TextRank 類別的實現

整體 TextRank 類別的實現如下所示。

○【程式 12-9】

```
class TextRank_score:
    def __init__(self,agnews_text):
        self.agnews_text = agnews_text
        self.filter_list = self.__get_agnews_text()
        self.win = self.__get_win()
        self.agnews_text_dict = self.__get_TextRank_score_dict()
    def __get_agnews_text(self):
        sentence = []
        for text in self.agnews_text:
            for word in text:
                sentence.append(word)
        return sentence
    def __get_win(self):
        win = {}
        for i in range(len(self.filter_list)):
            if self.filter_list[i] not in win.keys():
                win[self.filter_list[i]] = set()
            if i - 5 < 0:
                lindex = 0
            else:
                lindex = i - 5
            for j in self.filter_list[lindex:i + 5]:
                win[self.filter_list[i]].add(j)
        return win
    def __get_TextRank_score_dict(self):
        time = 0
```

12.1 文字資料處理

```
            score = {w: 1.0 for w in self.filter_list}
            while (time < 50):
                for k, v in self.win.items():
                    s = score[k] / len(v)
                    score[k] = 0
                    for i in v:
                        score[i] += s
                time += 1
            agnews_text_dict = {}
            for key in score:
                agnews_text_dict[key] = score[key]
            return agnews_text_dict
        def __get_TextRank_score(self, text):
            temp_dict = {}
            for word in text:
                if word in self.agnews_text_dict.keys():
                    temp_dict[word] = (self.agnews_text_dict[word])
            values_list = sorted(temp_dict.items(), key=lambda word_tfidf:
                 word_tfidf[1],reverse=False)  #將TextRank資料按重要程度從大到小
排序
            return values_list
        def get_TextRank_result(self,text):
            temp_dict = {}
            for word in text:
                if word in self.agnews_text_dict.keys():
                    temp_dict[word] = (self.agnews_text_dict[word])
            values_list = sorted(temp_dict.items(), key=lambda word_tfidf:
word_tfidf[1], reverse=False)
            value_list = []
            for value in values_list:
                value_list.append(value[0])
            return (value_list)
```

TextRank 是實現關鍵字取出的方法，相對本書對應的資料集來說，對文字的提取並不是必需的，所以本小節為選學內容。有興趣的讀者可以自行決定是否深入學習。

12.2 更多的詞嵌入方法——FastText 和預訓練詞向量

在實際的模型訓練過程中，word2vec 是一個最常用也是最重要的將「詞」轉換成「詞嵌入」的方式。對普通文字來說，供人類所了解和掌握的資訊傳遞方式並不能簡單地被電腦所理解，因此詞嵌入是目前來説解決向電腦傳遞文字資訊這一問題的最好解決方式，如圖 12.15 所示。

單詞	長度為 3 的詞向量		
我	0.3	-0.2	0.1
愛	-0.6	0.4	0.7
我	0.3	-0.2	0.1
的	0.5	-0.8	0.9
祖	-0.4	0.7	0.2
國	-0.9	0.3	-0.4

▲ 圖 12.15　詞嵌入

隨著研究人員對詞嵌入的深入研究和電腦處理能力的提高，更多、更好的方法被提出，例如利用 FastText 和預訓練的詞嵌入模型對資料進行處理。

12.2 更多的詞嵌入方法—FastText 和預訓練詞向量

本節繼上一節之後，介紹 FastText 的訓練和預訓練詞向量的使用方法。

12.2.1 FastText 的原理與基礎演算法

相對於傳統的 word2vec 計算方法，FastText 是一種更快速和更新的計算詞嵌入的方法，其優點主要有以下幾個方面：

- FastText 在保持高精度的情況下加快了訓練速度和測試速度。
- FastText 對詞嵌入的訓練更加精準。
- FastText 採用兩個重要的演算法：N-gram（這個詞在下文說明）和 Hierarchical softmax。

1. 演算法一：N-gram

相對於 word2vec 中採用的 CBOW 架構，FastText 採用的是 N-gram 架構，如圖 12.16 所示。

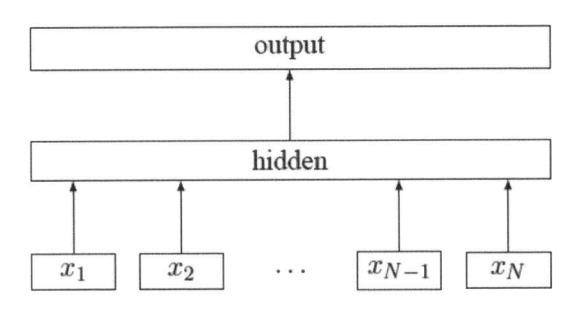

▲ 圖 12.16 N-gram 架構

其中，$x_1, x_2, \cdots, x(N-1), x(N)$ 表示一個文字中的 N-gram 向量，每個特徵是詞向量的平均值。這裡順便介紹一下 N-gram 的意義。N-gram 常用的有 3 種，即 1-gram、2-gram、3-gram，分別對應一元、二元、三元。

以「我想去成都吃火鍋」為例，對其進行分詞處理，得到下面的陣列：[「我」,「想」,「去」,「成」,「都」,「吃」,「火」,「鍋」]。這就是 1-gram，分詞的時候對應一個滑動視窗，視窗大小為 1，所以每次只取一個值。

同理，假設使用 2-gram 就會得到 [「我想」,「想去」,「去成」,「成都」,「都吃」,「吃火」,「火鍋」]。N-gram 模型認為詞與詞之間有關係的距離為 N，如果超過 N 則認為它們之間沒有關係，所以就不會出現「我成」、「我去」這些詞。

如果使用 3-gram，就是 [「我想去」,「想去成」,「去成都」,...]。

理論上 N 可以設定為任意值，但是一般設定成上面 3 個類型就夠了。

2. **演算法二：Hierarchical softmax**

當語料類別較多時，使用分層 softmax 減輕計算量。FastText 中的分層 softmax 利用 Huffman 樹實現，將詞向量作為葉子節點，之後根據詞向量建構 Huffman 樹，如圖 12.17 所示。

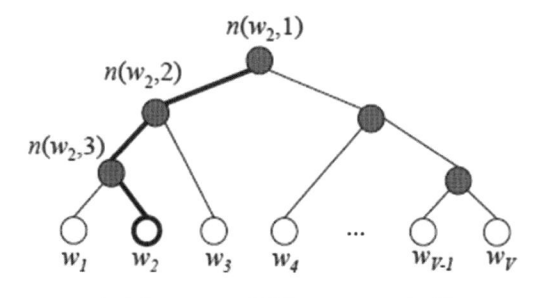

▲ 圖 12.17　分層 softmax 架構

分層 softmax 的演算法較為複雜，這裡不過多贅述，有興趣的讀者可以自行研究。

12.2.2 FastText 訓練以及與 JAX 的協作使用

前面介紹完架構和理論，本小節開始使用 FastText。這裡主要介紹中文部分的 FastText 處理。

1. 第一步：資料收集與分詞

為了演示 FastText 的使用，建構如圖 12.18 所示的資料集。

```
text = [
"卷积神经网络在图像处理领域获得了极大成功，其结合特征提取和目标训练为一体的模型能够最好的利用已有的信息对结果进行反馈训练。",
"对于文本识别的卷积神经网络来说，同样也是充分利用特征提取时提取的文本特征来计算文本特征权值大小的，归一化处理需要处理的数据。",
"这样使得原来的文本信息抽象成一个向量化的样本集，之后将样本集和训练好的模板输入卷积神经网络进行处理。",
"本节将在上一节的基础上使用卷积神经网络实现文本分类的问题。这里将采用两种主要基于字符的和基于word embedding形式的词卷积神经网络处理方法。",
"实际上无论是基于字符的还是基于word embedding形式的处理方式都是可以相互转换的，这里只介绍使用基本的使用模型和方法，更多的应用还需要读者自行挖掘和设计。"
]
```

▲ 圖 12.18 演示資料集（譯註：本圖為簡體中文顯示）

text 中是一系列的短句文字，以每個逗點為一句進行區分，一個簡單的處理函數如下：

```
import jieba
jieba_cut_list = []
for line in text:
    jieba_cut = jieba.lcut(line)
    jieba_cut_list.append(jieba_cut)
print(jieba_cut)
```

列印結果如圖 12.19 所示。

```
['卷积','神经网络','在','图像处理','领域','获得','了','极大','成功',',','其','结合','特征提取','和','目标','训练','为','一体','的','模
['对于','文本','识别','的','卷积','神经网络','来说',',','同样','也','是','充分利用','特征提取','时','提取','的','文本','特征','来','计
['这样','使得','原来','的','文本','信息','抽象','成','一个','向','量化','的','样本','集',',','之后','将','样本','集','和','训练',
['本节','将','在','上','一节','的','基础','上','使用','卷积','神经网络','实现','文本','分类','的','问题','。','这里','将','采用','两种
['实际上',',','无论是','基于','字符','的','还是','基于','wordEmbedding','形式','的','处理','方式','都','是','可以','相互','转换','的','
```

▲ 圖 12.19 列印結果（譯註：本圖為簡體中文顯示）

其中，每一行根據 jieba 的分詞模型進行分詞處理，之後存在每一行中的是已經被分過詞的資料。

2. 第二步：使用 gensim 中 FastText 進行詞嵌入計算

gensim.models 中除了含有前文介紹過的 word2vec 函數，還包含有 FastText 的專用計算類別，呼叫程式如下：

```
from gensim.models import FastText
model = FastText(vector_size=4, window=3, min_count=1, sentences=jieba_cut_list, epochs=10)
```

其中，FastText 參數定義如下：

- sentences (iterable of iterables, optional)：供訓練的句子，可以使用簡單的串列，但是對於大語料庫，建議直接從磁碟 / 網路串流迭代傳輸句子。
- size (int, optional)：word 向量的維度。
- window (int, optional)：一個句子中當前單字和被預測單字的最大距離。
- min_count (int, optional)：忽略詞頻小於此值的單字。
- workers (int, optional)：訓練模型時使用的執行緒數。
- sg ({0, 1}, optional)：模型的訓練演算法，1 代表 skip-gram，0 代表 CBOW。
- hs ({0, 1}, optional)：1 代表採用分層 softmax 訓練模型，0 代表使用負採樣。
- iter：模型迭代的次數。
- seed (int, optional)：隨機數發生器種子。

在定義的 FastText 類別中依次設定了最低詞頻度、單字訓練的最大距離、迭代數以及訓練模型等。完整訓練程式如下所示。

12.2 更多的詞嵌入方法—FastText 和預訓練詞向量

◯【程式 12-10】

```
from gensim.models import FastText
text = [
" 卷積神經網路在影像處理領域獲得了極大成功,其結合特徵提取和目標訓練為一體的模型能夠最好地利用已有的資訊對結果進行回饋訓練。",
" 對文字辨識的卷積神經網路來說,同樣也是充分利用特徵提取時提取的文字特徵來計算文字特徵權值大小的,歸一化處理需要處理的資料。",
" 這樣使得原來的文字資訊抽象成一個向量化的樣本集,之後將樣本集和訓練好的範本輸入卷積神經網絡進行處理。",
" 本節將在上一節的基礎上使用卷積神經網路實現文字分類的問題,這裡將採用兩種主要基於字元的和基於詞嵌入形式的詞卷積神經網路處理方法。",
" 實際上無論是基於字元的還是基於詞嵌入形式的處理方式都是可以相互轉換的,這裡只介紹使用基本的使用模型和方法,更多的應用還需要讀者自行挖掘和設計。"
]
import jieba
jieba_cut_list = []
for line in text:
    jieba_cut = jieba.lcut(line)
    jieba_cut_list.append(jieba_cut)
model = FastText(vector_size=4, window=3, min_count=1, sentences=jieba_cut_list, epochs=10)
model.build_vocab(jieba_cut_list)
model.train(jieba_cut_list, total_examples=model.corpus_count, epochs=10)
# 這裡使用舉出的固定格式即可
model.save("./xiaohua_fasttext_model_jieba.model")
```

　　model 中的 build_vocab 函數是對資料進行詞庫建立,而 train 函數是對 model 模型訓練模式的設定,這裡使用筆者舉出的格式即可。

　　最後是訓練好的模型儲存問題,這裡模型被儲存在 models 資料夾中。

3. 第三步：使用訓練好的 FastText 做參數來讀取

使用訓練好的 FastText 做參數來讀取也很方便，直接載入訓練好的模型，之後將帶測試的文字輸入即可，程式如下：

```
from gensim.models import FastText
model = FastText.load("./xiaohua_fasttext_model_jieba.model")
print(model.wv.key_to_index)
print(model.wv.index_to_key)
print(model.wv.vectors[:3])
print(len(model.wv.vectors))
print(len(model.wv.index_to_key))
embedding = (model.wv["卷積","神經網路"])
```

print(embedding) 與訓練過程不同的是，這裡 FastText 使用附帶的 load 函數載入儲存的模型，之後類似於傳統的 list 方式將已訓練過的值列印出來，結果如圖 12.20 所示。

```
{'的': 0, '，': 1, '处理': 2, '和': 3, '文本': 4, '。': 5, '卷积': 6, '神经网络': 7, '基于': 8, '使用': 9,
['的', '，', '处理', '和', '文本', '。', '卷积', '神经网络', '基于', '使用', '将', '训练', '词', '信息', '集
[[ 0.03940176 -0.05002697  0.11618669  0.04239887]
 [-0.12234408 -0.0936767   0.0356884   0.0468114 ]
 [-0.12312932 -0.01811463 -0.04492998  0.00040952]]
102
102
[[ 0.00614001  0.00872472 -0.04738735  0.01034034]
 [ 0.01415694  0.03052457 -0.09701374 -0.09786139]]
```

▲ 圖 12.20 列印結果（譯註：本圖為簡體中文顯示）

> 🔊 **注意**
>
> FastText 的模型只能列印已訓練過的詞向量，而不能列印未經過訓練的詞，在上例中模型輸出的值是已經過訓練的「卷積」和「神經網路」這兩個詞。

12-31

下面就是如何使用詞嵌入的問題，在 JAX 現有函數中實現文字分類的較好方法是將文字轉化成詞向量嵌入，然後由模型對其進行分類和處理。

12.2.3 使用其他預訓練參數嵌入矩陣（中文）

無論是使用 word2vec 還是 FastText 作為訓練基礎都是可以的，但是對個人使用者或規模不大的公司機構來說，做一個龐大的預訓練專案是一個費時費力的工程。

既然他山之石（見圖 12.21）可以攻玉，那麼為什麼不借助其他免費的訓練好的詞向量作為使用基礎呢？

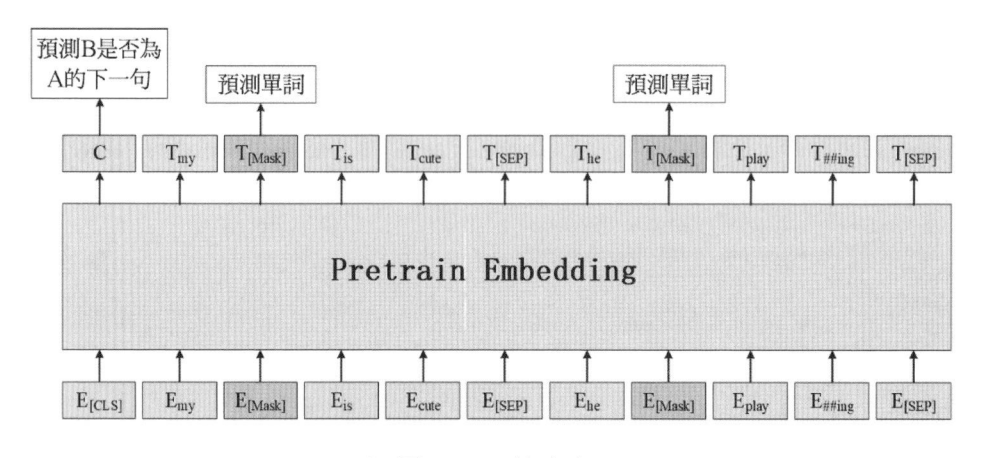

▲ 圖 12.21 他山之石

在中文部分較常用且免費的詞嵌入預訓練資料是騰訊的詞向量，位址為 https://ai.tencent.com/ailab/nlp/embedding.html，下載介面如圖 12.22 所示。

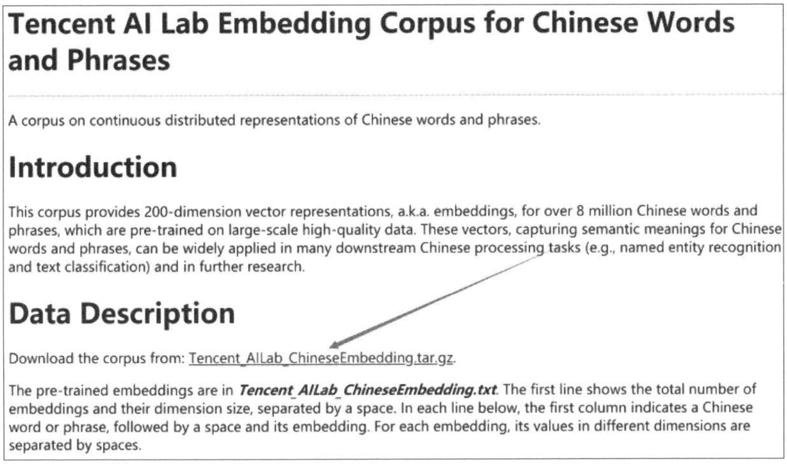

Tencent AI Lab Embedding Corpus for Chinese Words and Phrases

A corpus on continuous distributed representations of Chinese words and phrases.

Introduction

This corpus provides 200-dimension vector representations, a.k.a. embeddings, for over 8 million Chinese words and phrases, which are pre-trained on large-scale high-quality data. These vectors, capturing semantic meanings for Chinese words and phrases, can be widely applied in many downstream Chinese processing tasks (e.g., named entity recognition and text classification) and in further research.

Data Description

Download the corpus from: Tencent_AILab_ChineseEmbedding.tar.gz.

The pre-trained embeddings are in **Tencent_AILab_ChineseEmbedding.txt**. The first line shows the total number of embeddings and their dimension size, separated by a space. In each line below, the first column indicates a Chinese word or phrase, followed by a space and its embedding. For each embedding, its values in different dimensions are separated by spaces.

▲ 圖 12.22 騰訊的詞向量

騰訊的詞向量的使用方法與上一節介紹的 FastText 建立詞向量的使用方法一樣，有興趣的讀者可以自行完成。

12.3 針對文字的卷積神經網路模型──字元卷積

卷積神經網路在影像處理領域獲得了很大的成功，其結合特徵提取和目標訓練為一體的模型，能夠最好地利用已有的資訊對結果進行回饋訓練。

對文字辨識的卷積神經網路來說，同樣也是充分利用特徵提取時提取的文字特徵來計算文字特徵權值大小，歸一化處理需要處理的資料。這樣使得原來的文字資訊抽象成一個向量化的樣本集，之後將樣本集和訓練好的範本輸入卷積神經網路進行處理。

12.3 針對文字的卷積神經網路模型—字元卷積

本節將在上一節的基礎上使用卷積神經網路實現文字分類的問題，這裡將採用基於字元的和基於詞嵌入形式的兩種詞卷積神經網路處理方法。實際上無論是基於字元的還是基於詞嵌入形式的處理方式都是可以相互轉換的，本節只介紹基本的使用模型和方法，更多的應用還需要讀者自行挖掘和設計。

12.3.1 字元（非單字）文字的處理

本小節將介紹基於字元的 CNN 處理方法，基於單字的卷積處理內容將在下一節介紹。我們知道任何一個英文單字都是由字母組成的，因此可以簡單地將英文單字拆分成字母的表示形式：

```
hello -> ["h","e","l","l","o"]
```

這樣可以看到一個單字 "hello" 被人為拆分成 "h"、"e"、"l"、"l"、"o" 這 5 個字母。對於 Hello 的處理有兩種方法，即採用獨熱編碼的方式和採用字元嵌入的方式。這樣 "hello" 這個單字就會被轉成一個 [5,n] 大小的矩陣，本例中採用獨熱編碼的方式處理。

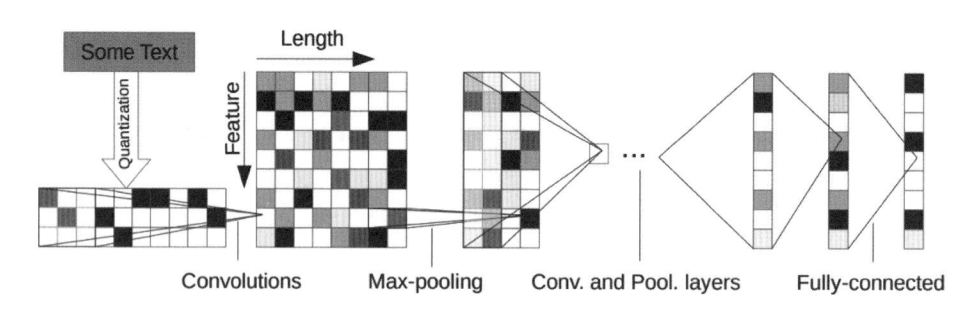

▲ 圖 12.23 使用 CNN 處理字元文字分類

使用卷積神經網路計算字元矩陣時，對於每個單字拆分後的資料，根據不同的長度對其進行卷積處理，提取出高層抽象概念。這樣做的好處是不需要使用預訓練好的詞向量和語法句法結構等資訊。除此之外，字元級還有一個好處就是可以很容易地推廣到所有語言。使用 CNN 處理字元文字分類的原理如圖 12.23 所示。

1. 第一步：標題文字的讀取與轉化

對 Agnews 資料集來說，每個分類的文字條例既有對應的分類，也有標題和文字內容。對於文字內容的取出在上一節中做過介紹，這裡採用直接使用標題文字的方法進行處理，如圖 12.24 所示。

```
3 Money Funds Fell in Latest Week (AP)
3 Fed minutes show dissent over inflation (USATODAY.com)
3 Safety Net (Forbes.com)
3 Wall St. Bears Claw Back Into the Black
3 Oil and Economy Cloud Stocks' Outlook
3 No Need for OPEC to Pump More-Iran Gov
3 Non-OPEC Nations Should Up Output-Purnomo
3 Google IPO Auction Off to Rocky Start
3 Dollar Falls Broadly on Record Trade Gap
3 Rescuing an Old Saver
3 Kids Rule for Back-to-School
3 In a Down Market, Head Toward Value Funds
```

▲ 圖 12.24 AG_news 標題文字

讀取標題和 label 的程式請讀者參考上一節「文字資料處理」的內容自行完成。由於只是對文字標題進行處理，因此在進行資料清洗的時候不用處理停用詞和進行詞根還原。對於空格，由於是字元計算，因此不需要保留，直接刪除即可。完整程式如下：

```
def text_clearTitle(text):
    text = text.lower()                      #將文字轉化成小寫字母
    text = re.sub(r"[^a-z]"," ",text)        #替換非標準字元，^ 是求反操作
    text = re.sub(r" +", " ", text)          #替換多重空格
```

12.3 針對文字的卷積神經網路模型—字元卷積

```
    text = text.strip()          # 取出首尾空格
    text = text + " eos"         # 增加結束符號,請注意,eos 前面有一個空格
return text
```

這樣獲取的結果如圖 12.25 所示。

```
wal mart dec sales still seen up pct eos
sabotage stops iraq s north oil exports eos
corporate cost cutters miss out eos
murdoch will shell out mil for manhattan penthouse eos
au says sudan begins troop withdrawal from darfur reuters eos
insurgents attack iraq election offices reuters eos
syria redeploys some security forces in lebanon reuters eos
security scare closes british airport ap eos
iraqi judges start quizzing saddam aides ap eos
musharraf says won t quit as army chief reuters eos
```

▲ 圖 12.25 AG_news 標題文字取出結果

可以看到,不同的標題被整合成一系列可能沒有任何表示意義的字元。

2. 第二步:文字的獨熱編碼處理

下面將生成的字串進行獨熱編碼處理,處理的方式非常簡單,首先建立一個 26 個字母的字元表:

```
alphabet_title = "abcdefghijklmnopqrstuvwxyz"
```

將不同的字元獲取字元表對應位置進行提取,根據提取的位置將對應的字元位置設定成 1,其他為 0,例如字元 "c" 在字元表中排列第 3 個,那麼獲取的字元矩陣為:

[0,0,1,0,0,0,0,0,0,0,0,0,0,0,0,0,0,0,0,0,0,0,0,0,0,0]

其他的類似,程式如下:

```
def get_one_hot(list):
values = np.array(list)
```

```
n_values = len(alphabet_title) + 1
return np.eye(n_values)[values]
```

這段程式的作用就是將生成的字元序列轉換成矩陣,如圖 12.26 所示。

▲ 圖 12.26 字元序列轉為矩陣示意圖

下一步就是將字串按字元表中的順序轉換成數字序列,程式如下:

```
def get_char_list(string):
    alphabet_title = "abcdefghijklmnopqrstuvwxyz"
    char_list = []
    for char in string:
        num = alphabet_title.index(char)
        char_list.append(num)
    return char_list
```

這樣生成的結果如下:

```
hello  ->  [7, 4, 11, 11, 14]
```

將程式碼部分整合在一起,最終結果如下:

```
def get_one_hot(list,alphabet_title = None):
    if alphabet_title == None:                    # 設定字元集
```

12.3 針對文字的卷積神經網路模型—字元卷積

```
        alphabet_title = "abcdefghijklmnopqrstuvwxyz"
    else:alphabet_title = alphabet_title
    values = np.array(list)                      # 獲取字元數列
    n_values = len(alphabet_title) + 1           # 獲取字元表長度
    return np.eye(n_values)[values]
def get_char_list(string,alphabet_title = None):
    if alphabet_title == None:
        alphabet_title = "abcdefghijklmnopqrstuvwxyz"
    else:alphabet_title = alphabet_title
    char_list = []
    for char in string:                          # 獲取字串中的字元
        num = alphabet_title.index(char)         # 獲取對應位置
        char_list.append(num)                    # 組合位置編碼
    return char_list
# 主程式
def get_string_matrix(string):
    char_list = get_char_list(string)
    string_matrix = get_one_hot(char_list)
    return string_matrix
```

這樣生成的結果如圖 12.27 所示。

```
[[0. 0. 0. 0. 0. 0. 0. 1. 0. 0. 0. 0. 0. 0. 0. 0. 0. 0. 0. 0. 0. 0. 0.
  0. 0. 0.]
 [0. 0. 0. 0. 1. 0. 0. 0. 0. 0. 0. 0. 0. 0. 0. 0. 0. 0. 0. 0. 0. 0. 0.
  0. 0. 0.]
 [0. 0. 0. 0. 0. 0. 0. 0. 0. 0. 0. 1. 0. 0. 0. 0. 0. 0. 0. 0. 0. 0. 0.
  0. 0. 0.]
 [0. 0. 0. 0. 0. 0. 0. 0. 0. 0. 0. 1. 0. 0. 0. 0. 0. 0. 0. 0. 0. 0. 0.
  0. 0. 0.]
 [0. 0. 0. 0. 0. 0. 0. 0. 0. 0. 0. 0. 0. 0. 1. 0. 0. 0. 0. 0. 0. 0. 0.
  0. 0. 0.]]
```

▲ 圖 12.27 轉換字串並進行獨熱編碼處理

可以看到，單字 "hello" 被轉換成一個 [5,26] 大小的矩陣，供下一步處理。這裡又產生了一個新的問題，對於不同長度的字串，組成的矩陣行長度不同。雖然卷積神經網路可以處理具有不同長度的字串,但是在本例中還是以相同大小的矩陣作為資料登錄進行計算。

3. 第三步:生成文字的矩陣的細節處理——矩陣補全

下一步就是根據文字標題生成獨熱編碼矩陣,而對於上一步中的矩陣生成獨熱編碼矩陣函數,讀者可以自行將其變更成類別來使用,這樣能夠在使用時更為簡易和便捷。此處使用了單獨的函數,也就是上一步撰寫的函數 get_string_matrix。

```
import csv
import numpy as np
import tools
agnews_title = []
agnews_train = csv.reader(open("./dataset/train.csv","r"))
for line in agnews_train:
    agnews_title.append(tools.text_clearTitle(line[1]))
for title in agnews_title:
    string_matrix = tools.get_string_matrix(title)
    print(string_matrix.shape)
```

列印結果如圖 12.28 所示。

```
(51, 28)
(59, 28)
(44, 28)
(47, 28)
(51, 28)
(91, 28)
(54, 28)
(42, 28)
```

▲ 圖 12.28 補全後的矩陣維度

可以看到,生成的文字矩陣被整形成一個有一定大小規則的矩陣輸出。這裡又出現了一個新的問題,對不同長度的文字,單字和字母的多

12.3 針對文字的卷積神經網路模型—字元卷積

少並不是固定的,雖然對全卷積神經網路來說輸入的資料維度可以不統一和不固定,但是還是要對其進行處理。

對於不同長度的矩陣處理,簡單的想法就是將其進行規範化處理:長的截短,短的補長。本文的想法也是如此,程式如下:

```
def get_handle_string_matrix(string,n = 64):  #n 為設定的長度,可以根據需要修正
    string_length= len(string)                 # 獲取字串長度
    if string_length > 64:                     # 判斷是否大於 64,
        string = string[:64]                   # 長度大於 64 的字串予以截短
        string_matrix = get_string_matrix(string)  # 獲取文字矩陣
        return string_matrix
    else:                                      # 對於長度不夠的字串
        string_matrix = get_string_matrix(string)  # 獲取字串矩陣
        handle_length = n - string_length      # 獲取需要補全的長度
        pad_matrix = np.zeros([handle_length,28])  # 使用全 0 矩陣進行補全
        # 將字元矩陣和全 0 矩陣進行疊加,將全 0 矩陣疊加到字元矩陣後面
        string_matrix = np.concatenate([string_matrix,pad_matrix],axis=0)
        return string_matrix
```

程式分成兩部分,首先是對不同長度的字元進行處理:對於長度大於 64(64 是人為設定的,也可以根據需要對其進行修改)的字串,截取前部分進行矩陣獲取;對於長度不到 64 的字串,需要對其進行補全,生成由餘數組成的全 0 矩陣進行處理。

這樣經過修飾後的程式如下:

```
import csv
import numpy as np
import tools
agnews_title = []
agnews_train = csv.reader(open("./dataset/train.csv","r"))
for line in agnews_train:
```

```
    agnews_title.append(tools.text_clearTitle(line[1]))
for title in agnews_title:
    string_matrix = tools. get_handle_string_matrix (title)
    print(string_matrix.shape)
```

列印結果如圖 12.29 所示。

```
(64, 28)
(64, 28)
(64, 28)
(64, 28)
(64, 28)
(64, 28)
(64, 28)
(64, 28)
```

▲ 圖 12.29 標準化補全後的矩陣維度

4. 第四步：標籤的獨熱編碼矩陣建構

對於分類的表示，同樣可以使用獨熱編碼的方法對其分類做出分類重構，程式如下：

```
def get_label_one_hot(list):
    values = np.array(list)
    n_values = np.max(values) + 1
    return np.eye(n_values)[values]
```

仿照文字的 one-hot 函數，根據傳進來的序列化參數對串列進行重構，形成一個新的獨熱編碼矩陣，從而能夠反映出不同的類別。

5. 第五步：資料集的建構

透過準備文字資料集，將文字進行清洗，去除不相干的詞，提取出主幹，並根據需要設定矩陣維度和大小，全部程式以下（tools 程式為上文分佈程式，在主程式後部位）：

12.3 針對文字的卷積神經網路模型—字元卷積

```
import csv
import numpy as np
import tools
agnews_label = []                                    # 空標籤串列
agnews_title = []                                    # 空文字標題文件
agnews_train = csv.reader(open("./dataset/train.csv","r"))  # 讀取資料集
for line in agnews_train:                            # 分行迭代文字資料
    agnews_label.append(np.int(line[0]))             # 將標籤讀取標籤串列
    agnews_title.append(tools.text_clearTitle(line[1]))  # 將文字讀取
train_dataset = []
for title in agnews_title:
    string_matrix = tools.get_handle_string_matrix(title)  # 建構文字矩陣
    train_dataset.append(string_matrix)              # 以文字矩陣讀取訓練串列
train_dataset = np.array(train_dataset)              # 將原生的訓練串列轉換成 NumPy 格式
# 將 label 串列轉換成 one-hot 格式
label_dataset = tools.get_label_one_hot(agnews_label)
```

這裡首先透過 csv 函數庫獲取全文本資料，之後逐行將文字和標籤讀取，分別將其轉化成 one-hot 矩陣後，再利用 NumPy 函數庫將對應的串列轉換成 NumPy 格式，結果如圖 12.30 所示。

```
(120000, 64, 28, 1)
(120000, 5)
```

▲ 圖 12.30　標準化轉換後的 AG_news

這裡分別生成了訓練集數量資料和標籤資料的獨熱編碼矩陣串列。訓練集的維度為 [120000,64,28,1]，第一個數字是總的樣本數，第二個和第三個數字為生成的矩陣維度，而最後一個 1 代表這裡只使用 1 個通道。標籤資料為 [120000,5]，是一個二維矩陣，120000 是樣本的總數，5 是類別。注意，one-hot 是從 0 開始的，而標籤的分類是從 1 開始的，因此會自動生成一個 0 的標籤。tools 函數如下，讀者可以將其修改成類別

的形式進行處理：

```python
import re
from nltk.corpus import stopwords
from nltk.stem.porter import PorterStemmer
import numpy as np
stoplist = stopwords.words('english')       # 對英文文字進行資料清洗
def text_clear(text):
    text = text.lower()                     # 將文字轉化成小寫字母
    text = re.sub(r"[^a-z]"," ",text)       # 替換非標準字元，^ 是求反操作
    text = re.sub(r" +", " ", text)         # 替換多重空格
    text = text.strip()                     # 取出首尾空格
    text = text.split(" ")
    text = [word for word in text if word not in stoplist]  # 去除停用詞
    text = [PorterStemmer().stem(word) for word in text]    # 還原詞幹部分
    text.append("eos")                      # 增加結束符號
    text = ["bos"] + text                   # 增加開始符號
    return text
# 對標題進行處理
def text_clearTitle(text):
    text = text.lower()                     # 將文字轉化成小寫字母
    text = re.sub(r"[^a-z]"," ",text)       # 替換非標準字元，^ 是求反操作
    text = re.sub(r" +", " ", text)         # 替換多重空格
    #text = re.sub(" ", "", text)           # 替換隔斷空格
    text = text.strip()                     # 取出首尾空格
    text = text + " eos"                    # 增加結束符號
return text
# 生成標題的獨熱編碼標籤
def get_label_one_hot(list):
    values = np.array(list)
    n_values = np.max(values) + 1
return np.eye(n_values)[values]
# 生成文字的獨熱編碼矩陣
def get_one_hot(list,alphabet_title = None):
```

12-43

12.3 針對文字的卷積神經網路模型—字元卷積

```python
        if alphabet_title == None:              # 設定字元集
            alphabet_title = "abcdefghijklmnopqrstuvwxyz "
        else:alphabet_title = alphabet_title
        values = np.array(list)                 # 獲取字元數列
        n_values = len(alphabet_title) + 1      # 獲取字元表長度
        return np.eye(n_values)[values]
# 獲取文字在詞典中的位置串列
def get_char_list(string,alphabet_title = None):
        if alphabet_title == None:
            alphabet_title = "abcdefghijklmnopqrstuvwxyz "
        else:alphabet_title = alphabet_title
        char_list = []
        for char in string:                     # 獲取字串中的字元
            num = alphabet_title.index(char)    # 獲取對應位置
            char_list.append(num)               # 組合位置編碼
        return char_list
# 生成文字矩陣
def get_string_matrix(string):
        char_list = get_char_list(string)
        string_matrix = get_one_hot(char_list)
        return string_matrix
# 獲取補全後的文字矩陣
def get_handle_string_matrix(string,n = 64):
        string_length= len(string)
        if string_length > 64:
            string = string[:64]
            string_matrix = get_string_matrix(string)
            return string_matrix
        else:
            string_matrix = get_string_matrix(string)
            handle_length = n - string_length
            pad_matrix = np.zeros([handle_length,28])
            string_matrix = np.concatenate([string_matrix,pad_matrix], axis=0)
            return string_matrix
```

```python
# 獲取資料集
def get_dataset():
    agnews_label = []
    agnews_title = []
    agnews_train = csv.reader(open("./dataset/train.csv","r"))
    for line in agnews_train:
        agnews_label.append(np.int(line[0]))
        agnews_title.append(text_clearTitle(line[1]))
    train_dataset = []
    for title in agnews_title:
        string_matrix = get_handle_string_matrix(title)
        train_dataset.append(string_matrix)
    train_dataset = np.array(train_dataset)
    label_dataset = get_label_one_hot(agnews_label)
    train_dataset = np.expand_dims(train_dataset,axis=-1)
    return train_dataset,label_dataset
```

12.3.2 卷積神經網路文字分類模型的實現——conv1d（一維卷積）

對文字的資料集處理完畢後，下面進入基於卷積神經網路的分類模型設計（見圖 12.31）。

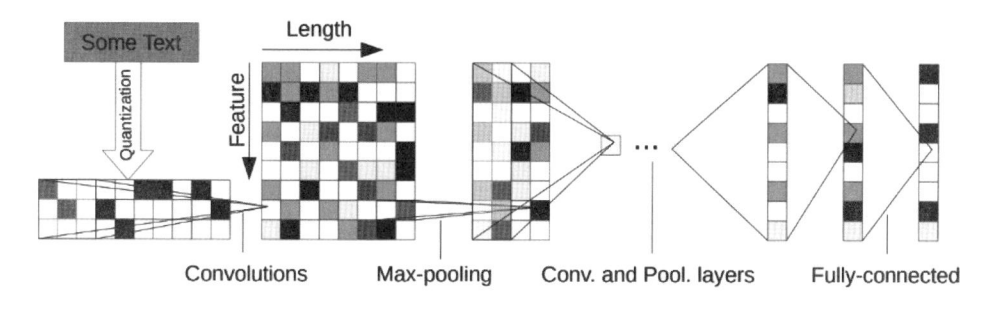

▲ 圖 12.31 使用 CNN 處理字元文字分類

12.3 針對文字的卷積神經網路模型—字元卷積

模型的設計多種多樣，如圖 12.31 所示的結構，根據類似的模型設計了一個由 5 層神經網路組成的文字分類模型：

層次	分類
1	Conv 3x3 1x1
2	Conv 5x5 1x1
3	Conv 3x3 1x1
4	full_connect 256
5	full_connect 5

前 3 層是基於一維的卷積神經網路，後 2 層是用於分類任務的全連接層，程式如下：

```
def charCNN(num_classes):
    return stax.serial(
        Conv(1, (3, 3)),Relu,
        Conv(1, (5, 5)),Relu,
        Conv(1, (3, 3)), Relu,
        Flatten,
        Dense(32),Relu,
        Dense(num_classes), Logsoftmax
    )
```

這裡是完整的訓練模型，訓練程式如下：

```
import jax
import jax.numpy as jnp
from jax import grad
from jax.experimental import optimizers
from jax.experimental import stax
from jax.experimental import optimizers
from jax.experimental.stax import (Conv, Dense,MaxPool,
                        Flatten,
                        Relu, Logsoftmax)
```

```python
import get_char_embedding
x_train, y_train = get_char_embedding.get_dataset()
key = jax.random.PRNGKey(17)
x_train = jax.random.shuffle(key,x_train)
y_train = jax.random.shuffle(key,y_train)
x_test = x_train[:12000]
y_test = y_train[:12000:]
x_train = x_train[12000:]
y_train = y_train[12000:]
def charCNN(num_classes):
    return stax.serial(
        Conv(1, (3, 3)),Relu,
        Conv(1, (5, 5)),Relu,
        MaxPool((3,3),(1,1)),
        Conv(1, (3, 3)), Relu,
        Flatten,
        Dense(256),Relu,
        Dense(num_classes), Logsoftmax
    )
init_random_params, predict = charCNN(5)
def pred_check(params, batch):
    inputs, targets = batch
    predict_result = predict(params, inputs)
    predicted_class = jnp.argmax(predict_result, axis=1)
    targets = jnp.argmax(targets, axis=1)
    return jnp.sum(predicted_class == targets)
def loss(params, batch):
    inputs, targets = batch
    return jnp.mean(jnp.sum(-targets * predict(params, inputs), axis=1))
def update(i, opt_state, batch):
    """ Single optimization step over a minibatch. """
    params = get_params(opt_state)
    return opt_update(i, grad(loss)(params, batch), opt_state)
```

12.3 針對文字的卷積神經網路模型—字元卷積

```python
input_shape = [-1,64,28,1]
# 這裡的step_size就是學習率
opt_init, opt_update, get_params = optimizers.adam(step_size = 2.17e-4)
_, init_params = init_random_params(key, input_shape)
opt_state = opt_init(init_params)
batch_size = 128
total_num = (120000-12000) # 這裡讀者根據硬體技術自由設定全部的訓練資料，總量為120000
for _ in range(170):
    epoch_num = int(total_num//batch_size)
    print(f"{_}輪訓練開始")
    for i in range(epoch_num):
        start = i * batch_size
        end = (i + 1) * batch_size
        data = x_train[start:end]
        targets = y_train[start:end]
        opt_state = update((i), opt_state, (data, targets))
        if (i + 1)%79 == 0:
            params = get_params(opt_state)
            loss_value = loss(params,(data, targets))
            print(f"loss:{loss_value}")
    params = get_params(opt_state)
    print(f"{_}輪訓練結束")
    train_acc = []
    correct_preds = 0.0
    test_epoch_num = int(12000 // batch_size)
    for i in range(test_epoch_num):
        start = i * batch_size
        end = (i + 1) * batch_size
        data = x_test[start:end]
        targets = y_test[start:end]
        correct_preds += pred_check(params, (data, targets))
    train_acc.append(correct_preds / float(total_num))
    print(f"Training set accuracy: {(train_acc)}")
```

首先獲取完整的資料集,之後對資料集進行劃分,將資料分為訓練集和測試集。模型的計算和損失函數的最佳化與上一節介紹的 ResNet 方法類似,這裡不做贅述。

最終結果請讀者自行完成。需要說明的是,這裡的模型只是一個較簡易的基於短文本分類的文字分類模型,而且效果並不太好,僅造成一個拋磚引玉的作用。

12.4 針對文字的卷積神經網路模型——詞卷積

使用字元卷積對文字分類是可以的,但是相對詞來說,字元包含的資訊並沒有「詞」的內容多,即使卷積神經網路能夠較好地對資料資訊進行學習,但是由於包含的內容關係不多而導致其最終效果差強人意。

在字元卷積的基礎上,研究人員嘗試使用詞為基礎資料對文字進行處理。圖 12.32 是使用 CNN 做詞卷積模型。

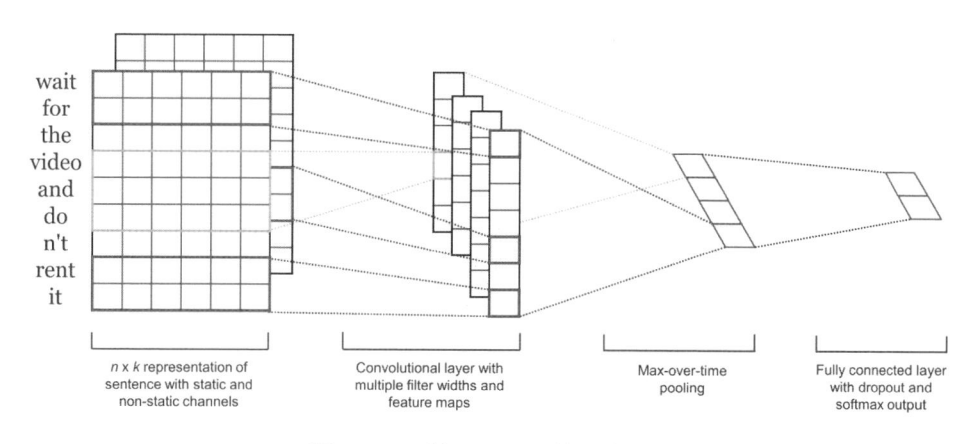

▲ 圖 12.32 使用 CNN 做詞卷積模型

12.4 針對文字的卷積神經網路模型—詞卷積

在實際讀寫中，一般用短文本表達較為集中的思想，文字長度有限、結構緊湊、能夠獨立表達意思，因此可以使用基於詞卷積的神經網路對資料進行處理。

12.4.1 單字的文字處理

使用卷積神經網路對單字進行處理的最基本要求就是：將文字轉換成電腦可以辨識的資料。在上一節中，我們使用卷積神經網路對字元的獨熱編碼矩陣進行了分析處理，這裡有一個簡單的想法，也就是能否將文字中的單字處理成獨熱編碼矩陣後再進行處理，如圖 12.33 所示。

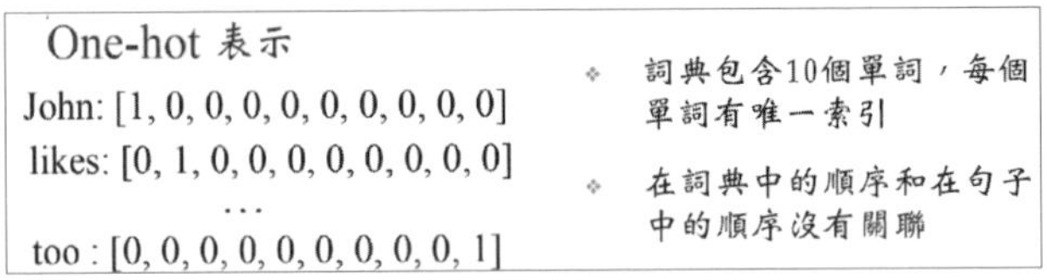

```
One-hot 表示
John: [1, 0, 0, 0, 0, 0, 0, 0, 0, 0]
likes: [0, 1, 0, 0, 0, 0, 0, 0, 0, 0]
  ...
too : [0, 0, 0, 0, 0, 0, 0, 0, 0, 1]
```

◆ 詞典包含10個單詞，每個單詞有唯一索引

◆ 在詞典中的順序和在句子中的順序沒有關聯

▲ 圖 12.33 詞的獨熱編碼處理

使用獨熱編碼表示單字從理論上講是可行的，但是實際上並不可行。對基於字元的獨熱編碼方案來說，所有的字元會在一個相對合適的字形檔（例如 26 個字母或一些常用的字元）中選取，那麼總量並不會很多（通常少於 128 個），因此組成的矩陣也不會很大。

對單字來說，常用的英文單字或中文詞語一般在 5000 左右，因此建立一個稀疏、龐大的獨熱編碼矩陣是不切實際的想法。

目前來說，一個較好的解決方法就是使用 word2vec 的詞嵌入方法，這樣可以透過學習將字形檔中的詞轉換成維度一定的向量，作為卷積神經網路的計算依據。本節的處理和計算依舊使用文字標題作為處理的目標。單字的詞向量的建立步驟說明如下。

1. 第一步：分詞模型的處理

首先對讀取的資料進行分詞處理，與採用獨熱編碼形式的資料讀取類似，首先對文字進行清洗，清除停用詞和標準化文字。需要注意的是，對 word2vec 訓練模型來說，需要輸入若干個詞串列，因此要將獲取的文字進行分詞，轉換成陣列的形式儲存。

```
def text_clearTitle_word2vec(text):
    text = text.lower()                     # 將文字轉化成小寫字母
    text = re.sub(r"[^a-z]"," ",text)       # 替換非標準字元，^ 是求反操作
    text = re.sub(r" +", " ", text)         # 替換多重空格
    text = text.strip()                     # 取出首尾空格
    text = text + " eos"                    # 增加結束符號，注意 eos 前有空格
    text = text.split(" ")                  # 對文本分詞，轉成串列儲存
    return text
```

請讀者自行驗證。

2. 第二步：分詞模型的訓練與載入

下面一步是對分詞模型的訓練與載入，基於已有的分詞陣矩，對不同維度的矩陣分別處理。需要注意的是，對 word2vec 詞向量來說，簡單地將待補全的矩陣用全 0 矩陣補全是不合適的，因此一個最好的方法就是將 0 矩陣修改為一個非常小的常數矩陣，程式如下：

```
def get_word2vec_dataset(n = 12):
    agnews_label = []                       # 建立標籤串列
    agnews_title = []                       # 建立標題串列
    agnews_train = csv.reader(open("./dataset/train.csv", "r"))
    for line in agnews_train:               # 將資料讀取到對應串列中
        agnews_label.append(np.int(line[0]))
        #將資料進行清洗之後再讀取
```

12-51

12.4 針對文字的卷積神經網路模型—詞卷積

```
        agnews_title.append(text_clearTitle_word2vec(line[1]))
from gensim.models import word2vec         # 匯入 gensim 套件
# 設定訓練參數
model = word2vec.Word2Vec(agnews_title, size=64, min_count=0, window=5)
train_dataset = []                         # 建立訓練集串列
for line in agnews_title:                  # 對長度進行判定
    length = len(line)                     # 獲取串列長度
    if length > n:                         # 對串列長度進行判斷
        line = line[:n]                    # 截取需要的長度串列
        word2vec_matrix = (model[line])    # 獲取 word2vec 矩陣
        train_dataset.append(word2vec_matrix)
# 將 word2vec 矩陣增加到訓練集中
    else:                                  # 補全長度不夠的操作
        word2vec_matrix = (model[line])    # 獲取 word2vec 矩陣
        pad_length = n - length            # 獲取需要補全的長度
        # 建立補全矩陣並增加一個小數值
        pad_matrix = np.zeros([pad_length, 64]) + 1e-10
        word2vec_matrix = np.concatenate([word2vec_matrix, pad_matrix],
axis=0)    # 矩陣補全
        train_dataset.append(word2vec_matrix)    # 將 word2vec 矩陣增加到訓
                                                 # 練集中
train_dataset = np.expand_dims(train_dataset,3)  # 對三維矩陣進行擴充
label_dataset = get_label_one_hot(agnews_label)  # 轉換成獨熱編碼矩陣
return train_dataset, label_dataset
```

最終的結果如圖 12.34 所示。

```
(120000, 12, 64, 1)
(120000, 5)
```

▲ 圖 12.34 卷積處理後的 AG_news 資料集

🔊 **注意**

在上面程式碼部分中倒數第三行 np.expand_dims 函數的作用是對生成的資料串列中的資料進行擴充,將原始的三維矩陣擴充成四維,在不改變具體數值大小的前提下擴充了矩陣的維度,這是為下一步使用二維卷積對文字進行分類做資料準備。

12.4.2 卷積神經網路文字分類模型的實現

下面對卷積神經網路進行設計,使用二維卷積進行文字分類任務,如圖 12.35 所示。

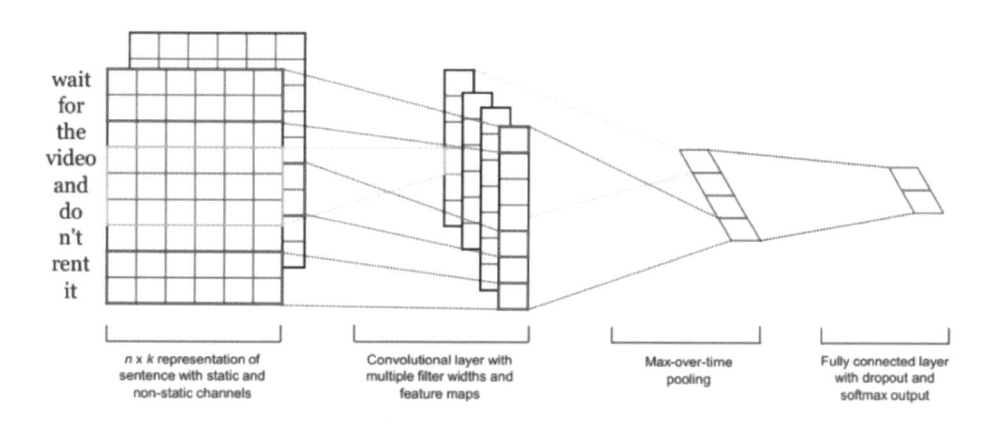

▲ 圖 12.35 使用二維卷積進行文字分類任務

模型的思想很簡單,根據輸入的已轉化成詞嵌入形式的詞矩陣,透過不同的卷積提取不同的長度進行二維卷積計算,將最終的計算值進行連結,之後經過池化層獲取不同矩陣平均值,之後透過一個全連接層對其進行分類。

具體程式請有興趣的讀者參考上一節的字元卷積形式完成。

12.5 使用卷積對文字分類的補充內容

在上面的章節中，我們透過卷積實現了文字的分類，並且透過使用 gensim 掌握了對文字進行詞向量轉化的方法。詞嵌入是目前最常用的將文字轉化成向量的方法，比較適合較複雜詞袋中片語較多的情況。

使用獨熱編碼方法對字元進行表示是一種非常簡單的方法，但是由於其使用受限較大，產生的矩陣較為稀疏，因此在實用性上並不是很強，在這裡統一推薦使用詞嵌入的方式對詞進行處理。

可能有讀者會產生疑問，使用 word2vec 的形式來計算字元的「字向量」是否可行？答案是完全可以的，並且相對於單純採用獨熱編碼形式的矩陣來表示，能有更好的表現和準確度。

12.5.1 中文的文字處理

中文文字的處理相較於英文文字略為複雜，一個非常簡單的辦法就是將中文轉化成拼音的形式，使用 Python 提供的拼音函數庫套件：

```
pip install pypinyin
```

使用方法如下：

```
from pypinyin import pinyin, lazy_pinyin, Style
value = lazy_pinyin('你好')     # 不考慮破音字的情況
print(value)
```

列印結果如下：

```
['ni', 'hao']
```

JAX 實戰—有趣的詞嵌入　12

這裡不考慮破音字的普通模式，除此之外還有帶有拼音符號的破音字字母，有興趣的讀者可以自行學習。

較常用的對中文文字處理的方法是使用分詞器進行文本分詞，將分詞後的詞數列去除停用詞和副詞之後製作詞嵌入（即詞向量化），如圖 12.36 所示。

> 在上面的章节中，作者通过不同的卷积（一维卷积和二维卷积）实现了文本的分类，并且通过使用 gensim 掌握了对文本进行词向量转化的方法。词嵌入是目前最常用的将文本转成向量的方法，比较适合较为复杂词袋中词组较多的情况。
>
> 使用独热编码方法对字符进行表示是一种非常简单的方法，但是由于其使用受限较大，产生的矩阵较为稀疏，因此在实用性上并不是很强，作者在这里统一推荐使用词嵌入的方式对词进行处理。
>
> 可能有读者会产生疑问：使用 word2vec 的形式来计算字符的"字向量"是否可行？答案是完全可以，并且准确度相对于单纯采用独热编码形式的矩阵来表示能有更好的表现和准确度。

▲ 圖 12.36　使用分詞器進行文本分詞（譯註：本圖為簡體中文）

這裡對圖 12.36 所示的文字進行分詞並將其轉化成詞向量的形式進行處理。

1. 第一步：讀取資料

為了演示直接使用字串作為資料的儲存格式，而對於多行文本的讀取讀者可以使用 Python 類別庫中文字讀取工具，這裡不做講解。

```
text = " 在上面的章節中，筆者透過不同的卷積（一維卷積和二維卷積）實現了文字的分類，並且通過使用 gensim 掌握了對文字進行詞向量轉化的方法。詞向量 word embedding 是目前最常用的將文字轉成向量的方法，比較適合較為複雜詞袋中片語較多的情況。使用 one-hot 方法對字元進行表示是一種非常簡單的方法，但是由於其使用受限較大，產生的矩陣較為稀疏，因此在實用性上並不是很強，筆者在這裡統一推薦使用 word embedding 的方式對詞進行處理。可能有讀者會產生疑問：使用 word2vec 的形式來計算字元的 " 字向量 " 是否可行？答案是完全可以，並且準確度相對於單純採用 one-hot 形式的矩陣表示能有更好的表現和準確度。"
```

2. 第二步：中文文字的清理與分詞

下面使用分詞工具對中文文字進行分詞計算。對於文本分詞工具，Python 類別庫中最常用的是 jieba 分詞庫，匯入如下：

```
import jieba          # 分詞器
import re             # 正規表示法函數庫套件
```

對於正文的文字，首先需要對其進行清洗，剔除非標準字元，這裡採用 re 正規表示法用於對文字進行處理，部分處理程式如下：

```
# 替換非標準字元，^ 是求反操作
text = re.sub(r"[a-zA-Z0-9-，。""()]"," ",text)
text = re.sub(r" +", " ", text)          # 替換多重空格
text = re.sub(" ", "", text)             # 替換隔斷空格
```

處理好的文字如圖 12.37 所示。

> 在上面的章节中笔者通过不同的卷积一维卷积和二维卷积实现了文本的分类并且通过使用掌握了对文本进行词向量转化的方法词向量是目前最常用的将文本转成向量的方法比较适合较为复杂词袋中词组较多的情况使用方法对字符进行表示是一种非常简单的方法但是由于其使用受限较大产生的矩阵较为稀疏因此在实用性上并不是很受作者在这里统一推荐使用的方式对词进行处理可能有读者会产生疑问使用的形式来计算字符的字向量是否可行答案是完全可以并且准确度相对于单纯采用形式的矩阵表示都能有更好的表现和准确度

▲ 圖 12.37 處理好的文字（譯註：本圖為簡體中文）

文字中的數字、中文字元以及標點符號已經被刪除，並且其中由於刪除不標準字元所遺留的空格也一一刪除，留下的是完整的待切分文字。

jieba 函數庫是一個用於對中文文字進行分詞的工具，分詞函數如下：

```
text_list = jieba.lcut_for_search(text)
```

這裡使用結巴分詞對文字進行分詞，之後將分詞後的結果以陣列的形式儲存，列印結果如圖 12.38 所示。

```
['在', '上面', '的', '章节', '中', '笔者', '通过', '不同', '的', '卷积', '一维', '卷积', '和', '二维', '卷积', '实现', '了', '文本', '的', '分类', '并且', '通过', '使用', '掌握', '了', '对', '文本', '进行', '词', '向量', '转化', '的', '方法', '词', '向量', '是', '目前', '最', '常用', '的', '将', '文本', '转', '成', '向量', '的', '方法', '比较', '适合', '较为', '复杂', '词', '袋中', '词组', '较', '多', '的', '情况', '使用', '方法', '对', '字符', '进行', '表示', '是', '一种', '非常', '简单', '非常实用', '的', '方法', '但是', '由于', '其', '使用', '受限', '较大', '产生', '的', '矩阵', '较为', '稀疏', '因此', '在', '实用', '实用性', '上', '并', '不是', '很强', '作者', '在', '这里', '统一', '推荐', '使用', '的', '方式', '对词', '进行', '处理', '可能', '有', '读者', '会', '产生', '疑问', '使用', '的', '形式', '来', '计算', '字符', '的', '字', '向量', '是否', '可行', '答案', '是', '完全', '可以', '并且', '准确', '准确度', '相对', '于', '单纯', '采用', '形式', '的', '矩阵', '表示', '都', '能', '有', '更好', '的', '表现', '和', '准确', '准确度']
```

▲ 圖 12.38 分詞後的中文文字（譯註：本圖為簡體中文）

3. 第三步：使用 gensim 建構詞向量

使用 gensim 建構詞向量的方法相信讀者已經比較熟悉，這裡直接使用即可，程式如下：

```
from gensim.models import word2vec          # 匯入 gensim 套件
# 設定訓練參數，注意方括號內容
model = word2vec.Word2Vec([text_list], size=50, min_count=1, window=3)
print(model[" 章節 "])
```

有一個非常重要的細節需要注意，因為 word2vec.Word2Vec 函數接受的是一個二維陣列，而本文透過 jieba 分詞的結果是一個一維陣列，所以需要在其上加上一個陣列符號人為地建構一個新的資料結構，否則在列印詞向量時會顯示出錯。

程式正確執行，等待 gensim 訓練完成後列印一個字元的向量，如圖 12.39 所示。

```
[ 0.00700214 -0.00771189 -0.00651557  0.00805341  0.00060104 -0.00614405
  0.00336286 -0.00911157  0.0008981   0.00469631 -0.00536773 -0.00359946
  0.0051344  -0.00519805 -0.00942803 -0.00215036 -0.00504649 -0.00531102
  0.00060753 -0.00373814 -0.00554779 -0.00814913  0.00525336 -0.00070392
  0.00515197  0.00504736 -0.00126333 -0.00581168  0.00431437  0.00871824
  0.00618446  0.00265644 -0.00094638 -0.0051491   0.00861935  0.0091601
 -0.00820806 -0.00257573 -0.00670012  0.01000227  0.00413029  0.00592533
 -0.00560609 -0.00134225  0.00945567 -0.00521776  0.00641463  0.00850249
 -0.00726161  0.0013621 ]
```

▲ 圖 12.39 單一中文詞的向量

12-57

12.5 使用卷積對文字分類的補充內容

完整程式如下所示。

【程式 12-11】

```
import jieba
import re
text = re.sub(r"[a-zA-Z0-9-,。""()]"," ",text)    # 替換非標準字元,^ 是求反操作
text = re.sub(r" +", " ", text)                   # 替換多重空格
text = re.sub(" ", "", text)                      # 替換隔斷空格
print(text)
text_list = jieba.lcut_for_search(text)
from gensim.models import word2vec                # 匯入 gensim 套件
# 設定訓練參數
model = word2vec.Word2Vec([text_list], size=50, min_count=1, window=3)
print(model["章節"])
```

對於後續工程,讀者可以自行參考二維卷積對文字處理的模型進行下一步的計算。

12.5.2 其他細節

對於普通的文字,完全可以透過一系列的清洗和向量化處理將其轉換成矩陣的形式,之後透過卷積神經網路對文字進行處理。在上一節中只做了中文向量的詞處理,缺乏主題提取、去除停用詞等操作,相信讀者可以自行學習,根據需要補全程式。

對詞嵌入組成的矩陣(舉例來說,在前面的章節中實現的 ResNet 網路,以及加上了 attention 機制的記憶力模型,見圖 12.40),能否使用已有的模型進行處理?

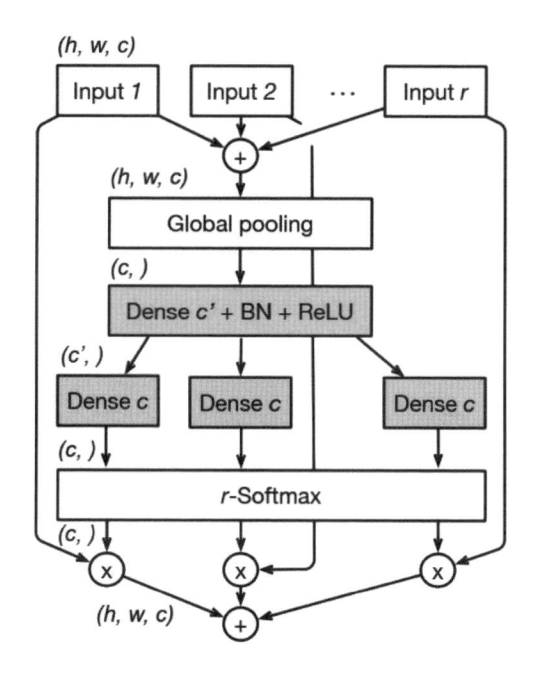

▲ 圖 12.40 加上 attention 後的 ResNet 模型

答案是可以的。筆者在文字辨識的過程中使用了 ResNet50 作為文字模型辨識器，同樣可以獲得不低於現有模型的準確率，有興趣的讀者可以自行驗證。

12.6 本章小結

卷積神經網路並不是只能對影像進行處理，本章演示了如何使用卷積神經網路對文字進行分類。對文字處理來說，傳統的基於貝氏分類和循環神經網路（RNN）實現的文字分類方法，卷積神經網路一樣可以實現，而且效果並不差。

12.6 本章小結

卷積神經網路的應用非常廣泛，透過正確的資料處理和建模可以達到程式設計人員心中所要求的目標。更重要的是，相對循環神經網路來說，卷積神經網路在訓練過程中的訓練速度更快（併發計算），處理範圍更大（圖矩陣），能夠獲取更多的相互聯繫。因此，卷積神經網路在機器學習中起著越來越重要的作用。

預訓練詞向量內容非常新，使用詞向量等價於把 embedding 層的網路用預訓練好的參數矩陣初始化了，但是只能初始化第一層網路參數，再高層的參數就無能為力了。

下游 NLP 任務在使用詞嵌入的時候一般有兩種做法：一種是 Frozen，就是詞嵌入那層網路參數固定不動；另一種是 Fine-Tuning，就是詞嵌入那層參數隨著訓練過程被不斷更新。

CHAPTER 13

JAX 實戰 ── 生成對抗網路（GAN）

前面學習了使用 JAX 分別進行電腦視覺、自然語言處理等方面的深度學習任務，可以看到基於 JAX 的深度學習框架能夠較好地完成這些基本任務。本章將學習使用 JAX 實現一種較特殊的網路──生成對抗網路（Generative Adversarial Network，GAN）。

生成對抗網路，顧名思義是一種包含兩個網路的深度神經網路結構，將一個網路與另一個網路相互對立（因此稱為「對抗」），如圖 13.1 所示。

13.1 GAN 的工作原理詳解

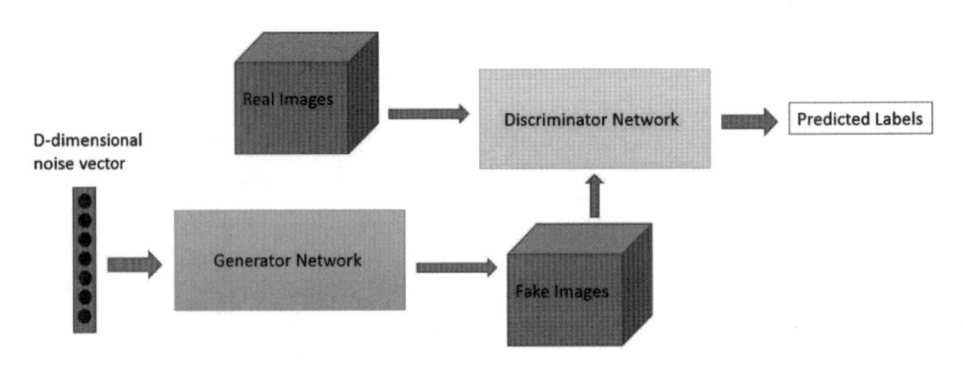

▲ 圖 13.1 生成對抗網路

從目前對 GAN 的研究和應用上來看，GAN 的潛力巨大，因為它能學習模仿任何資料分佈，因此，GAN 能被教導在任何領域創造類似於真實世界的東西，比如影像、音樂、演講、散文等。在某種意義上，GAN 可以被視為一個機器人藝術家，它們的輸出令人印象深刻，甚至能夠深刻地打動人類。

13.1 GAN 的工作原理詳解

為了理解 GAN，需要知道 GAN 是執行原理的。實際上 GAN 的組成和工作原理非常簡單：

生成器 + 判別器 = GAN

GAN 是一種生成式的對抗網路。具體來說，就是透過對抗的方式去學習資料分佈的生成式模型。所謂的對抗，指的是生成網路和判別網路的互相對抗。生成網路盡可能生成逼真樣本，判別網路則盡可能去判別該樣本是真實樣本還是生成的假樣本。

13.1.1 生成器與判別器共同組成了一個 GAN

生成器（generator）與判別器（discriminator）共同組成了一個 GAN。在介紹 GAN 之前我們先對生成器和判別器的存在作用做個解釋。

1. 判別器

對判別器來說，給它一幅畫，判別器中的判別演算法能夠判別這幅畫是不是由真正的畫家完成的。畫的真假是給與判別器的生成標籤之一，而這幅畫本身的向量特徵就組成了輸入的特徵向量，如圖 13.2 所示。

▲ 圖 13.2 判別一幅畫

把上述這句話用數學形式表示出來，標籤被定義為 y，而特徵向量被定義為 x，那麼判別器的判定公式就是：

$$\text{discriminator} = p(y|x)$$

也就是在輸入的 x 特徵向量的基礎上定義出 y 的機率。在這個判別器的例子中，輸入向量也就是畫的特徵被定義成 x，而判別器對畫的判定則是 y，即判別器對這幅畫判定真偽的機率。因此，判別演算法將特徵映射為機率，判別器只關心其中的特徵是否滿足機率生成的條件。

2. 生成器

　　生成器的做法恰恰相反，它不關心向量是什麼形式和內容，只關心給定標籤資訊，嘗試由給定的標籤內容去生成特徵。同樣以畫為例，生成器需要考慮的是：假設這個畫是由真實畫家完成的，那麼這些畫中需要包含哪些畫家的特徵資訊，這些資訊又是什麼樣的，怎麼將其展示出來讓「別人（判別器）」認為這幅畫是畫家本人的真跡。這也和人類思考的過程相類似。

　　判別器關心的是由 x 判斷出 y，而生成器關心的是如何生成一個 x 去滿足對 y 的判定，用公式表示如下：

$$\text{Generator} = p(x \mid y)$$

生成器與判別器的區別複習如下：

- 判別器：學習不同類別和標籤之間的區分界限。
- 生成器：學習標籤中某一類的機率分佈進行建模。

13.1.2 GAN 是怎麼工作的

　　簡單來説，GAN 的工作原理就是使用生成器去生成新的具有一定特徵的向量內容，並且將生成的向量內容輸入到判別器中去對其進行驗證，評估這些向量內容為真或假的機率。

　　手寫字型作為交易的依據是最常見的一種存根方式，而往往有人就是透過仿造別人的手寫數字進行詐騙，特別是在銀行領域，冒領支票的事件層出不窮，如圖 13.3 所示。

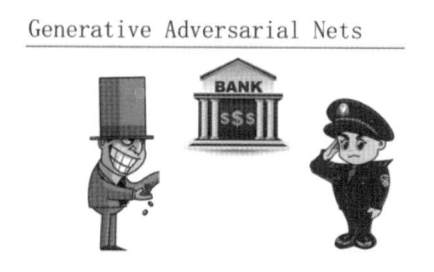

▲ 圖 13.3 冒領支票

在這個過程中「生成器」的作用就是根據標籤的類別進行特徵生成，最終生成具有真實手寫特徵的一系列數字，而判別器的目標就是當其被展示一個手寫數字時能夠辨識出這個數字的真實性，如圖 13.4 所示。

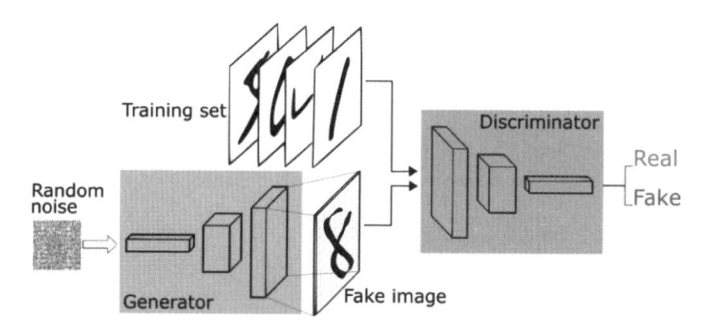

▲ 圖 13.4 辨識出數字的真實性

在這個過程中，GAN 所採取的步驟如下：

（1）生成器接收隨機數然後返回一幅圖片。
（2）這幅圖片和真實資料集的圖片串流一起被送進了判別器。
（3）判別器接收真實的和假的圖片然後返回機率，一個 0～1 的數字，1 代表真實的預測，0 代表是假的。

讀者可以把 GAN 想像成貓鼠遊戲中偽造者和員警的角色，偽造者不斷學習假冒票據，員警在學習檢測它們。雙方都是動態的，也就是說，員警也是在訓練（就像中央銀行正在為洩漏的票據做標記），並且雙方在不斷升級中學習對方的方法。

需要強調的是，在這個過程中生成器與判別器是一個循環過程，隨著生成器與判別器能力的提升，其對應的生成和判別能力也越來越強。這樣實際上也就組成了一個回饋連結：

- 判別器和圖片的標籤組成一個回饋。
- 生成器和判別器組成一個回饋。

13.2 GAN 的數學原理詳解

GAN 的理解非常簡單：生成器的作用是根據標籤資訊生成具有一定特徵的特性向量，而判別器的作用則是對生成的特徵向量進行判別，生成器與判別器在這個循環中相互成長從而增加各自的能力。

13.2.1 GAN 的損失函數

GAN 的實質是一種生成、對抗網路，GAN 在這種對抗的過程中去學習資料分佈的生成式模型，生成的模型盡可能地逼近真實樣本的資料。而判別模型盡可能地判定這個樣本的真實性。

對於 GAN 的數學原理分析我們首先從損失函數開始。圖 13.5 所示的隨機變數（通常為一個隨機的正態分佈噪音）透過生成器 Generator 生成一個 X_{fake}，判別器根據輸入的資料 X_{data}（可能是判別器生成的 X_{fake}，也可能是真實樣本 X_{real}）進行判定。

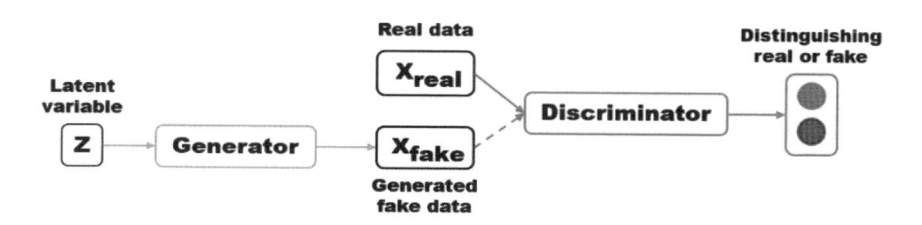

▲ 圖 13.5 GAN 的數學原理分析

對於損失函數的確定，正如前面所介紹的回饋過程，分別獨立進行判定，即：

（1）在判別器中，判別器和圖片的標籤組成一個回饋：

$$\text{discriminator} = -p(x)(\log D(x)) = (E_x \sim X_{\text{data}})(\log D(x))$$

$D(x)$ 是判別器的計算輸出結果，$E_x \sim X_{\text{data}}$ 是輸入資料含有的真實標籤，此時判別器所計算的目標來自真實資料。由於 $D(x)$ 本身就是一個神經網路計算模型，負號的翻轉可以對其計算後的值實現消去負號。

（2）生成器和判別器組成一個回饋。對生成器來說，其公式如下：

$$\text{Generator} = (E_x \sim G(z))(\log(1 - D(G(z))))$$

對於生成器的理解略微複雜一些，為了盡可能地欺騙判別器 D，因此需要最大化判別器對生成器生成的特徵機率 $D(G(z))$，而 Z 是輸入的隨機噪音，在這個基礎上 $1 - D(G(z))$ 獲得最大機率。$(E_x \sim G(z))$ 則是告訴判別器輸入的向量資料來自生成器。

（3）總的最佳化目標。合成後的總最佳化目標如下：

$$\text{loss} = (E_x \sim X_{\text{data}})(\log D(x)) + (E_x \sim G(z))(\log(1 - D(G(z))))$$

總的訓練目標如上述公式所示,疊加了生成器與判別器交叉熵損失之和。然而,在實際訓練時生成器和判別器採取交替訓練的方式,即先訓練 D 再訓練 G 不斷往復從而達到最終的平衡使得模型收斂。

13.2.2 生成器的產生分佈的數學原理──相對熵簡介

生成器的產生分佈的數學原理如圖 13.6 所示。簡單來說,任何一組具有相似標籤的資料 X_{data} 可以認為服從相同的分佈 $P_{data}(x)$。而對以隨機正態分佈 z 為輸入的生成器來說,$P_G(z;\Theta)$ 是生成器的輸出,即以參數 Θ 為學習參數對 z 的修正。注意,如果生成的 $P_G(z;\Theta)$ 是一個正態分佈,那麼 Θ 就是這個正態分佈的平均值和方差。

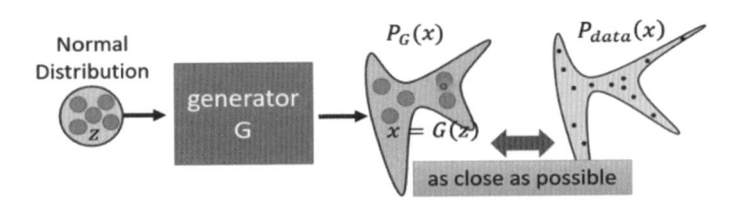

▲ 圖 13.6 生成器的產生分佈的數學原理

透過學習參數 Θ 使得 $P_G(z;\Theta)$ 最大限度地接近真實資料 $P_{data}(x)$,那麼這個參數組成的神經網路就被稱為生成器。對 Θ 的估算也被稱為「極大似然估計」。

$$\Theta^* = \int P_{data}(x)\log(PG(z;\Theta))dx - \int P_{data}(x)\log D(x)dx = KL(P_{data}(x) \| PG(z;\Theta))$$

一個非常簡單的求 Θ 的方法就是計算並最小化 $P_G(z;\Theta)$ 與 $D(x)$ 的差值,這種差值被稱為 KL 散度(Kullback-Leibler Divergence,它是一種量化兩種機率分佈 P1 和 P2 之間差異的方式,又叫相對熵)。KL 散度的概念本書不做過多介紹。

透過相對熵獲取生成器 Θ 的方式固然可行，然而有一個非常大的問題就是採用最大熵模型的擬合會使得模型過於複雜，同時生成目標不明確（分佈的擬合需要非常複雜的網路和龐大的計算量，耗費的時間相當長）。因此 GAN 採用了神經網路替代了最大熵的計算過程，直接使用生成器擬合一個完整的分佈計算模型，使得輸入的噪音 z 能夠直接被擬合相似於真實資料的分佈，如圖 13.7 所示。

▲ 圖 13.7 採用了神經網路替代了最大熵的計算過程

此時用 Gernerator 代替 $P_G(z;\Theta)$，用 Discriminator 代替 $P_{data}(x)$ 去約束 Gernerator，不再需要似然估計，而採用使用神經網路去直接對這個分佈變換進行擬合。

整個訓練過程簡單來說就是交替下面的過程：

（1）固定 Gernerator 中所有參數，收集 Real image + Fake image，用梯度下降法修正 Discriminator。

（2）然後固定 Discriminator 中所有參數，收集 Fake image，用梯度下降法修正 Gernerator。

由於涉及回饋的處理，同時程式本身也不是很難，這裡就不再展示，有興趣的讀者可以自行完成。

13.3 JAX 實戰──GAN 網路

下面我們透過 JAX 實現 GAN 網路的程式設計。

13.3.1 生成對抗網路 GAN 的實現

相對於前面所學習的內容，生成對抗網路在結構上並不複雜，而更多的是需要學習程式設計技巧以及模型計算的順序。在本小節範例中，我們採用的是 MNIST 資料集，目標是判定輸入的資料是真實有效的手寫數字還是隨機的影像。

1. 第一步：資料的獲取

這裡採用 MNIST 資料集，因為生成對抗網路不需要對輸入的資料型態進行判定，因此在此只使用 MNIST 的資料部分，程式如下：

```
mnist_data = jnp.load("../第1章/mnist_train_x.npy")
mnist_data = jnp.expand_dims(mnist_data,axis=-1)
mnist_data = (mnist_data - 256)/256.#這樣確保值在 -1,1 之間
```

2. 第二步：生成模型與對抗模型的撰寫

下面的工作就是按照上一節中的分析來設計生成模型與對抗模型。

（1）生成模型

生成模型的設計需要使用一個較特殊的卷積網路，即逆卷積網路，其作用是對輸入的資料進行一次卷積逆計算：

```
def GeneralConvTranspose(dimension_numbers, out_chan, filter_shape,
    strides=None, padding='VALID', W_init=None, b_init=normal(1e-6)):
    lhs_spec, rhs_spec, out_spec = dimension_numbers
    ...
```

```
    Conv1DTranspose = functools.partial(GeneralConvTranspose, ('NHC',
'HIO', 'NHC'))
    ConvTranspose = functools.partial(GeneralConvTranspose, ('NHWC',
'HWIO', 'NHWC'))
```

可以看到，逆卷積的原始程式形式與我們前面講解的卷積計算形式類似，都需要輸入卷積核心大小與步進的數目，而對於資料的輸入格式則根據設定可以設定不同的一維卷積或二維卷積。

完整的生成模型程式如下所示。

◯【程式 13-1】

```
def generator(features = 32):
    return stax.serial(
        # 預設輸入的維度為 [-1,1,1,1]
        stax.ConvTranspose(features * 2,[3, 3], [2, 2]),stax.BatchNorm(),
stax.Relu,
        stax.ConvTranspose(features * 4, [4, 4], [1, 1]), stax.BatchNorm(),
stax.Relu,
        stax.ConvTranspose(features * 2, [3, 3], [2, 2]), stax.BatchNorm(),
stax.Relu,
        stax.ConvTranspose(1, [4, 4], [2, 2]), stax.Tanh
        # 生成的維度為 [-1,28,28,1]
    )
```

筆者根據輸入的資料與最終輸出的資料維度預先計算好逆卷積的卷積核心大小，以及步進的大小。下面是一個測試生成模型的例子：

```
key = jax.random.PRNGKey(17)
# 下面是測試 fake_image 的處理
fake_image = jax.random.normal(key,shape=[10,1,1,1])
init_random_params, predict = generator()
fake_shape = (-1,1, 1, 1)
```

13.3 JAX 實戰—GAN 網路

```
opt_init, opt_update, get_params = optimizers.adam(step_size=2e-4)
_, init_params = init_random_params(key, fake_shape)
opt_state = opt_init(init_params)
params = get_params(opt_state)
result = predict(params,fake_image)
print(result.shape)
```

在這裡設計了一個偽造的資料，其維度為 [10,1,1,1]，而此資料透過生成模型後，輸出結果如下所示：

(10, 28, 28, 1)

（2）判別模型

判別模型的作用是對生成的資料進行真假判定，這裡的真假可以使用一個二分類的目標進行替代，完整的判別模型程式如下：

```
def discriminator(features = 32):
    return stax.serial(
        stax.Conv(features,[4, 4], [2, 2]),stax.BatchNorm(), stax.LeakyRelu,
        stax.Conv(features, [4, 4], [2, 2]), stax.BatchNorm(), stax.LeakyRelu,
        stax.Conv(2, [4, 4], [2, 2]),stax.Flatten
    )
```

可以看到，判別模型實際上就是一個普通的分類模型，在這裡接受的資料維度為 [-1,28,28,1]，經計算後生成最終的結果。測試函數程式如下所示：

```
real_image = jax.random.normal(key,shape=[10,28,28,1])
init_random_params, predict = discriminator()
real_shape = (-1, 28,28, 1)
opt_init, opt_update, get_params = optimizers.adam(step_size=2e-4)
_, init_params = init_random_params(key, real_shape)
opt_state = opt_init(init_params)
params = get_params(opt_state)
```

```
result = predict(params, real_image)
print(result.shape)
```

3. 第三步：損失函數的設計

下面就是損失函數的設計，經過前面分析可以知道，對 GAN 網路的損失函數來說，其實際上就是多個交叉熵函數的集合，因此損失函數的設計說明如下。

生成函數的損失函數：

```
@jax.jit
def loss_generator(gen_params,dic_params, fake_image):
    gen_result = gen_predict(gen_params, fake_image)
    fake_result = dic_predict(dic_params,gen_result)
    fake_targets = jnp.tile(jnp.array([0,1]),[fake_image.shape[0],1])
#[0,1] 代表虛假資料
    loss = jnp.mean(jnp.sum(-fake_targets * fake_result, axis=1))
    return loss
```

判別函數的損失函數：

```
@jax.jit
def loss_discriminator(dic_params,gen_params, fake_image,real_image):
    gen_result = gen_predict(gen_params, fake_image)
    fake_result = dic_predict(dic_params,gen_result)
    real_result = dic_predict(dic_params, real_image)
    fake_targets = jnp.tile(jnp.array([0,1]),[fake_image.shape[0],1])
#[0,1] 代表虛假資料
    real_targets = jnp.tile(jnp.array([1,0]),[real_image.shape[0],1])
#[1,0] 代表真實資料
    loss = jnp.mean(jnp.sum(-fake_targets * fake_result, axis=1)) + jnp.mean(jnp.sum(-real_targets * real_result, axis=1))
    return loss
```

13.3 JAX 實戰—GAN 網路

這裡在設計損失函數的目標值時使用了不同的分類資料代表不同的值，其中 [0,1] 代表虛假資料，而 [1,0] 代表真實資料。

4. 第四步：GAN 程式訓練

下面就是 GAN 程式的完整訓練程式：

```python
import jax
import jax.numpy as jnp
from jax import grad
from jax.experimental import optimizers
from jax.experimental import stax
from jax.experimental import optimizers
import gen_and_dis
def sample_latent(key, shape):
    return jax.random.normal(key, shape=shape)
key = jax.random.PRNGKey(17)
latent = sample_latent(key, shape=(100, 64))
real_shape = (-1, 28, 28, 1)
# gen_fun 的處理
gen_init_random_params, gen_predict = gen_and_dis.generator()
fake_shape = (-1, 1, 1, 1)
gen_opt_init, gen_opt_update, gen_get_params = optimizers.adam(step_size=2e-4)
_, gen_init_params = gen_init_random_params(key, fake_shape)
gen_opt_state = gen_opt_init(gen_init_params)
# dic_fun 的處理
dic_init_random_params, dic_predict = gen_and_dis.discriminator()
real_shape = (-1, 28, 28, 1)
dic_opt_init, dic_opt_update, dic_get_params = optimizers.adam(step_size=2e-4)
_, dic_init_params = dic_init_random_params(key, real_shape)
dic_opt_state = dic_opt_init(dic_init_params)
@jax.jit
```

```python
def loss_generator(gen_params,dic_params, fake_image):
    gen_result = gen_predict(gen_params, fake_image)
    fake_result = dic_predict(dic_params,gen_result)
    fake_targets = jnp.tile(jnp.array([0,1]),[fake_image.shape[0],1])
#[0,1] 代表虛假資料
    loss = jnp.mean(jnp.sum(-fake_targets * fake_result, axis=1))
    return loss
@jax.jit
def loss_discriminator(dic_params,gen_params, fake_image,real_image):
    gen_result = gen_predict(gen_params, fake_image)
    fake_result = dic_predict(dic_params,gen_result)
    real_result = dic_predict(dic_params, real_image)
    fake_targets = jnp.tile(jnp.array([0,1]),[fake_image.shape[0],1])
#[0,1] 代表虛假資料
    real_targets = jnp.tile(jnp.array([1,0]),[real_image.shape[0],1])
#[1,0] 代表真實資料
    loss = jnp.mean(jnp.sum(-fake_targets * fake_result, axis=1)) + jnp.
mean(jnp.sum(-real_targets * real_result, axis=1))
    return loss
mnist_data = gen_and_dis.mnist_data
batch_size = 128
for i in range(1):
    batch_num = len(mnist_data)//batch_size
    for j in range(batch_num):
        start = batch_size * j
        end = batch_size * (j + 1)
        real_image = mnist_data[start:end]
        gen_params = gen_get_params(gen_opt_state)
        dic_params = dic_get_params(dic_opt_state)
        fake_image = jax.random.normal(key + j, shape=[batch_size, 1, 1, 1])
        gen_opt_state = gen_opt_update(j, grad(loss_generator)(gen_
params,dic_params, fake_image), gen_opt_state)
        dic_opt_state = gen_opt_update(j, grad(loss_discriminator)(dic_
params,gen_params, fake_image,real_image), dic_opt_state)
```

請讀者自行執行驗證。

13.3.2 GAN 的應用前景

自誕生以來，GAN 的發展獲得了令人矚目的成就。GAN 最早的原型是自動編碼器和變分編碼器，是為了讓電腦能夠進行畫畫、創作詩歌等具有創造性的工作而創造的。在此基礎上，2014 年誕生了目前常用的生成對抗網路——GAN。

GAN 的應用場景非常廣泛，可用於影像生成、影像轉換、影像合成、場景合成、人臉合成、文字到影像的合成、風格遷移、影像超解析度、影像域的轉換（換髮型等）、影像修復，甚至於做填空題。

1. 風格遷移

妝容遷移（Makeup transfer），常用於將參考影像的妝容遷移到目標人臉上。妝容遷移實際上也是一種風格遷移，如圖 13.8 所示。

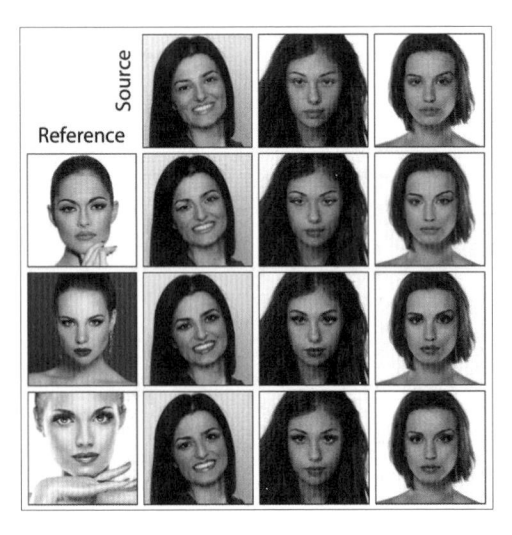

▲ 圖 13.8 妝容遷移

2. 虛擬換衣

　　虛擬換衣就是給定某款衣服影像，讓目標試衣者虛擬穿上。該應用主要用於對上身換裝。模型首先提取目標人物的姿態骨骼點、身體形狀二值圖、頭部三部分組成「不帶衣服資訊的身體表徵」，加上衣服影像，作為網路的輸入，透過兩階段網路，由粗到細地生成穿上衣服的效果。國際上已有的 ClothFlow 工具生成衣服的效果如圖 13.9 所示。

▲ 圖 13.9　虛擬換衣

3. 生成圖像資料集

　　人工智慧的訓練是需要大量的資料集的，如果全部靠人工收集和標注，成本很高。GAN 可以自動地生成一些資料集，以提供低成本的訓練資料，如圖 13.10 所示。

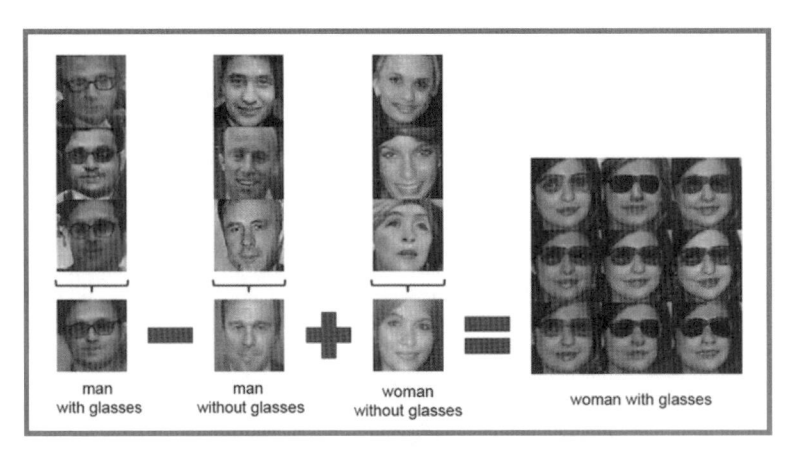

▲ 圖 13.10　GAN 可自動生成資料集

4. 影像到影像的轉換

簡單來說就是把一種形式的影像轉換成另外一種形式的影像，就好像加濾鏡一樣神奇。例如把草稿轉換成照片、把衛星照片轉為 Google 地圖的圖片、把照片轉換成油畫、把白天轉換成黑夜等，如圖 13.11 所示。

▲ 圖 13.11　影像到影像的轉換

5. 照片修復

假如照片中有一個區域出現了問題（比如被塗上顏色或被抹去），GAN 可以修復這個區域，還原成原始的狀態，如圖 13.12 所示。

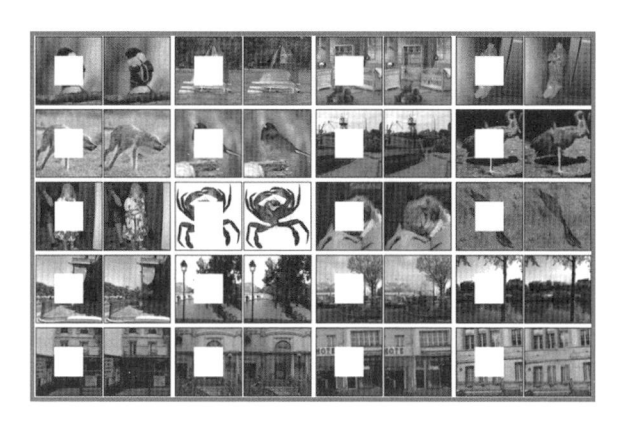

▲ 圖 13.12 照片修復

6. 姿勢引導人像生成

透過姿勢的附加輸入，我們可以將影像轉為不同的姿勢。舉例來說，圖 13.13 右上角影像是基礎姿勢，右下角是生成的影像。

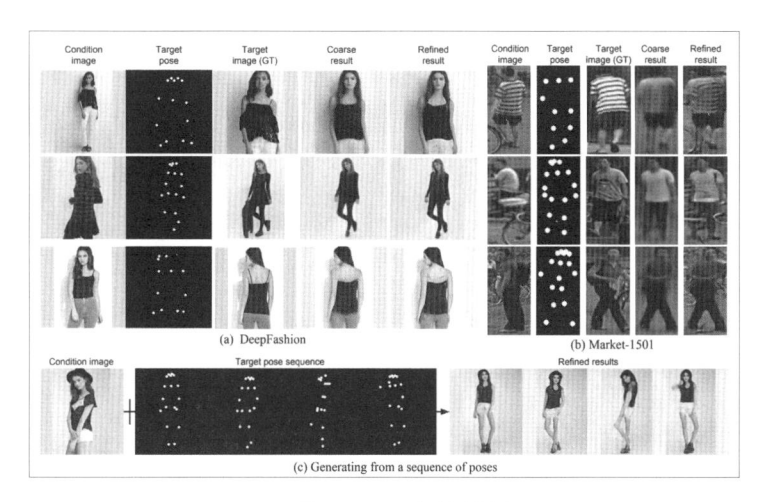

▲ 圖 13.13 姿勢轉換

13.3 JAX 實戰—GAN 網路

7. 音樂的產生

GAN 可以應用於非影像領域，例如作曲，如圖 13.14 所示。

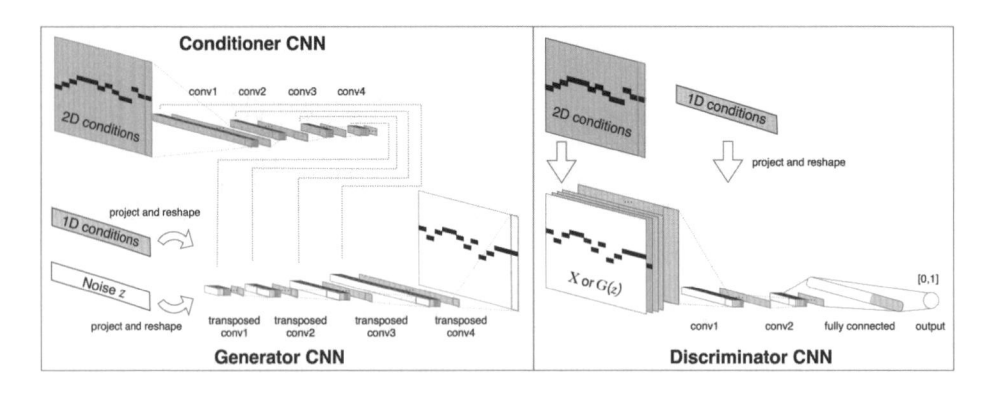

▲ 圖 13.14 作曲

8. 醫療（異常檢測）

GAN 還可以擴充到其他行業，例如醫學中的腫瘤檢測，如圖 13.15 所示。

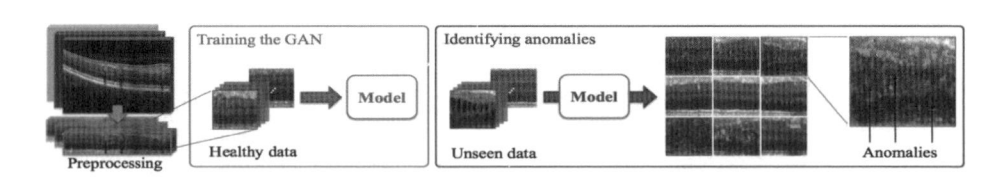

▲ 圖 13.15 醫學中的腫瘤檢測

13.4 本章小結

本章使用 JAX 完成了 GAN 網路的程式設計，幫助讀者複習 JAX 程式設計的完整步驟，以及需要了解的一些技巧，同時也介紹了一種新的網路模型——生成對抗網路。

正如其他一些具有非常大研究價值和潛力的學科一樣，GAN 的發展也越來越受到關注，對其的研究也越深入。GAN 採用簡單的生成與判別關係，在大量重複學習運算之後，可能為行業發展帶來十分巨大的想像力。從基本原理上看，GAN 可以透過不斷地自我判別來推導出更真實、更符合訓練目的的生成樣本。這就給圖片、視訊等領域帶來了極大的想像空間。

本章只是粗略地對 GAN 進行了介紹，從結構組成和數學表達上對其做了說明，隨著計算技術的發展和人們對其研究的深入，更多基於 GAN 的探索和應用還會陸續地被發現和實現。

13.4 本章小結

APPENDIX

A

Windows 11 安裝 GPU 版本的 JAX

第 1 章介紹了基於 WSL 的 CPU 版本的 JAX 安裝方法,目的是為了方便讀者快速開啟 JAX 的程式設計之旅。可能有讀者會發現,隨著學習的深入以及程式模型設計得越來越複雜,使用 CPU 版本的 JAX 已經無法滿足程式設計的需求,其運算(特別是模型的訓練過程)所消耗的時間也越來越長,因此部分讀者可能迫切需要安裝 GPU 版本的 JAX。

對於 GPU 版本的 JAX 安裝,一個比較好而且相對簡單的辦法就是:直接將其安裝在 Linux 作業系統上,熟悉 Linux 作業系統的讀者可以嘗試一下。

Windows 10 系統由於版本問題,對大多數讀者來說,直接在 Windows 10 系統上使用具有 GPU 運算功能的 WSL 也是不可行的(參見前面章節)。因此要麼放棄使用 GPU 版本的 JAX,或就是直接在 Linux 作業系統上使用 GPU 版本的 JAX。

隨著 Windows 11 系統的正式發佈，這個問題可以說是迎刃而解，下面舉出在 Windows 11 系統上安裝 GPU 版本的 JAX 的完整步驟。

1. **第一步：Windows 11 的準備**

Windows 11 的安裝需要讀者自行解決，推薦使用正版的 Windows 作業系統。目前筆者所使用的版本編號如圖 A.1 所示。

▲ 圖 A.1 Windows 11 版本

注意

在不低於此版本的 Windows 11 作業系統上即可以正確安裝 GPU 版本的 JAX。

2. **第二步：安裝支援 WSL 的 NVIDIA 驅動**

與在第 1 章中直接安裝 WSL 不同，我們需要安裝最新版本支援 WSL 的 NVIDIA 驅動，這個驅動可以在 NVIDIA 官方網站下載，網站打開介面如圖 A.2 所示。

選擇支持 WSL 的 Windows 11 驅動，這裡請選擇左側的基於 "GEFORCE DRIVER" 的驅動程式，點擊 "DOWNLOAD NOW" 按鈕後開啟下載。下載完畢後可自行安裝此驅動並重新啟動電腦。

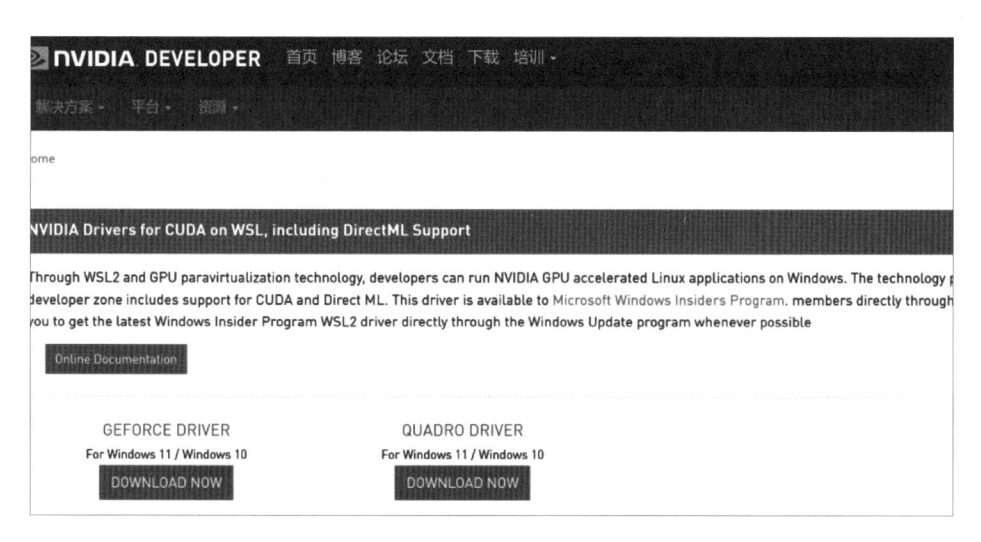

▲ 圖 A.2　NVIDIA 官方網站

3. **第三步：安裝 WSL**

在第 1 章中已經講解了 Windows 10 版本下 WSL 的安裝，並且使用的是 Ubuntu 20.04 版本，這裡可以使用相同的安裝方式來完成 WSL 的安裝。

4. **第四步：WSL 中安裝必要的元件**

在 WSL 中安裝 CUDA 驅動之前需要安裝一些必要的元件，打開 WSL 的終端，依次輸入以下命令（有可能需要讀者輸入操作密碼，輸入預先設定好的安裝密碼即可）：

```
sudo apt update
sudo apt install gcc make g++
sudo apt install build-essential
sudo apt install python3-pip
```

在安裝完對應的元件後，再進入 WSL 中安裝 CUDA。

5. **第五步：WSL 中 CUDA 驅動的下載與安裝**

    CUDA 的安裝需要下載對應的驅動程式。

    （1）首先在終端介面輸入以下命令，建立一個下載檔案夾：

```
sudo mkdir downloads
```

    建立完畢後，可以使用 ls 命令查看建立結果，如圖 A.3 所示。

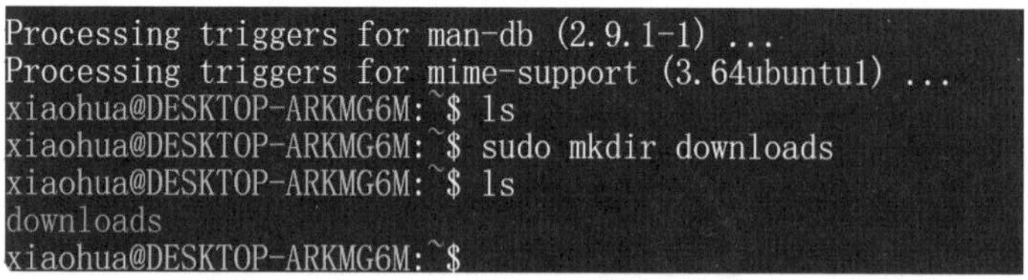

▲ 圖 A.3 ls 命令查看結果

    （2）在終端輸入以下命令進入 downloads 資料夾：

```
cd downloads/
```

    （3）在其中下載 11.1 版本的 CUDA 驅動檔案，命令如下：

```
sudo wget https://developer.download.NVIDIA.com/compute/cuda/11.1.0/local_installers/cuda_11.1.0_455.23.05_linux.run
```

    效果如圖 A.4 所示。

▲ 圖 A.4 下載 CUDA 檔案

    （4）等待 CUDA 驅動程式下載完畢後（此下載根據讀者的網路情況可能需要一些時間，見圖 A.5），進入安裝 CUDA 環節。

Windows 11 安裝 GPU 版本的 JAX **A**

```
cuda_11.1.0_455.23.05_linux.r  89%[===============================>     ]  2.93G  4.30MB/s  eta 1m 53s
cuda_11.1.0_455.23.05_linux.r  89%[===============================>     ]  2.93G  4.41MB/s  eta 1m 53s
cuda_11.1.0_455.23.05_linux.r 100%[====================================>]  3.26G  3.96MB/s  in 18m 12s

2021-10-25 19:37:52 (3.06 MB/s) - 'cuda_11.1.0_455.23.05_linux.run' saved [3498245611/3498245611]

xiaohua@DESKTOP-ARKMG6M:~/downloads$
```

▲ 圖 A.5 等待下載

（5）CUDA 的安裝需要在當前 downloads 目錄中輸入以下命令：

```
sudo sh cuda_11.1.0_455.23.05_linux.run
```

開啟安裝模式。注意，初始化 CUDA 的安裝介面需要一些時間，耐心等待一下，如圖 A.6 所示。

```
xiaohua@DESKTOP-ARKMG6M:~/downloads$ sudo sh cuda_11.1.0_455.23.05_linux.run
[sudo] password for xiaohua:
```

▲ 圖 A.6 安裝模式 CUDA

（6）在正式進入 CUDA 安裝介面之前，需要讀者確認許可資訊，這裡直接輸入 "accept" 即可，如圖 A.7 所示。

```
End User License Agreement

NVIDIA Software License Agreement and CUDA Supplement to
Software License Agreement.

Preface
─────────

The Software License Agreement in Chapter 1 and the Supplement
in Chapter 2 contain license terms and conditions that govern
the use of NVIDIA software. By accepting this agreement, you
agree to comply with all the terms and conditions applicable
to the product(s) included herein.


NVIDIA Driver


Do you accept the above EULA? (accept/decline/quit):
accept
```

▲ 圖 A.7 確認許可資訊

按 Enter 鍵後正式進入 CUDA 安裝過程，這裡採用預設的安裝內容，移動鍵盤上下鍵將游標移動到 "Install" 上直接按 Enter 鍵，開始安裝，如圖 A.8 所示。

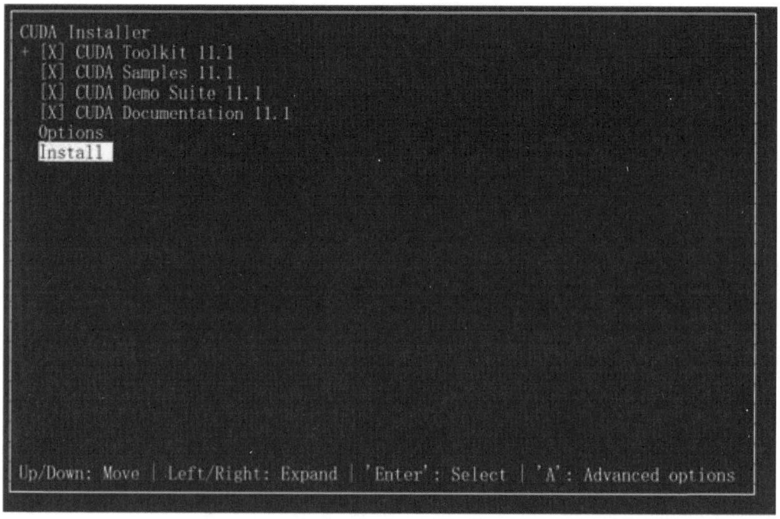

▲ 圖 A.8 開啟安裝

（7）游標重新出現後表示 CUDA 安裝完畢，之後依次輸入以下命令：

cd /usr/local/
ls

可以在 local 資料夾下看到已經生成了 2 個新的資料夾：cuda 和 cuda-11.1，如圖 A.9 所示，表明 CUDA 的安裝結束。

▲ 圖 A.9 檢查資料夾

6. 第六步：設定 CUDA 環境變數

對 CUDA 的環境變數設定略為麻煩，步驟如下：

（1）首先關閉並重新打開 WSL 終端，之後輸入以下命令：

```
sudo cp /etc/profile /mnt/d/profile
```

將設定檔複製到 Windows 11 系統的 D 磁碟資料夾中。

（2）使用 Windows 系統附帶的記事本打開 profile 檔案，在最後增加以下 2 行敘述：

```
export PATH='$PATH:/usr/local/cuda-11.1/bin/:/usr/bin:/usr/local/bin: /usr/local/sbin:/usr/sbin:/sbin'
export LD_LIBRARY_PATH="/usr/local/cuda-11.1/lib64:$LD_LIBRARY_PATH"
```

之後儲存檔案，如圖 A.10 所示。

```
文件(F) 編輯(E) 格式(O) 視圖(V) 幫助(H)
if [ "${PS1-}" ]; then
  if [ "${BASH-}" ] && [ "$BASH" != "/bin/sh" ]; then
    # The file bash.bashrc already sets the default PS1.
    # PS1='\h:\w\$ '
    if [ -f /etc/bash.bashrc ]; then
      . /etc/bash.bashrc
    fi
  else
    if [ "`id -u`" -eq 0 ]; then
      PS1='# '
    else
      PS1='$ '
    fi
  fi
fi

if [ -d /etc/profile.d ]; then
  for i in /etc/profile.d/*.sh; do
    if [ -r $i ]; then
      . $i
    fi
  done
  unset i
fi
export PATH='$PATH:/usr/local/cuda-11.1/bin/:/usr/bin:/usr/local/bin:/usr/local/sbin:/usr/sbin:/sbin'
export LD_LIBRARY_PATH="/usr/local/cuda-11.1/lib64:$LD_LIBRARY_PATH"
```

▲ 圖 A.10 增加設定敘述後的記事本檔案

13.4 本章小結

（3）將儲存好的記事本檔案重新發送到 WSL 下的 /etc/profile 中，使用如圖 A.11 所示的　命令。

```
xiaohua@DESKTOP-ARKMG6M:~$ sudo cp /etc/profile /mnt/d/profile
[sudo] password for xiaohua:
xiaohua@DESKTOP-ARKMG6M:~$ sudo cp /mnt/d/profile /etc/profile
xiaohua@DESKTOP-ARKMG6M:~$
```

▲ 圖 A.11　將 profile 檔案重新複製到 WSL 中

（4）關閉終端後重新打開，輸入以下命令：

nvcc -V

可以看到，在終端中列印出對應的 NVIDIA 驅動程式版本，如圖 A.12 所示，此階段結束。

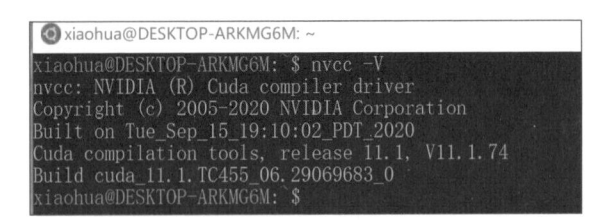

```
xiaohua@DESKTOP-ARKMG6M:~
xiaohua@DESKTOP-ARKMG6M:~$ nvcc -V
nvcc: NVIDIA (R) Cuda compiler driver
Copyright (c) 2005-2020 NVIDIA Corporation
Built on Tue_Sep_15_19:10:02_PDT_2020
Cuda compilation tools, release 11.1, V11.1.74
Build cuda_11.1.TC455_06.29069683_0
xiaohua@DESKTOP-ARKMG6M:~$
```

▲ 圖 A.12　NVIDIA 驅動程式版本

7. 第七步：cuDNN 的安裝

cuDNN 的安裝也需要用到我們剛才使用的 cp 命令，步驟如下：

（1）首先註冊 NVIDIA 開發者使用者，下載如圖 A.13 所示版本的 cuDNN 到 D 磁碟的根目錄中。

▲ 圖 A.13 下載選擇版本頁面

（2）之後選擇對應的 cuDNN，如圖 A.14 所示。

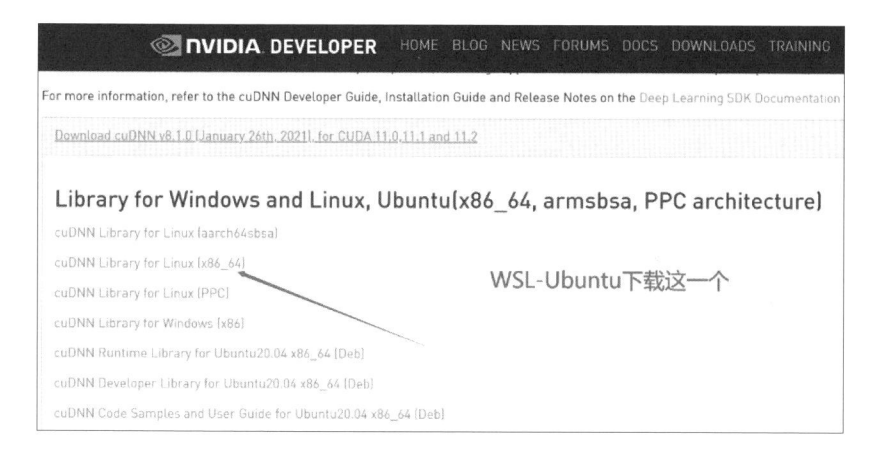

▲ 圖 A.14 需要下載的 cuDNN

（3）下載好的 cuDNN 安裝檔案如圖 A.15 所示。

▲ 圖 A.15 下載好的 cuDNN

13.4 本章小結

（4）重新打開 WSL 終端，使用以下命令重新進入剛才建立的 downloads 資料夾，如圖 A.16 所示。

```
cd downloads/
```

▲ 圖 A.16 進入 downloads 目錄

（5）輸入以下命令將 D 磁碟中的 cuDNN 檔案複製到 WSL 中，如圖 A.17 所示：

```
sudo cp /mnt/d/cudnn-11.2-linux-x64-v8.1.0.77.tgz cudnn-11.2-linux-x64-v8.1.0.77.tgz
```

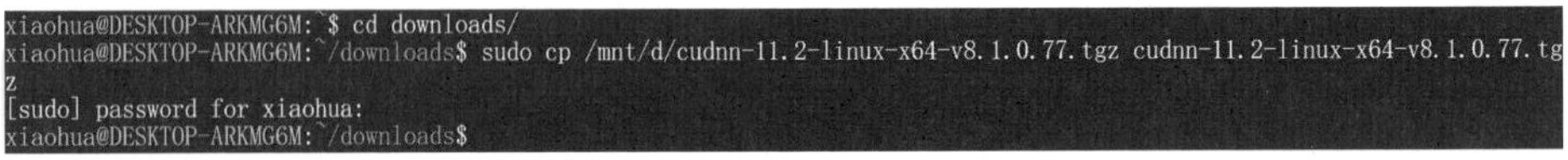

▲ 圖 A.17 複製 cuDNN 到 WSL 的 downloads 中

（6）此時，在當前 WSL 目錄下輸入 ls 命令即可看到目錄中有 2 個檔案，如圖 A.18 所示。

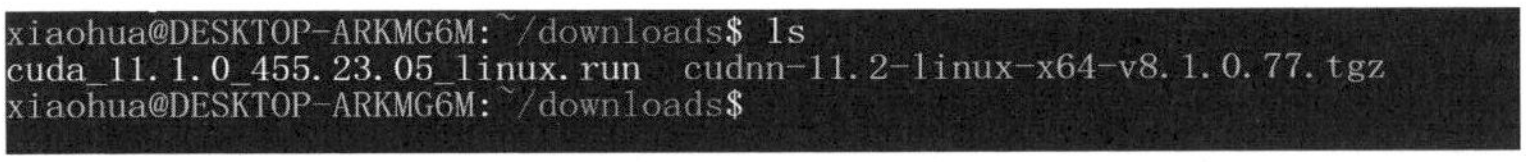

▲ 圖 A.18 ls 查看

（7）需要對下載的 tgz 檔案進行解壓縮，命令如下：

```
sudo tar -zxvf cudnn-11.2-linux-x64-v8.1.0.77.tgz
```

如圖 A.19 所示，等待解壓縮完畢後即可進入下一個階段。

```
cuda/include/cudnn_adv_train.h
cuda/include/cudnn_adv_train_v8.h
cuda/include/cudnn_backend.h
cuda/include/cudnn_backend_v8.h
cuda/include/cudnn_cnn_infer.h
cuda/include/cudnn_cnn_infer_v8.h
cuda/include/cudnn_cnn_train.h
cuda/include/cudnn_cnn_train_v8.h
cuda/include/cudnn_ops_infer.h
cuda/include/cudnn_ops_infer_v8.h
cuda/include/cudnn_ops_train.h
cuda/include/cudnn_ops_train_v8.h
cuda/include/cudnn_v8.h
cuda/include/cudnn_version.h
cuda/include/cudnn_version_v8.h
cuda/NVIDIA_SLA_cuDNN_Support.txt
cuda/lib64/libcudnn.so
cuda/lib64/libcudnn.so.8
cuda/lib64/libcudnn.so.8.1.0
cuda/lib64/libcudnn_adv_infer.so
cuda/lib64/libcudnn_adv_infer.so.8
cuda/lib64/libcudnn_adv_infer.so.8.1.0
cuda/lib64/libcudnn_adv_train.so
cuda/lib64/libcudnn_adv_train.so.8
cuda/lib64/libcudnn_adv_train.so.8.1.0
cuda/lib64/libcudnn_cnn_infer.so
cuda/lib64/libcudnn_cnn_infer.so.8
cuda/lib64/libcudnn_cnn_infer.so.8.1.0
cuda/lib64/libcudnn_cnn_train.so
cuda/lib64/libcudnn_cnn_train.so.8
cuda/lib64/libcudnn_cnn_train.so.8.1.0
cuda/lib64/libcudnn_ops_infer.so
cuda/lib64/libcudnn_ops_infer.so.8
cuda/lib64/libcudnn_ops_infer.so.8.1.0
cuda/lib64/libcudnn_ops_train.so
cuda/lib64/libcudnn_ops_train.so.8
cuda/lib64/libcudnn_ops_train.so.8.1.0
cuda/lib64/libcudnn_static.a
cuda/lib64/libcudnn_static_v8.a
cuda/lib64/libcudnn_static.a
xiaohua@DESKTOP-ARKMG6M:~/downloads$
```

▲ 圖 A.19 解壓縮

8. 第八步：cuDNN 檔案的複製

下面需要將解壓縮的 cuDNN 檔案複製到 CUDA 資料夾中，請讀者在 downloads 資料夾中依次進行以下操作：

```
sudo cp cuda/include/cudnn.h /usr/local/cuda-11.1/include/
sudo cp cuda/lib64/libcudnn* /usr/local/cuda-11.1/lib64/
sudo cp /usr/local/cuda-11.1/lib64/libcusolver.so.11 /usr/local/cuda-11.1/
lib64/libcusolver.so.10
sudo chmod +x /usr/local/cuda/include/cudnn.h
sudo chmod +x /usr/local/cuda/lib64/libcudnn*
```

13.4 本章小結

這裡第 3 行敘述可能需要花費一些時間。操作結束後，即可完成 CUDA 與 cuDNN 的安裝。

9. 第九步：驗證 CUDA 的安裝

下面是驗證 CUDA 的安裝部分，我們採用 TensorFlow 的安裝來驗證，在終端中輸入以下命令：

```
pip install tensorflow-GPU==2.5.0
```

安裝結束後，如圖 A.20 所示。

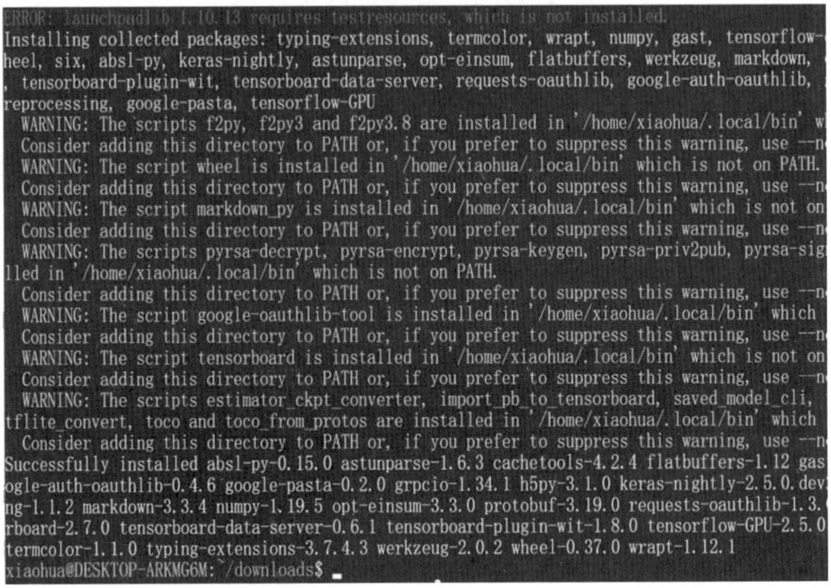

▲ 圖 A.20 TensorFlow 安裝完畢

之後輸入 python3 進入到 Python 程式設計介面，輸入以下敘述：

```
import tensorflow as tf
devices = tf.config.list_physical_devices()
print(devices)
```

最後輸出結果如圖 A.21 所示。

```
[PhysicalDevice(name='/physical_device:CPU:0', device_type='CPU'), PhysicalDevice(name='/physical_device:GPU:0', device_
type='GPU')]
```

▲ 圖 A.21　程式輸出結果

這樣可以確認 CUDA 與 cuDNN 已經正確安裝完畢。

10.第十步：安裝 GPU 版本的 JAX

關閉終端後重新打開，開始安裝 GPU 版本的 JAX。現階段的 JAX 有若干個版本，經過測試，讀者可使用以下命令安裝 GPU 版本的 JAX：

```
pip install --upgrade jax==0.2.19 jaxlib==0.1.71+cuda111 -f https://
storage.
googleapis.com/jax-releases/jax_releases.html
```

最終安裝結果如圖 A.22 所示。

```
x-releases/jax_releases.html
Looking in links: https://storage.googleapis.com/jax-releases/jax_releases.html
Collecting jax==0.2.19
  Downloading jax-0.2.19.tar.gz (728 kB)
     |████████████████████████████████| 728 kB 285 kB/s
Collecting jaxlib==0.1.71+cuda111
  Downloading https://storage.googleapis.com/jax-releases/cuda111/jaxlib-0.1.71%2Bcuda111-cp38-none-manylinux2010_x86_64
.whl (197.3 MB)
     |████████████████████████████████| 197.3 MB 409 kB/s
Requirement already satisfied, skipping upgrade: absl-py in ./.local/lib/python3.8/site-packages (from jax==0.2.19) (0.1
5.0)
Requirement already satisfied, skipping upgrade: numpy>=1.18 in ./.local/lib/python3.8/site-packages (from jax==0.2.19)
(1.19.5)
Requirement already satisfied, skipping upgrade: opt_einsum in ./.local/lib/python3.8/site-packages (from jax==0.2.19) (
3.3.0)
Requirement already satisfied, skipping upgrade: flatbuffers<3.0,>=1.12 in ./.local/lib/python3.8/site-packages (from ja
xlib==0.1.71+cuda111) (1.12)
Collecting scipy
  Downloading scipy-1.7.1-cp38-cp38-manylinux_2_5_x86_64.manylinux1_x86_64.whl (28.4 MB)
     |████████████████████████████████| 28.4 MB 8.1 MB/s
Requirement already satisfied, skipping upgrade: six in ./.local/lib/python3.8/site-packages (from absl-py->jax==0.2.19)
 (1.15.0)
Building wheels for collected packages: jax
  Building wheel for jax (setup.py) ... done
  Created wheel for jax: filename=jax-0.2.19-py3-none-any.whl size=834870 sha256=6eaf6f933176c205de7cd27077f75df79380172
a084574e3f66127b9db0f4653
  Stored in directory: /home/xiaohua/.cache/pip/wheels/78/ae/07/bd3adac873fa80efc909c09331831905ac657dbb8d1278235e
Successfully built jax
Installing collected packages: jax, scipy, jaxlib
Successfully installed jax-0.2.19 jaxlib-0.1.71+cuda111 scipy-1.7.1
xiaohua@DESKTOP-ARKMG6M:~$
```

▲ 圖 A.22　GPU 版本的 JAX 安裝

13.4 本章小結

最後是對 JAX 的安裝驗證，在 Python 3.8 程式設計介面上輸入以下命令：

```
import jax
print(jax.random.PRNGKey(17))
```

結果如圖 A.23 所示。

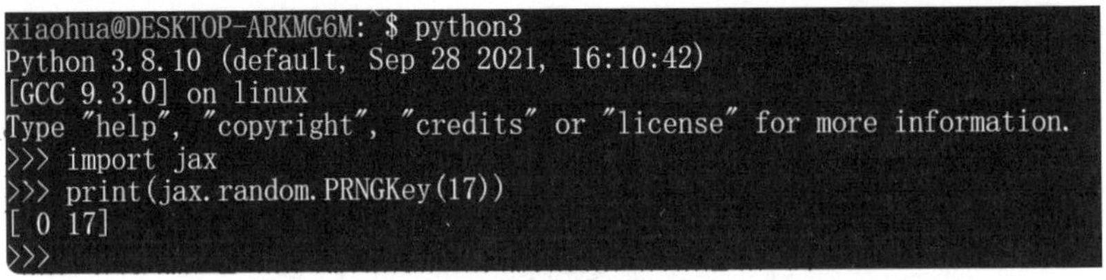

```
xiaohua@DESKTOP-ARKMG6M:~$ python3
Python 3.8.10 (default, Sep 28 2021, 16:10:42)
[GCC 9.3.0] on linux
Type "help", "copyright", "credits" or "license" for more information.
>>> import jax
>>> print(jax.random.PRNGKey(17))
[ 0 17]
>>>
```

▲ 圖 A.23 測試 GPU 版本的 JAX

至此成功完成 GPU 版本的 JAX 安裝。